応用微分方程式講義

振り子から生態系モデルまで

野原 勉 ──［著］

東京大学出版会

Applications of Differential Equations:
From Engineering Models to Ecological Models
Ben T. NOHARA
University of Tokyo Press, 2013
ISBN978-4-13-062917-1

はじめに

　本書は微分方程式を応用面から解説する入門書である．そのため，微分方程式で記述される現象として代表的な機械系，電気系についてまず記述し，そのあとで近年発展が著しい生物や生態系に現れる微分方程式をとりあげた．ともすれば学生にとっては無味乾燥に思われる微分方程式という対象の面白さを，彼ら・彼女らに伝えることを目的として執筆した．著者はいわゆる生物学や生態学の専門家ではないが，本書は工学系の例と生態系の分野を中心に数理科学的な側面から論旨を展開している．

　「生物や生態系に現れる微分方程式」というと，工学の機械系，電気系で扱う微分方程式とは異なった特別なものという印象をもつかもしれないが，いったん数学の言語になってしまえば工学でも生物学でも普遍的に扱えるのが数学の数学たる特徴であろう．生物や生態系を数学という道具を使って対象の特性を解明しようという姿勢がこの 30 年ほどの間に顕著になり，数理生態学，数理生物学，システム生態学，数理人口学などなど生物学と数学とを結びつけた 境界領域 とでもいうような分野が広く認識されるようになった．

　かたや工学の分野では当然のように数学とは一体になっており——たとえば，オランダの電気技術者 van der Pol（ファン・デル・ポール）は真空管の発振現象を van der Pol 方程式として表した——数理電気工学とか数理機械工学などという分野は存在しない．

　このような学問形態の発展の違いは物理法則に則った現象（機械工学，電気工学など）を扱うのかそうでないか（数理生物学など）に起因していると思われる．たとえば，機械工学の分野では Newton（ニュートン）力学や熱力学に基づいた諸法則，また，電気工学では Ohm（オーム）の法則や Kirchhoff（キルヒホッフ）の法則などがあるが，生物，生態系の分野ではいまだ確たる法則が確立されていない（あるいは発見されていない）といえるのではないか．別のいい方をすれば，生物を対象とすると，とくに，高等動物などでは「意思」が働き，同じ個体群といえども各個体には独自性があり，これらの個

体の集合は複雑な対象でマクロ的に捉えるのはきわめて難しいからであろう．

　工学などの分野では物理法則に則った支配方程式（数学モデル）を導出，解析し，その結果に期待するものは物理量の定性的な特性の理解ももちろんあるが，むしろ，定量的な動態の把握に主眼がおかれている．定量的に対象の動態を把握できるからこそ机上での設計（エンジンやモータなど）が可能になるのである．もちろん，最終段階では実験により数学モデルの正確さを担保し，その後社会に製品として送り出している．これに対して数理生態学をはじめとする一連の分野の方程式は現象が複雑すぎてモデル化自体容易ではない．現象の定性的な把握を目的としてモデル化があると考えるべきであろう．

　さて従来の数学で扱う微分方程式の範疇では物理的な意味の少ない人工的につくり出された時間発展方程式を扱うことが多いので，数学を専門としない学生にとってその学問の重要性がすぐには理解できないのは当然といえばその通りであろう．著者は従前より漠然とこのような教育上の煮え切らない感覚を抱いており，微分方程式という分野を学生諸君が興味深く学ぶにはいかに教育したらよいかの1つの試みが本書でもある．題材は機械系，電気系，生物，生態系から代表的なモデルをとりあげた．機械系のモデルはもっとも単純なバネ–マス系や単振り子であるが，これらも数学として解析すると特殊関数（楕円関数）を扱わざるを得ず，そうそう単純な話ではなくなる．電気系では電気回路が必須の科目であるが，そこで扱う回路方程式はバネ–マス系の微分方程式と何ら変わるところがないのが数学の面白さであろう．また，生物や生態系の題材としては生物とその環境との相互作用で個体群総数などがどのように変化するのかを解明しようとしてつくり出された方程式を扱う．それらはけっして人工的なものではなく，現象を追究するためにある．数理科学は現実の世界をいかに把握するかを極める学問であり，さらにその解析を通してその結果からより豊かな世界をつくり出す示唆を与える学問が数学である，と少なくとも著者はそのように思っている．本書を通していくらかでも数理科学の醸し出す豊穣な世界を味わっていただければ著者の喜びである．

　本書の構成はつぎの通りである．

第1章では機械系に現れる微分方程式としてまずバネ–マス系をとりあげた．これはもっとも基礎的な方程式である2階線形微分方程式となるが，バネがHooke（フック）の法則に従わない領域ではもはや線形方程式ではすまなくなり，Jacobi（ヤコビ）の楕円関数が登場し，そう簡単ではなくなる．単振り子モデルは「等時性」（単振り子には「等時性」はないのだが）や時間の計測という意味で科学史的にも重要な話題である．また，バネ–マス–ダンパ系でカオスが発生するが，カオスについては紹介に留めた．

　続く第2章では電気系の電気回路と真空管のvan der Pol方程式をとりあげた．電気回路方程式では外力項を伴う線形微分方程式の取り扱い方を統一的に記述し，外力項を伴うことにより数種のハーモニクスが現れることを主題にして解説した．van der Pol方程式では周期外力がないにもかかわらず一定周期の振動の出現が何といっても顕著な特徴になる．自然界でもこのような振動を伴う現象はさまざま存在し——たとえば，われわれのもっている睡眠などの1日を周期とした概日リズム (circadian rhythm)——van der Pol方程式以後各分野で盛んに研究されるようになった．

　さらに，第3章と第4章において生物や生態系に現れる微分方程式を扱う．第3章ではその基礎編としてロジスティック方程式やLotka-Volterra（ロトカ–ボルテラ）の捕食者–被捕食者モデルなどを扱う．歴史的には個体群総数の増加を扱ったロジスティック方程式がもっとも古く，したがって，この方程式を礎にその後の発展がある．Lotka-Volterraの捕食者–被捕食者モデルが圧倒的な影響力をもち，今日現在でもこの方程式を経済や貿易などに応用しようという試みがなされている．その後，一般化Lotka-Volterra方程式としてRozenzweig-MacArthur（ローゼンツヴァイク–マッカーサ）モデルが登場し，モデル自身が洗練されたものになり，より現実の生態系を解析できるようになった．

　第4章では生物や生態系に現れる微分方程式の発展編として，疫学と生理学のモデルを中心にして述べ，最後に偏微分方程式となるモデルを扱う．疫学の分野ではKermack-McKendrick（ケルマック–マッケンドリック）モデルが提唱され，感染症の予防におおいに期待されている．さらに，生理学分野のFitzHugh（フィッツヒュー）–南雲モデルは電気工学のvan der Pol方程式とも

関係が深く振動現象を扱う重要な方程式である．ここまでは方程式としては常微分方程式であり時間に関する個体群総数などの生物量の変化を扱ったが，本来の自然環境では生物量の変化は空間的な広がりをもち，したがって，時間と空間の独立した2変数を含む偏微分方程式となる．偏微分方程式は必ずしも常微分方程式より解析が困難であるとは限らないが，空間方向の変化を伴うことにより問題が豊かになることだけは確かであり，偏微分方程式だけで一大研究分野を形成している．本書は偏微分方程式に関してはFisher-Kolmogorov（フィッシャー–コルモゴロフ）方程式などのごく一部に留めた．

最後の補遺では，常微分方程式を扱ううえでの用語の定義と基礎的な事項および楕円関数についてまとめた．一般に数学では対象となる空間を n 次元として扱う．本書では対象とする方程式に応じて空間次元を限定して述べるに留めたが，本質は何ら変わらない．楕円関数は特殊関数の代表格であるが，工学などの分野ではこれを避けてきた傾向にある．現象を忠実にとらえるには応用面でこそ楕円関数をはじめとする特殊関数の扱いを積極的に行うべきと考える．

本書の読み方は第1章から順に読み始めてももちろんよいが，興味のある章から直接読み始めても困らないように配慮した．数学的な定義や定理はそのつど説明し，また，不明な箇所については補遺を参考にすればよいように工夫をした．参考文献については著者の知る限り原典をあげた．入門書だからといって原論文をおろそかにしてはいけない．初学者にとって，歴史的な背景がわかれば内容の理解が促進されるとともに，専門に偏っていないぶん，また新しい観点からの再発見も期待できると思うからである．本文中において数学的にまたは重要な物理法則を強調したいところはゴチック，生物学や生態学などの数学以外の分野で重要な語句は「　」，また，一般的な意味での強調は ˙ で示した．

本書は工学部をはじめ理学部，生物・医学系の2, 3年生を対象に執筆した．また，社会に出てもう一度この分野を勉強しようというエンジニアをはじめとした社会人も念頭にいれて筆を進めた次第である．あるいは経済学部や社会学部の学生にこそ理解して欲しい内容である．

著者

目次

はじめに .... *iii*

第 1 章　機械系に現れる微分方程式 *1*
1.1　バネ–マス系 *1*
1.1.1　線形バネ *1*
1.1.2　非線形バネモデル（Duffing 方程式）.................................. *7*
1.1.3　カオスの発生 *18*
1.2　単振り子 *22*
1.2.1　自由粒子としての運動の大局的把握 *22*
1.2.2　解析解 *26*
1.2.3　定理 1.2.1 の証明 *28*

第 2 章　電気工学に現れる微分方程式 *38*
2.1　RLC 電気回路 *38*
2.1.1　周期外力項付線形微分方程式 *42*
2.1.2　方程式 (2.1.5) の解析 (1) *43*
2.1.3　方程式 (2.1.5) の解析 (2) *52*
2.1.4　方程式 (2.1.5) の解析 (3)：サブ・ハーモニクス，ウルトラ・サブ・ハーモニクス *62*
2.1.5　方程式 (2.1.5) の解析 (4)：ウルトラ・ハーモニクス ... *70*
2.2　自励発振：3 極真空管の van der Pol 方程式 *73*
2.2.1　van der Pol 方程式の導出 *74*
2.2.2　van der Pol 方程式のリミットサイクル *76*
2.2.3　リミットサイクルの周期 *82*

第 3 章　生物や生態系に現れる微分方程式：基礎編 *87*
3.1　個体群成長モデル：ロジスティック方程式 *87*

		3.1.1	幾何学的手法による解の挙動の把握	*88*
		3.1.2	解析的手法による線形安定性解析	*90*
		3.1.3	数値計算	*91*
		3.1.4	ロジスティック方程式の具体例	*92*
	3.2	蛾の幼虫の異常発生モデル		*94*
		3.2.1	平衡点とその性質	*94*
		3.2.2	サドル・ノード分岐	*96*
		3.2.3	分岐曲線	*97*
		3.2.4	シミュレーション	*99*
	3.3	Lotka-Volterra の 2 種間競合モデル		*101*
		3.3.1	平衡点	*101*
		3.3.2	ヌルクラインによる解析	*105*
		3.3.3	解軌跡の計算—その 1 ($bd - ac > 0$ の場合)	*107*
		3.3.4	解軌跡の計算—その 2 ($bd - ac < 0$ の場合)	*109*
		3.3.5	解軌跡の計算—その 3 ($bd - ac = 0, a < b, c > d$ の場合)	*109*
		3.3.6	他分野への応用	*111*
	3.4	捕食者–被捕食者モデル（その 1）：Lotka-Volterra モデル		*112*
		3.4.1	標準モデル	*112*
		3.4.2	周期解であることの証明	*116*
		3.4.3	$a = b = c = d$ の場合	*119*
		3.4.4	操業度の付加	*119*
		3.4.5	Goodwin の景気循環モデル	*121*
	3.5	捕食者–被捕食者モデル（その 2）：Rosenzweig-MacArthur モデル		*122*
		3.5.1	解は正であり有界	*123*
		3.5.2	平衡点と安定性	*124*
		3.5.3	Poincaré-Bendixson の定理	*127*
		3.5.4	平衡点の位置による周期軌道の発生	*129*

- 3.5.5 $\dfrac{mk}{1+k} < c$ のときの解析 *134*
- 3.5.6 $\dfrac{mk}{1+k} > c$ のときのシミュレーション *134*
- 3.5.7 Hopf 分岐 *137*

第 4 章　生物や生態系に現れる微分方程式：発展編 *139*
- 4.1 感染症の数理モデル：Kermack-McKendrick モデル *139*
  - 4.1.1 Kermack-McKendrick モデル（SIR モデル） *139*
  - 4.1.2 問題の定式化 *141*
  - 4.1.3 ヌルクラインによる解析 *141*
  - 4.1.4 感染・回復相対比数と最終状態 *142*
- 4.2 神経細胞の数理モデル：FitzHugh-Nagumo モデル *146*
  - 4.2.1 FitzHugh-Nagumo 方程式 *146*
  - 4.2.2 外部刺激電流 $I = 0$ のとき：興奮性軌道 *147*
  - 4.2.3 FitzHugh-Nagumo 方程式のリミットサイクル *150*
  - 4.2.4 シミュレーション *155*
- 4.3 ロジスティック方程式からの発展 *157*
- 4.4 反応拡散モデル：Fisher-Kolmogorov 方程式 *160*
  - 4.4.1 遺伝子選択モデルと拡散 *161*
  - 4.4.2 進行波解 *164*
  - 4.4.3 平衡解の安定性 *166*
  - 4.4.4 テータロジスティックモデル付き Fisher-Kolmogorov 方程式と分岐現象 *168*
  - 4.4.5 テータロジスティックモデル付き Fisher-Kolmogorov 方程式の時間定常解 *174*
  - 4.4.6 Fisher-Kolmogorov 方程式の具体例 *175*

補遺 *177*
- A.1 用語の定義と基礎 *177*
  - A.1.1 時間発展の常微分方程式 *177*

		A.1.2 解の存在性と一意性定理のための準備	178
		A.1.3 解の存在性と一意性定理	187
		A.1.4 相図	192
	A.2	楕円関数	205

おわりに 213

参考文献 215

索 引 220

ns
第1章
機械系に現れる微分方程式

1.1 バネ–マス系

1.1.1 線形バネ

一端を固定されたバネでつり下げられ鉛直方向にのみ動くことができる質量 $m\,(>0)$ の重りの運動系をバネ–マス（質量）系という（図 1.1.1）．ここではまずバネは減衰を含まず理想的なものとしそのバネ定数[1] $k\,(>0)$ が **Hooke**（フック）の**法則** (Hooke's law) に従うという仮定での運動を考察しよう．重りの変位を $x = x(t): \mathbb{R} \to \mathbb{R}$ とし鉛直下方を $+$ とする．$t = t_0$ で重りをつり

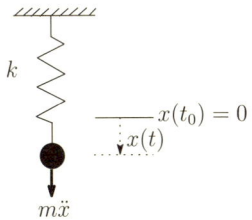

図 **1.1.1** バネ–マス系：バネは減衰を含まず理想的なものとし，そのバネ定数 k は Hooke の法則に従うと仮定する．質量 m の重りをつり下げて平衡状態になる鉛直方向の座標を $x = 0$ とする．

---

1) バネを単位長さ伸縮させるために必要な力で，単位は $\mathrm{kg/s^2}$ である．

下げて平衡状態になる座標を原点とし $x(t_0) = 0$ とする．いま重りが x だけ変位した場合を考えると鉛直下方には $m\ddot{x}$[2])の力が働いており，また，Hooke の法則によりバネによる復元力が kx だけ鉛直上方に働くことになる．したがって，Newton（ニュートン）の運動の第 2 法則（質量×加速度＝力）により

$$m\ddot{x} = -kx \tag{1.1.1}$$

なる運動方程式を得るが，機械工学の慣例 [8] に従ってこれを

$$\ddot{x} + \omega^2 x = 0 \tag{1.1.2}$$

と書くことにする．ただし，$\omega = \sqrt{\dfrac{k}{m}}$ とおいた．(1.1.2) に $\dot{x}$ をかけて第 1 積分を求めると

$$\frac{1}{2}\dot{x}^2 + \frac{1}{2}\omega^2 x^2 = E \,(= \text{const.})^{3)} \tag{1.1.3}$$

を得る．$E\,(\geq 0)$ は定数となり系の全エネルギーを示し（$E = 0$ のときには $x = \dot{x} = 0$ であり平衡点[4])での静止状態である），これが変化しないことをいっている．(1.1.3) より

$$\frac{x^2}{2E/\omega^2} + \frac{\dot{x}^2}{2E} = 1 \tag{1.1.4}$$

を得，**解軌跡**[5])は $(x, \dot{x})$ 平面で楕円となりその長軸，短軸の長さは系のもつエネルギー E とパラメータによって決まる．なお，変数変換 $\tau = \omega t$ を施すことにより (1.1.2) は $x'' + x = 0$（ただし，$'$ は τ に関する微分を示す）となりバネ–マス系はその解軌跡が相平面上で円軌道を描く調和振動子の挙動（§A.1.4，例題 A.1.23）と本質的に変わらない．

つぎにバネ–マス系に粘性減衰係数[6])$c\,(> 0)$ をもつダンパをつけ，粘性減衰力 $-c\dot{x}$ をバネによる復元力とともに系に作用させるバネ–マス–ダンパ系（図

---

2) $\cdot = \dfrac{d}{dt}, \cdot\cdot = \dfrac{d^2}{dt^2}$ の意味である．本書ではことわりのない限り，時間に関する微分は $\cdot$ で表す．
3) const. は定数を表す．
4) §A.1.4 参照．著者により固定点，危点，あるいは不動点ともいう．
5) 一般に，相図（phase portrait，§A.1.4 参照．(1.1.4) の場合は $(x, \dot{x})$ 平面）上で解を表現すると平衡点以外は初期値に応じて時間発展とともにある曲線を描く．この曲線を**解軌跡**または**軌道**という．
6) 単位は kg/s である．

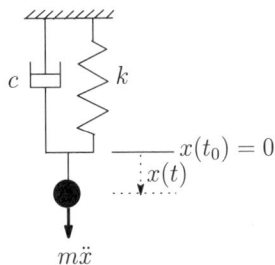

図 1.1.2 バネ–マス–ダンパ系：バネ–マス系にダンパが加わった系.

1.1.2) を考える．この場合も運動方程式は Newton の運動の第 2 法則により容易に

$$\ddot{x} + 2\mu\dot{x} + \omega^2 x = 0 \tag{1.1.5}$$

と求めることができる．ただし，$\mu = \dfrac{c}{2m}$ である．(1.1.5) の平衡点は原点だけでありその固有値は $\lambda_{1,2} = -\mu \pm \sqrt{\mu^2 - \omega^2}$ であるので，(1) $\mu > \omega$, (2) $\mu < \omega$, (3) $\mu = \omega$ の 3 通りに場合分けして考えよう．

(1) $\mu > \omega$ の場合は $\lambda_{1,2} < 0$ となり，平衡点は沈点（§A.1.4 参照）となる．機械工学の言葉で「過減衰」の状態という．図 1.1.3 に $\mu = 0.4, \omega = 0.3$ としたときの相図（上図）と時系列（下図）を示す．このとき固有値は $\lambda_1 \fallingdotseq -0.135, \lambda_2 \fallingdotseq -0.665$ となり，$|\lambda_2| > |\lambda_1|$ であるので解軌跡は最初は λ_2 に対する安定多様体（§2.1.2 参照）W_2^s に沿って進みその後 λ_1 に対する安定多様体 W_1^s に接しつつ平衡点である原点に収束する．また，図 1.1.4 には減衰の場合に粘性減衰係数を変化させたときの解軌跡（上図）と時系列（下図）を示す．過減衰の状態では振動せずに減衰していく様子がわかる．

(2) $\mu < \omega$ の場合はその固有値は $\mathrm{Re}(\lambda_{1,2}) < 0$ となる共役複素数となり，平衡点は渦状沈点 (spiral sink) となる．解は振動しながら減衰していくので機械工学では「振動減衰」と呼ぶ．図 1.1.5 にこの場合の解軌跡（上図）と時系列（下図）を示す．$\mu = 0$ では固有値が純虚数となり周期解となる．

(3) $\mu = \omega$ の場合はその固有値は負の重根となり，同様に機械工学では「臨界減衰」という．

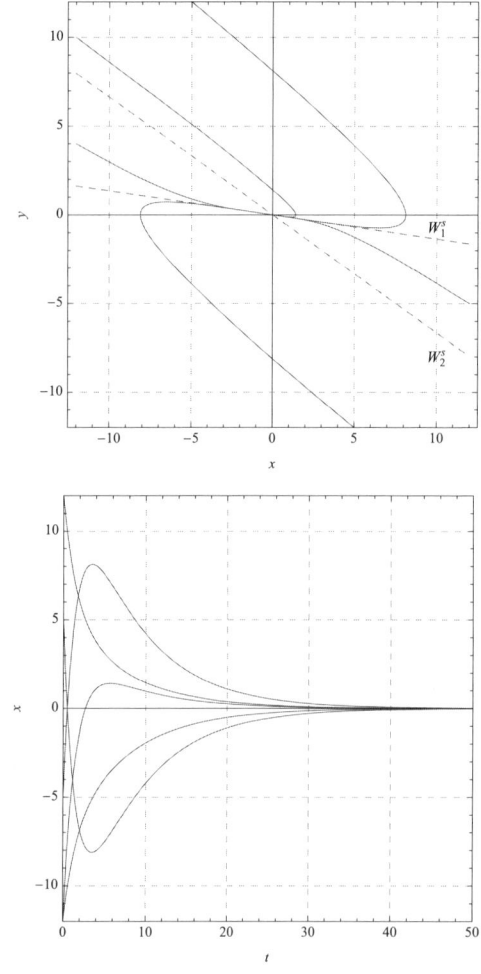

図 1.1.3 バネ–マス–ダンパ系の解軌跡と時系列（その 1）：$\mu = 0.4, \omega = 0.3$ ($\mu > \omega$)（過減衰）の場合の相図（上図）と時系列（下図）．この場合，固有値は $\lambda_1 \fallingdotseq -0.135, \lambda_2 \fallingdotseq -0.665$ となりそれぞれの安定多様体は $W_1^s = \{(\xi, \eta) \in \mathbb{R}^2 : \lambda_1 \xi - \eta = 0\}$, $W_2^s = \{(\xi, \eta) \in \mathbb{R}^2 : \lambda_2 \xi - \eta = 0\}$ である．

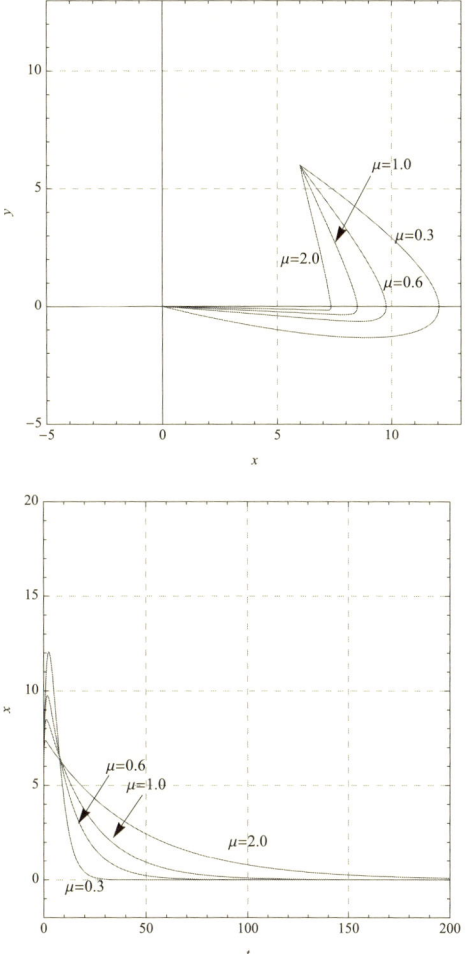

図 1.1.4 バネ–マス–ダンパ系の解軌跡と時系列(その2):$\mu > \omega$(過減衰)の場合.$\omega = 0.3$ として $\mu = 0.3, 0.6, 1.0, 2.0$ と変化させたときの解軌跡(上図)と時系列(下図).初期値はすべて $x(0) = \dot{x}(0) = 6$.$\mu = 0.3$ とすると固有値が負の重根となり臨界減衰状態であり,このとき減衰の仕方がもっとも速い.

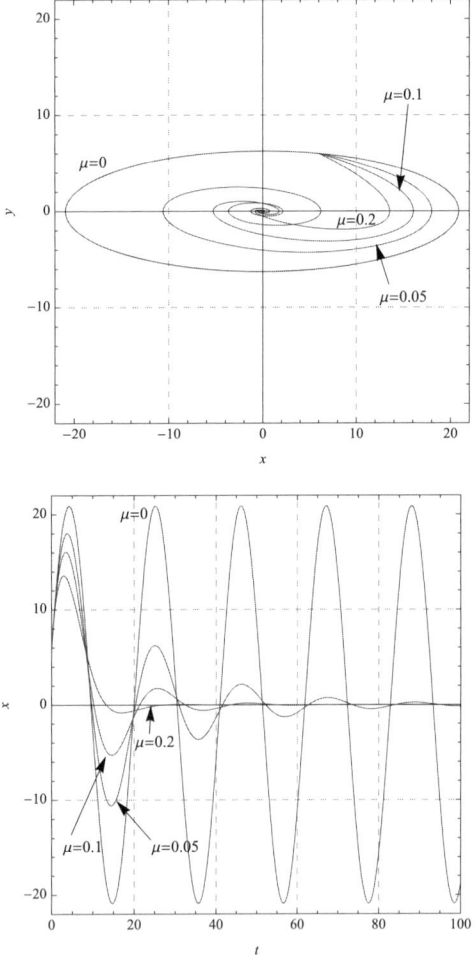

図 1.1.5 バネ–マス–ダンパ系の解軌跡と時系列（その 3）：$\mu < \omega$（振動減衰）の場合．$\omega = 0.3$ として $\mu = 0, 0.05, 0.1, 0.2$ と変化させたときの解軌跡（上図）と時系列（下図）．初期値はすべて $x(0) = \dot{x}(0) = 6$．$\mu = 0$ とすると固有値は純虚数となり周期解となる．なお，対象としている方程式は異なるので解軌跡が交差していることに注意．

1.1.2 非線形バネモデル（Duffing 方程式）

§1.1.1 ではバネの復元力が線形の場合を扱ったが一般にはこれは非線形である．したがって，バネ–マス系ではバネ定数を x に関する非線形関数 $f(x)$ としてその方程式は (1.1.1) に対して

$$m\ddot{x} + f(x) = 0 \tag{1.1.6}$$

と書くことができる．よく扱われるのは $f(x) = k_1 x + k_3 x^3$ である．$k_1 (> 0), k_3$ はそれぞれ線形部分のバネ定数と非線形部分のそれを表す．現実の問題では $k_3 < k_1$ である．$k_3 > 0$ の場合を「硬性バネ」(hard spring)，$k_3 < 0$ の場合を「軟性バネ」(soft spring) という．この項では非線形バネ特性をもったバネ–マス系の方程式

$$m\ddot{x} + k_1 x + k_3 x^3 = 0$$

を扱い，バネの非線形性が解にどのような影響を与えるかを考察していく．上式を改めて

$$\ddot{x} + ax + bx^3 = 0 \tag{1.1.7}$$

と書こう．これは **Duffing**（ダッフィング）**方程式**の一例である[7]．$b = 0$ の場合はいうまでもなく調和振動子（§A.1.4 参照）であり，前項の線形バネ方程式となる．a は物理的には自由応答の角周波数の 2 乗，すなわち，$a = \omega^2$ であり，b はスモールパラメータである．この設定のもとに**漸近摂動法**（たとえば，**多重尺度法** (multiple scale analysis) [82] や **KBM 法** [70] など）を適用して，平衡点周りの近似解を求めることが工学的には広く行われている．物理的な意味合いでは漸近摂動法によって得られた解で十分な近似を与えているが，これはあくまで b がスモールパラメータであるという条件が満足された場合の話である．ここでは，b の大きさには制限をつけずにつぎのように場合分けして解の

---

[7] Duffing 方程式は一般には，$\ddot{x} + c\dot{x} + f(x) = p(t)$ を指す [32]．ここに，$c > 0$ であり，$f(x)$ は奇数ベキの多項式，$p(t)$ は周期 ω の周期関数である．この型の方程式についてはこの節の最後に言及する．

なお，(1.1.7) に対する解析解は文献 [48][72] にその記載がある．また，[79] では $\ddot{x} + ax + bx^n = 0$ において n が 3 以外の整数の解析解が求められている．

特性を考察していく [6]．すなわち，$a, b > 0$ とし，(1) $\ddot{x}+ax+bx^3 = 0$（硬性バネ），(2) $\ddot{x}+ax-bx^3 = 0$（軟性バネ），(3) $\ddot{x}-ax+bx^3 = 0$, (4) $\ddot{x}-ax-bx^3 = 0$ の 4 通りである．ここで (3) と (4) は線形部分のバネ定数が負であるから現実の系では考えられないが，数理科学の問題としては興味があるのでこれらは問題 1.1.2 とする．

(1) 硬性バネの場合

与えられた方程式は

$$\ddot{x} + ax + bx^3 = 0 \quad (a, b > 0) \tag{1.1.8}$$

であるが，2 次元系に書き換えると

$$\begin{cases} \dot{x} = y, \\ \dot{y} = -ax - bx^3 \end{cases} \tag{1.1.9}$$

となる．これより (1.1.9) の平衡点は原点だけであり，また Jacobi（ヤコビ）行列 (Jacobian matrix) $Df(\mathbf{0})$ の固有値は純虚数であるから平衡点は渦心点（§A.1.4 参照）であることがわかる．平衡点が双曲型の場合は Hartman-Grobman（ハートマン–グロブマン）定理（§A.1.4，定理 A.1.24）により線形化方程式の相図で平衡点周りの解の挙動を把握できる．線形系としては渦心点（双曲型でない）であるが，元の非線形系においても渦心点の特性が維持されるかどうかはつぎの定理による．

定理 1.1.1 $\mathbf{x} \in \mathbb{R}^2$, $\mathbf{f}$ を微分可能な連続関数とし，つぎの方程式

$$\dot{\mathbf{x}} = \mathbf{f}(\mathbf{x}) \tag{1.1.10}$$

において保存量[8] $E(\mathbf{x})$ が存在すると仮定する．$\mathbf{x}^*$ を孤立した平衡点とするとき $\mathbf{x}^*$ が E の局所最小点（大域的かどうかは問わない）ならば，$\mathbf{x}^*$ に十分近いすべての解軌跡は閉じている．

---

8) $E(\mathbf{x})$ が (1.1.10) の保存量であるとは，(1.1.10) のどのような解 $\mathbf{x}(t)$ に対しても，$E(\mathbf{x}(t))$ が t に依存しない一定値になることをいう．

注意 1.1.2 孤立した平衡点とは x^* の近傍において他の平衡点が存在しないときをいう．

定理 1.1.1 の説明をすると以下のようになる．保存量 E はある解軌跡が決まればその解軌跡上では定数である．同じことであるが，ある定数 E を選べばその定数に応じた解軌跡が決まる．すなわち，すべての解軌跡は E の値により決まる等高線上にある．したがって，局所最小点の近くでは等高線は閉じている．また，x^* に十分近い等高線上には平衡点は存在しないので，解は等高線上で停留することはない．よって，x^* に十分近いすべての解軌跡は閉じており，x^* は渦心点である．

与えられた方程式は保存系であるので，定理 1.1.1 により線形化した系における渦心点は非線形システムそのものでみても渦心点となる[9]．したがって，(1.1.8) の相図は図 1.1.6 のようになる．**Hamiltonian** (ハミルトニアン)[10] は $H = \frac{1}{2}\dot{x}^2 + \frac{1}{2}ax^2 + \frac{b}{4}x^4$ となり解軌跡は $H \geq 0$ とした $(x, \dot{x})$ 平面の代数曲線上にある（$H = 0$ のときは解は原点となる）．この代数曲線が閉曲線になることは明らかであろう．ポテンシャル図は同図の左図となる．相図に示した解軌跡である閉軌道 C_i はそのポテンシャル面 V_i に対応するものである ($i = 1, 2, 3$).

以上で解のおおよその挙動は把握できた．つぎに (1.1.8) の解析解は楕円関数[11]を用いて陽に書き表すことができることを示そう．

事実 1.1.3 $E \geq 0$ とする．(1.1.8) の解は任意の t_0 に対して

$$x(t) = \pm \sqrt{\frac{\sqrt{a^2 + Eb} - a}{b}} \operatorname{cn}(\sqrt[4]{a^2 + Eb}\,(t - t_0), k) \qquad (1.1.11)$$

---

9) 自励系 (§A.1.1 参照) において系が時間に対して可逆であれば線形渦心点は渦心点となることも証明できる．
10) 一般に，相平面上で定義された実数値関数 $H : \mathbb{R}^2 \to \mathbb{R}$ が与えられたとき

$$\dot{x} = \frac{\partial}{\partial y}H(x,y), \quad \dot{y} = -\frac{\partial}{\partial x}H(x,y)$$

と表すことができる微分方程式系を **Hamiltonian** 系 (Hamiltonian system) といい，H を Hamiltonian という．また，$\frac{d}{dt}H(x(t), y(t)) = 0$ となるので，Hamiltonian 系の軌道上では H は一定の値をとることがわかる．したがって，Hamiltonian 系は何らかの意味での保存則が成立している系である．
11) 楕円関数の要約を §A.2 にまとめておく．

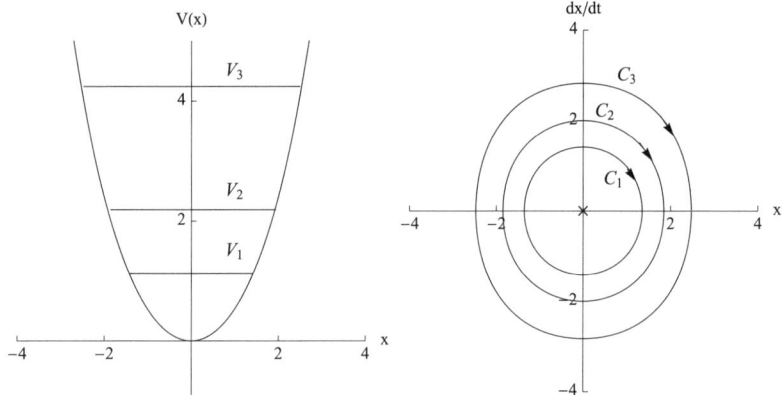

図 1.1.6 （非線形）バネ–マス系のポテンシャル図と相図（その1）：(1.1.8) のポテンシャル図（左）と相図（右）．$a = 1, b = 0.1$．平衡点（原点）は渦心点（× で示す）である．ポテンシャル面 V_i ($i = 1, 2, 3$) に対する解軌跡が閉軌道 C_i である．

である（記号 cn に関しては，§A.2 を参照）．ここに，$k^2 = \dfrac{\sqrt{a^2 + Eb} - a}{2\sqrt{a^2 + Eb}}$．また，この解の周期 τ は

$$\tau = \frac{4K\left(\sqrt{\frac{\sqrt{a^2+Eb}-a}{2\sqrt{a^2+Eb}}}\right)}{\sqrt[4]{a^2 + Eb}} \tag{1.1.12}$$

である．ここに，$K(k)$ は**第 1 種完全楕円積分**（§A.2 参照）を示す．

証明 (1.1.8) の第 1 積分は

$$2\dot{x}^2 = -2ax^2 - bx^4 + E \tag{1.1.13}$$

となる．ここに E は積分定数であるが先の Hamiltonian H との関係は $E = 4H$ である．(1.1.13) において $x = x(t)$ を実数値関数とすると，$E \geq 0$ である．$E = 0$ の場合は $x(t) = \dot{x}(t) = 0$ となり解は原点となる．よって，以下では $E > 0$ の場合を考える．$c = \sqrt{a^2 + Eb}$ とおいて，(1.1.13) の右辺を因数分解すると

$$2\dot{x}^2 = b\left(\frac{c+a}{b} + x^2\right)\left(\frac{c-a}{b} - x^2\right) \tag{1.1.14}$$

となり，これより

$$\frac{dx}{\sqrt{\left(\frac{c+a}{b}+x^2\right)\left(\frac{c-a}{b}-x^2\right)}} = \pm\frac{b}{2}dt$$

ここで, $\alpha = \sqrt{\frac{c+a}{b}}, \beta = \sqrt{\frac{c-a}{b}}$ とおいて補題 A.2.1 を適用すると

$$\frac{\sqrt{b}}{\sqrt{2c}}\mathrm{cn}^{-1}\left(\frac{\sqrt{b}x}{\sqrt{c-a}}, k\right) = \pm\frac{b}{2}(t_0 - t) \tag{1.1.15}$$

を得る. ここで, $\alpha^2 + \beta^2 = \frac{2c}{b}, k^2 = \frac{c-a}{2c}$ の関係を用い, また, $t_0 = \beta = \sqrt{\frac{c-a}{b}}$ とおいた. (1.1.15) よりただちに

$$x(t) = \sqrt{\frac{c-a}{b}}\mathrm{cn}(\sqrt{c}\,(t-t_0), k)$$

を得る. (1.1.14) は x^2 の式であるから $-x$ も同様に解であることを考えると結果が従う. ∎

(2) 軟性バネの場合
この場合, 方程式は

$$\ddot{x} + ax - bx^3 = 0 \quad (a, b > 0) \tag{1.1.16}$$

となりこれを 2 次元系に書き換えると

$$\begin{cases} \dot{x} = y, \\ \dot{y} = -ax + bx^3 \end{cases} \tag{1.1.17}$$

と表すことができる. これより (1.1.17) の平衡点は原点と $\left(\pm\sqrt{\frac{a}{b}}, 0\right)$ となり, 前者が渦心点, 後者は鞍点 (§A.1.4 参照) になることがわかる. 前者の渦心点は非線形でみても渦心点であることは系が保存系であることより硬性バネの場合と同様である. ポテンシャル図と相図を描くと図 1.1.7 のようになる. 図

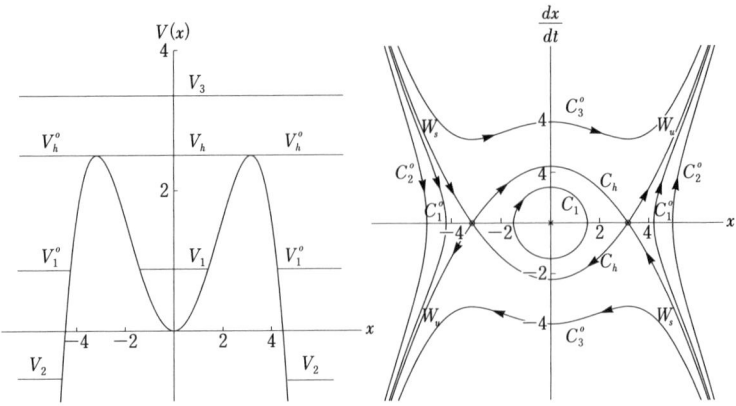

図 1.1.7 （非線形）バネ–マス系のポテンシャル図と相図（その 2）：(1.1.16) のポテンシャル図（左）と相図（右）．$a = 1, b = 0.1$．平衡点は渦心点（×で示す）と鞍点（○で示す）である．種々のポテンシャル面に対応する解軌跡を示す．

ポテンシャル面	解軌跡
V_3	C_3^o （非有界な解）
V_h	C_h （ヘテロクリニック解）
V_h^o	W_s （安定多様体）または W_u （不安定多様体）
V_1	C_1 （周期解）
V_1^o	C_1^o （非有界な解）
V_2	C_2^o （非有界な解）

中のポテンシャル面 $V_b^\sharp$ と解軌跡 $C_b^\sharp$ との関係は上の表のようになる．ポテンシャル面 V_3（そのエネルギーレベル $E = 4H > \dfrac{a^2}{b}$）の解軌跡は C_3^o となり，これは非有界な解である．ポテンシャル面 V_h は $E = \dfrac{a^2}{b}$ であり，このとき鞍点と鞍点を結ぶ解（これを**ヘテロクリニック解** (heteroclinic solution) という）C_h となる．また，エネルギーレベルは V_h と同じであるが，ポテンシャル面 V_h^o に相当する解は安定多様体 W_s または不安定多様体 W_u（§2.1.2 参照）となる．ポテンシャル面 $V_1 \left(0 < E < \dfrac{a^2}{b}\right)$ に対応する解は周期解 C_1 であり，また，それと同じポテンシャル面 V_1^o の解は非有界な解 C_1^o である．さらに，ポテンシャル面 V_2 ($E < 0$) に対応する解は C_2^o となり，これも非有界な解である．

(1.1.16) の解析解も楕円関数を用いて表すことができる．まず，(1.1.16) の第 1 積分は
$$2\dot{x}^2 = -2ax^2 + bx^4 + E \tag{1.1.18}$$
となる．E は積分定数であり硬性バネの場合と同様に Hamiltonian H との関係は $E = 4H$ である．

事実 1.1.4　$E < 0$ とする．(1.1.16) の解は任意の t_0 に対して
$$x(t) = \pm\sqrt{\frac{\sqrt{a^2 - Eb} + a}{b}}\,\mathrm{nc}\bigl(\sqrt[4]{a^2 - Eb}\,(t - t_0), k\bigr) \tag{1.1.19}$$
である（記号 nc については，§A.2 を参照）．ここに，$k^2 = \dfrac{\sqrt{a^2 - Eb} - a}{2\sqrt{a^2 - Eb}}$．この解は非有界な解であるが，その周期 τ は
$$\tau = \frac{4K\bigl(\sqrt{\frac{\sqrt{a^2-Eb}-a}{2\sqrt{a^2-Eb}}}\bigr)}{\sqrt[4]{a^2 - Eb}} \tag{1.1.20}$$
である．

証明　(1.1.18) を
$$2\dot{x}^2 = b\Bigl(\frac{c-a}{b} + x^2\Bigr)\Bigl(x^2 - \frac{c+a}{b}\Bigr) \tag{1.1.21}$$
と因数分解する．ここに，$c = \sqrt{a^2 - Eb}$ である．補題 A.2.3 において $\alpha^2 = \dfrac{c-a}{b}$, $\beta^2 = \dfrac{c+a}{b}$ とすると $k = \dfrac{\alpha}{\sqrt{\alpha^2 + \beta^2}} = \dfrac{\sqrt{c-a}}{\sqrt{2c}}$ となる．したがって，(1.1.21) は
$$\frac{dx}{\sqrt{\bigl(\frac{c-a}{b} + x^2\bigr)\bigl(x^2 - \frac{c+a}{b}\bigr)}} = \pm\frac{b}{2}dt$$
となり，つぎを得る．
$$\sqrt{\frac{b}{2c}}\,\mathrm{cn}^{-1}\Bigl(\frac{\sqrt{\frac{c+a}{b}}}{x}, \sqrt{\frac{c-a}{2c}}\Bigr) = \pm\sqrt{\frac{b}{2}}(t - t_0)$$
ただし，$x(t_0) = \beta = \sqrt{\dfrac{c+a}{b}}$．これよりただちに結果が従う．∎

事実 1.1.5 $0 < E < \dfrac{a^2}{b}$ とする．(1.1.16) の解は任意の t_0 に対して

$$x(t) = \pm \sqrt{\frac{a - \sqrt{a^2 - Eb}}{b}} \operatorname{sn}\left(\sqrt{\frac{a + \sqrt{a^2 - Eb}}{2}}\,(t - t_0), k\right) \qquad (1.1.22)$$

または，

$$x(t) = \pm \sqrt{\frac{a + \sqrt{a^2 - Eb}}{b}} \operatorname{ns}\left(\sqrt{\frac{a + \sqrt{a^2 - Eb}}{2}}\,(t - t_0), k\right) \qquad (1.1.23)$$

である（記号 sn, ns については，§A.2 を参照）．ここに，$k^2 = \dfrac{a - \sqrt{a^2 - Eb}}{a + \sqrt{a^2 - Eb}}$．
(1.1.23) の解は非有界な解であるが，その周期は (1.1.22) に等しく

$$\tau = \frac{8K\!\left(\sqrt{\frac{a - \sqrt{a^2 - Eb}}{a + \sqrt{a^2 - Eb}}}\right)}{\sqrt{\frac{a + \sqrt{a^2 - Eb}}{2}}} \qquad (1.1.24)$$

である．

証明 $c = \sqrt{a^2 - Eb}$ として (1.1.18) の因数分解を

$$2\dot{x}^2 = b\left(\frac{a + c}{b} - x^2\right)\left(\frac{a - c}{b} - x^2\right) \qquad (1.1.25)$$

とする．これより導かれる

$$\frac{dx}{\sqrt{\left(\frac{a + c}{b} - x^2\right)\left(\frac{a - c}{b} - x^2\right)}} = \pm \sqrt{\frac{b}{2}}\,dt, \quad k^2 = \frac{a - c}{a + c}$$

に補題 A.2.5 を適用すると

$$\sqrt{\frac{b}{a + c}}\,\operatorname{sn}^{-1}\!\left(\frac{x}{\sqrt{\frac{a-c}{b}}}, \sqrt{\frac{a - c}{a + c}}\right) = \pm \sqrt{\frac{b}{2}}(t - t_0) \qquad (1.1.26)$$

を得る．ただし，$x(t_0) = 0$．これより (1.1.22) を得る．

(1.1.23) の証明はほとんど同様にできるので読者の問題 1.1.3 とする．∎

注意 1.1.6 エネルギーレベル $0 < E < \dfrac{a^2}{b}$ においては，初期値により有界な解と非有界な解に分かれる．

最後にエネルギーレベルが $\dfrac{a^2}{b} < E$ の場合の解を示しておこう．

事実 1.1.7 $\dfrac{a^2}{b} < E$ とする．(1.1.16) の解は任意の t_0 に対して

$$\begin{aligned} x(t) &= \pm\sqrt[4]{\dfrac{E}{b}}\sqrt{\dfrac{1-\mathrm{cn}(\sqrt{2\sqrt{Eb}}(t-t_0),k)}{1+\mathrm{cn}(\sqrt{2\sqrt{Eb}}(t-t_0),k)}} \\ &= \pm\sqrt[4]{\dfrac{E}{b}}\bigl(\mathrm{ns}(\sqrt{2\sqrt{Eb}}(t-t_0),k) - \mathrm{cs}(\sqrt{2\sqrt{Eb}}(t-t_0),k)\bigr) \end{aligned} \quad (1.1.27)$$

である．ここに，$k^2 = \dfrac{a+\sqrt{Eb}}{2\sqrt{Eb}}$．これは非有界な解であるが，その周期は

$$\tau = \dfrac{4K\bigl(\sqrt{\dfrac{a+\sqrt{Eb}}{2\sqrt{Eb}}}\bigr)}{\sqrt{2\sqrt{Eb}}} \quad (1.1.28)$$

である．

証明 この場合，つぎのように因数分解する．

$$2\dot{x}^2 = b\Bigl(x^2 - \dfrac{a}{b}\Bigr)^2 + \Bigl(\dfrac{Eb-a^2}{b}\Bigr)^2 = b(x-re^{i\theta})(x-re^{-i\theta})(x+re^{i\theta})(x+re^{-i\theta}). \quad (1.1.29)$$

ただし，局座標表示を用いて，

$$re^{i\theta} = \dfrac{\sqrt{\sqrt{Eb}+a} + i\sqrt{\sqrt{Eb}-a}}{\sqrt{2b}} \quad (1.1.30)$$

とした．簡単な計算により，

$$(x-re^{i\theta})(x-re^{-i\theta})(x+re^{i\theta})(x+re^{-i\theta}) = x^4 + r^4 - 2x^2r^2\cos 2\theta$$

であるから，(1.1.29) より

$$\frac{dx}{\sqrt{x^4 + r^4 - 2x^2 r^2 \cos 2\theta}} = \pm \sqrt{\frac{b}{2}} dt \quad (1.1.31)$$

と求めることができる．ここで，$x^2 = r^2 \dfrac{1-u}{1+u}$ とおくと，$u = \dfrac{r^2 - x^2}{r^2 + x^2}$ であり，(1.1.31) の左辺は簡単な計算により次のように書き換えることができる．

$$\int_0^x \frac{dx}{\sqrt{x^4 + r^4 - 2x^2 r^2 \cos 2\theta}} = \int_u^1 \frac{du}{2r\sqrt{(1-u^2)(\sin^2\theta + u^2 \cos^2\theta)}}. \quad (1.1.32)$$

ここで，

$$\int_x^1 \frac{dx}{\sqrt{(1-x^2)(k'^2 + k^2 x^2)}} = \mathrm{cn}^{-1}(x, k)$$

を用いれば

$$\frac{1}{2r} \mathrm{cn}^{-1}\left(\frac{r^2 - x^2}{r^2 + x^2}, \cos\theta\right) = \pm \sqrt{\frac{b}{2}}(t_0 - t)$$

を得る．ただし，$x(t_0) = 0$ である．これは

$$\frac{r^2 - x^2}{r^2 + x^2} = \mathrm{cn}(\sqrt{2b}r(t - t_0), \cos\theta)$$

であり，x について解けば

$$x(t) = \pm r \sqrt{\frac{1 - \mathrm{cn}(\sqrt{2b}r(t - t_0), \cos\theta)}{1 + \mathrm{cn}(\sqrt{2b}r(t - t_0), \cos\theta)}}$$

を得る．また，(1.1.31) より

$$r = \sqrt[4]{\frac{E}{b}}, \quad \tan\theta = \frac{\sqrt{\sqrt{Eb} - a}}{\sqrt{\sqrt{Eb} + a}}, \quad \cos^2\theta = \frac{1}{1 + \tan^2\theta} = \frac{\sqrt{Eb} + a}{2\sqrt{Eb}}$$

などの関係を使うと (1.1.27) を得る．■

注意 1.1.8 3 領域：(1) $E < 0$, (2) $0 < E < \dfrac{a^2}{b}$, (3) $\dfrac{a^2}{b} < E$ のそれぞれの境界における解とその境界への解の極限とを比較して解の連続性を調べる．ま

ず，$E=0$ での解は与えられた方程式が $\dot{x}^2 = \dfrac{b}{2}x^2\left(x^2 - \dfrac{2a}{b}\right)$ となり，これより $x^2 - \dfrac{2a}{b} > 0$ に注意して

$$\frac{dx}{x\sqrt{x^2 - \frac{2a}{b}}} = \pm\sqrt{\frac{b}{2}}dt$$

を得て，簡単な計算により

$$x(t) = \pm\sqrt{\frac{2a}{b}}\operatorname{cosec}\sqrt{a}(t+c),\ c = \text{const.}$$

を得る．

また，$E = \dfrac{a^2}{b}$ での解は与えられた方程式が $\dot{x}^2 = \dfrac{b}{2}\left(x^2 - \dfrac{a}{b}\right)^2$ となり

$$\frac{dx}{x^2 - \frac{a}{b}} = \pm\sqrt{\frac{b}{2}}dt$$

を経てつぎを得る．

$$x(t) = \pm\sqrt{\frac{a}{b}}\tanh\sqrt{\frac{a}{2}}(t+c)\ \ \text{または}\ \ x(t) = \pm\sqrt{\frac{a}{b}}\coth\sqrt{\frac{a}{2}}(t+c),\ c = \text{const.}$$

上の2式のうち前者がヘテロクリニック軌道 (heteroclinic trajectory)[12] を表す解となる．また，後者は鞍点での安定・不安定多様体の解である．

さて，(1.1.19) において $E \to -0$ の極限を求めると

$$\lim_{E\to -0} x(t) = \pm\sqrt{\frac{2a}{b}}\sec\sqrt{a}(t - t_0)$$

を得，また，(1.1.23) においても同様の極限を求めると

$$\lim_{E\to +0} x(t) = \pm\sqrt{\frac{2a}{b}}\operatorname{cosec}\sqrt{a}(t - t_0)$$

---

[12]　1つの鞍点の不安定多様体から他の鞍点の安定多様体へと続く軌跡のこと．鞍点結合 (saddle connection) ともいわれる．保存系や時間に可逆な系ではしばしばヘテロクリニック軌道がみられる．

を得る．したがって，$E=0$ での $x(t) = \pm\sqrt{\dfrac{2a}{b}}\operatorname{cosec}\sqrt{a}(t+c)$ の解は連続である．さらに，この解の微分は，$\dot{x}(t) = \pm a\dfrac{2}{b}\cot\{\sqrt{a}(t+c)\}\operatorname{cosec}\{\sqrt{a}(t+c)\}$ となるが，(1.1.19) および (1.1.23) の微分の極限もこれに等しくなることは容易に確かめられる．よって，相図上でこの解は連続的につながっている．一方，(1.1.22) の $E \to +0$ の極限は $\lim_{E\to +0} x(t) = 0, \lim_{E\to +0} \dot{x}(t) = 0$ となり相図で原点にいくことがわかる．

つぎに，(1.1.22) における $E \to \dfrac{a^2}{b} - 0$ の極限と (1.1.27) における $E \to \dfrac{a^2}{b} + 0$ の極限はともにヘテロクリニック軌道を表す解 $x(t) = \pm\sqrt{\dfrac{b}{a}}\tanh\sqrt{\dfrac{a}{2}}(t+c)$ になることがわかり，さらに，それらの微分の極限も等しくなることから，相図でヘテロクリニック軌道は連続的につながっている．一方，(1.1.23) における $E \to \dfrac{a^2}{b} - 0$ の極限は鞍点での安定・不安定多様体の解となり，微分の極限も等しくなる．よって，(1.1.23) は領域 (2) 内の増加方向で安定・不安定多様体の軌道とつながっている．しかし，領域 (3) 内の減少方向はヘテロクリニック軌道のみにいき，安定・不安定多様体軌道にはいかない．

1.1.3 カオスの発生

バネ–マス–ダンパ系においてバネの復元力を非線形特性にすると方程式は

$$\ddot{x} + a\dot{x} + bx + cx^3 = 0 \tag{1.1.33}$$

となる．解を明示的に表すことは困難であるが相図を用いて前項と同様に解析できる（問題 1.1.4）．

ダンパのない非線形バネ–マス系で周期外部入力を印加したもの

$$\ddot{x} + k_1 x + k_3 x^3 = f(t), \quad f(t) = f(t+\omega) \tag{1.1.34}$$

の解析は難問であり，また，後述するカオス現象に研究者の注目が注がれたため，この方程式に対する成果はほとんどない．わずかに Taam（ターム）の研究 [98] があり，清水 [10] がその解説をしている．最近では f を方形波と

してその周期に依存して系の周期解が奇数次周期（1 周期の中に奇数回の小さな周期がある）になったり偶数次周期（1 周期の中に偶数回の小さな周期がある）になる解析が行われている [80][81]．

　カオス (chaos)[13] の解説は本書の内容の範囲を超えているが，非線形バネ–マス–ダンパ系に周期外力を加えた方程式でカオスが発生するので，ここで簡単な紹介をしておこう．方程式を

$$\ddot{x} + a\dot{x} + bx + cx^3 = d\cos\omega t \tag{1.1.35}$$

とする．各係数と外力の周期をある値の範囲に決めると，この解軌跡は平衡点に収束せず，周期的にもならず不規則な挙動を示すカオスが発生する．しかし，**Poincaré**（ポアンカレ）**断面** (Poincaré section) を通してみると，この解軌跡はある構造をもっていることがわかる．

　ここで，**Poincaré 写像** (Poincaré map) を簡単に説明しておこう．いま，n 次元系 $\dot{x} = f(x)$ を考える．S を $n-1$ 次元平面とし，S の上から出発したすべての解軌跡が S を通過するような S を Poincaré 断面という．Poincaré 写像は Poincaré 断面 S から S への写像であり，すなわち，x_k を解軌跡がなす S 上の k 番目の交点とすると Poincaré 写像 P は

$$x_{k+1} = P(x_k) \tag{1.1.36}$$

で定義される．図 1.1.8 に Poincaré 写像のイメージ図を示す．

　さて，図 1.1.9 は (1.1.35) において $a = 0.3, b = -1, c = 1, d = 0.5, \omega = 1.2$ として描いた Poincaré 断面である．(1.1.35) は非自励系（§A.1.1 参照）であるので，$(x(t), \dot{x}(t))$ 平面で解軌跡を描くと，交差もつれてしまう．そこで t を外部入力の周期の整数倍にとり，$(x, \dot{x})$ 平面でプロットしたものが Poincaré 断面である．外部入力の周期と同じタイミングで系の挙動をみていることに

[13) カオスの確たる定義は存在しないが，おおむね，「決定論的法則により生じ，初期値に対して鋭敏に変化する不規則運動」のことである．決定論的とは系に確率的要素がなく雑音もないことをいい，その不規則性は系自身がもっている非線形性から生じるものである．また，その運動は初期値に対する鋭敏性があるのが特徴である．カオスのみを対象として一大研究分野が形成されている（たとえば [20][105]）．

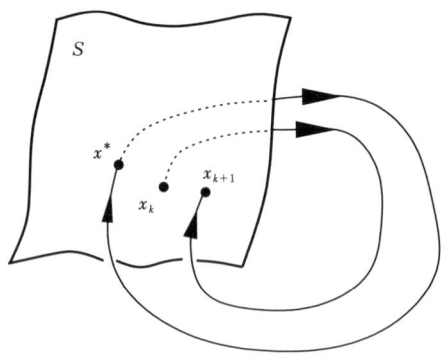

図 1.1.8　Poincaré 写像：$P(x^*) = x^*$ となればこの解は周期解である.

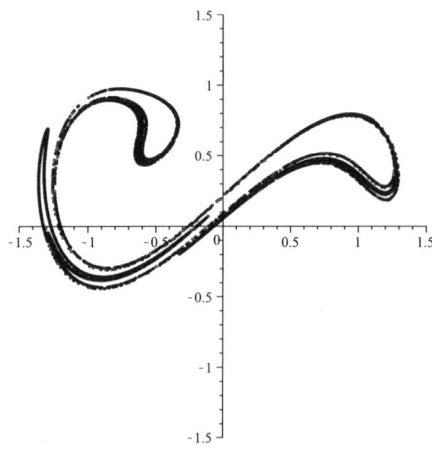

図 1.1.9　(1.1.35) の Poincaré 断面：(1.1.35) において $a = 0.3, b = -1, c = 1, d = 0.5, \omega = 1.2$ として描いた Poincaré 断面．横軸は x，縦軸は $\dot{x}$ を示す．異なる初期値を 7 種類設定し初期時刻から十分時間が経過したのち 2,000 点（合計 14,000 点）を描いたもの．

なる．この Poincaré 断面はストレンジ・アトラクタ (strange attractor)[14] の断面となる．

　図 1.1.10 は方程式 (1.1.35) に対してカオス現象の確認をした Moon（ムーン）と Holmes（ホルムス）の実験装置である [71]．1 本の金属製の棒の片側

---

14)　アトラクタ (attractor) とは粗くいえば，その近傍の解軌跡が収束する集合のことであり，初期値に対し鋭敏に反応するアトラクタがストレンジ・アトラクタである．

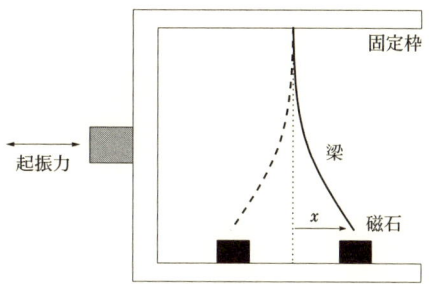

図 **1.1.10** Moon と Holmes の実験装置：(1.1.35) でカオスが発生することをこの実験装置で解析した.

を固定枠に固定し，もう一方の端点を自由境界とする片梁の下部に磁石を設置する．この固定枠が静止していれば，片梁は鉛直下部方向が安定になるが，固定枠の移動に伴い片梁は近づいた磁石に引き寄せられ，その状態が安定になる．このように固定枠を左右に振動させることにより，片梁にとって安定な点が変化し強制振動の周期に対応してさまざまな挙動を示し，条件によってはカオスが発生する．

演習問題

問題 1.1.1 バネ–マス–ダンパ系 (1.1.5) において過減衰，振動減衰，臨界減衰の解析解を求め明示せよ．

問題 1.1.2 $a, b > 0$ として $\ddot{x} - ax + bx^3 = 0$ と $\ddot{x} - ax - bx^3 = 0$ の解を求め，その特性を論ぜよ．

問題 1.1.3 (1.1.23) を証明せよ（ヒント：補題 A.2.4 を使う）．

問題 1.1.4 (1.1.33) において $a > 0$ として相図を描き，解の特性を論ぜよ．

問題 1.1.5 $a, b > 0$ とする．$\ddot{x} + ax + bx^n = 0$ という Duffing 方程式において，その解は $n = -3, 2, 3, 5$ のときにのみ Jacobi の楕円関数を使い表現できることを確かめよ．また，$n = 2, 5$ のときの解を求めよ（ヒント：$u = x^v, v = \pm 1, \pm 2, \pm 3, \ldots$ なる変数変換を施す）[79]．

1.2 単振り子

1.2.1 自由粒子としての運動の大局的把握

振り子の運動の研究は Galileo（ガリレオ）が嚆矢である [26][15]．この節では振り子の運動方程式（微分方程式）をたてその解を導出するが，まずポテンシャル図と相図を使い振り子の運動の大局的な把握をする．

図 1.2.1 に振り子の概念図を示す．振り子の鉛直方向からの振れ角を $\theta = \theta(t) \in C^2(\mathbb{R}, \mathbb{R})$[16]で表す．振り子の質量，ひもの長さをそれぞれ m, ℓ とし重力加速度を g とする．ひもは質量がなく，伸縮やたわみもないとし，振り子のピボットでは摩擦は生じず，またひもや質量には空気抵抗もないと仮定し質点系として扱う．このとき振り子の運動エネルギー T は $T = \frac{1}{2}m(\ell\dot{\theta})^2$ であり，位置エネルギーは $V = mg\ell(1 - \cos\theta)$ であるので，**Lagrangian**（ラグランジアン）L は

$$L = T - V = \frac{1}{2}m(\ell\dot{\theta})^2 - mg\ell(1 - \cos\theta) \tag{1.2.1}$$

となり，**Euler-Lagrange**（オイラー–ラグランジェ）方程式 $\frac{d}{dt}\frac{\partial L}{\partial \dot{\theta}} - \frac{\partial L}{\partial \theta} = 0$ より振り子の運動方程式

$$\ddot{\theta} + \frac{g}{\ell}\sin\theta = 0 \tag{1.2.2}$$

を得る[17]．またこの系は外力と減衰が存在せずポテンシャル場における運動

---

15) Galileo (Galileo Galilei, 1564–1642) はピサ (Pisa) の大聖堂のシャンデリアが揺れるのを観察して「等時性」を 1583 年（この年号には諸説ある）に発見した．ここでいう等時性 (isochronism) とは振り子の重りや振幅を変えてもその長さが同じならば同じ周期で振り子は揺れることを指す（『新科学対話 上，下』岩波文庫）．振幅により周期は異なる事実をすでに 1644 年 Mersenne（メルセンヌ，Marin Mersenne）が指摘しているが，その周期を関数で明示的に表せるようになるには楕円関数の登場を待たざるを得なかった．振り子は重りとなる質量は 1 つであり，また振り子のひもは曲がったり，伸び縮みしないことを仮定しており，二重振り子（問題 1.2.2）やひもがバネ状になったものではない．なお，「単」振り子とは重りの運動が一平面内に拘束された場合を指し，空間内で自由に運動する「球面」振り子と区別するための名称である．
16) 記号 $C(\cdot, \cdot)$ については，§A.1.2 参照．
17) Newton の運動第 2 法則を使っても簡単に導出できる．

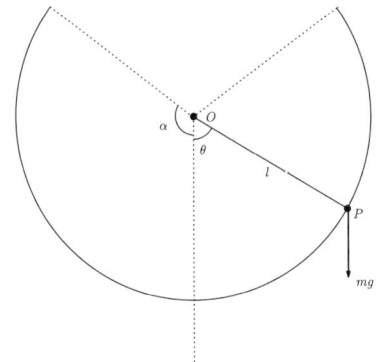

図 1.2.1 単振り子：質量 m，振り子の長さ ℓ，鉛直方向からの振れ角 θ（時計の回転と反対方向を正の向きにとる），重力加速度 g とする．ひもは質量がなく，伸縮やたわみもないとし，振り子のピボットでは摩擦は生じずまたひもや質量には空気抵抗もないと仮定し質点系として扱う．この図は最大振れ角 α ($0 < \alpha < \pi$) の秤動運動を示す．

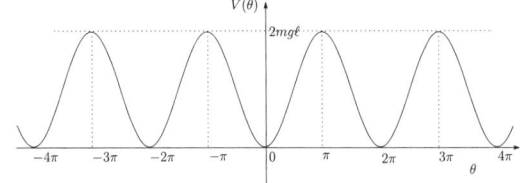

図 1.2.2 振り子のポテンシャル図：$V(\theta) = mg\ell(1 - \cos\theta)$．

であるから，Hamiltonian

$$H = T + V = \frac{1}{2}m(\ell\dot{\theta})^2 + mg\ell(1 - \cos\theta) \tag{1.2.3}$$

が定義でき $\dfrac{dH}{dt} = 0$ からも (1.2.2) を得る．

さて，(1.2.2) の解を求める前に，この運動方程式の意味するところをポテンシャル場と相図を使い大局的にみることにしよう．大局的にみるとは，解の詳細（解の具体的な形）はわからなくても，おおよその解の動きを把握することである．ポテンシャル図 1.2.2 より振り子の運動をポテンシャル場の中の「自由粒子」（減衰と外力がない状態）としての運動とみるとつぎの 3 種類があることがわかる．

1. ポテンシャルの谷 ($\theta = \pm 2n\pi$, $n = 0, 1, 2, \ldots$) に粒子がある場合：図 1.2.3

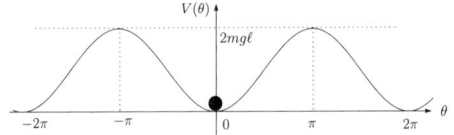

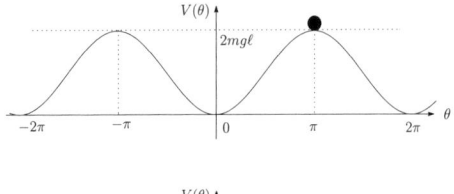

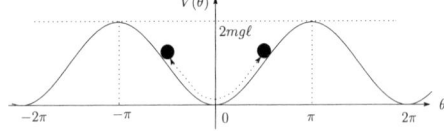

図 1.2.3 ポテンシャル場の中の自由粒子（減衰と外力がない状態）としての振り子の運動．上図：ポテンシャルの谷 ($\theta = \pm 2n\pi$, $n = 0, 1, 2, \ldots$) に粒子がある場合は '安定' 静止状態で粒子は動かない．中図：ポテンシャルの山 ($\theta = \pm(2n+1)\pi$, $n = 0, 1, 2, \ldots$) に粒子がある場合，'不安定' 静止状態で粒子は動かない．下図：ポテンシャルの山と山の間 ($\theta \in (\pm(2n+1)\pi, \pm(2n+3)\pi)$, $n = 0, 1, 2, \ldots$) に粒子がある場合はそのポテンシャルの間で粒子は秤動運動をする．

上図に示すように，ポテンシャルの谷 ($\theta = \pm 2n\pi$, $n = 0, 1, 2, \ldots$) に粒子があるときには粒子は動かない（振り子は静止状態である）．この場合は '安定' 静止状態である．

2. ポテンシャルの山 ($\theta = \pm(2n+1)\pi$, $n = 0, 1, 2, \ldots$) に粒子がある場合：図 1.2.3 中図に示すように，ポテンシャルの山 ($\theta = \pm(2n+1)\pi$, $n = 0, 1, 2, \ldots$) に粒子があるときには粒子は動かない（振り子は静止状態である）．この場合，山の頂上から少しでもずれると，ずれた方のポテンシャルの谷へ落ちてしまう．したがって，この場合は '不安定' 静止状態である．

3. ポテンシャルの山と山の間 ($\theta \in (\pm(2n+1)\pi, \pm(2n+3)\pi)$, $n = 0, 1, 2, \ldots$)

に粒子がある場合：図 1.2.3 下図に示すように，この場合は粒子はその
ポテンシャルの間で「秤動運動」(librations)[18]をする．

つぎに，相図を用いて振り子の運動をみてみよう．(1.2.2) を正規形

$$\begin{cases} \dot{\theta} = \zeta, \\ \dot{\zeta} = -\dfrac{g}{\ell}\sin\theta \end{cases}$$

に書き改めれば平衡点は $n = 0, 1, 2, \ldots$ として $(\theta, \dot{\theta}) = (\pm 2n\pi, 0)$ と $(\theta, \dot{\theta}) = (\pm(2n+1)\pi, 0)$ であることがわかる．平衡点 $(\pm(2n+1)\pi, 0)$ の固有値は正と負の実数になり鞍点である．したがって，Hartman-Grobman 定理（§A.1.4, 定理 A.1.24）により線形化方程式の相図で平衡点周りの解の挙動を把握できる．また，平衡点 $(\pm 2n\pi, 0)$ の固有値は純虚数となり，この平衡点は線形渦心点であるが系は保存系であるので，定理 1.1.1 により線形渦心点は非線形システムそのものでみても渦心点となる．

したがって，図 1.2.4 に示すような相図を得ることができる．$(\theta, \dot{\theta}) = ((2m+1)\pi, 0)$ から $(\theta, \dot{\theta}) = ((2m+3)\pi, 0), m = 0, \pm 1, \pm 2, \ldots$ の軌跡がヘテロクリニック軌道 (H_n^+, H_n^-)，その内側が有限振れ角をもつ秤動を表す軌道 (C_n)，外側が

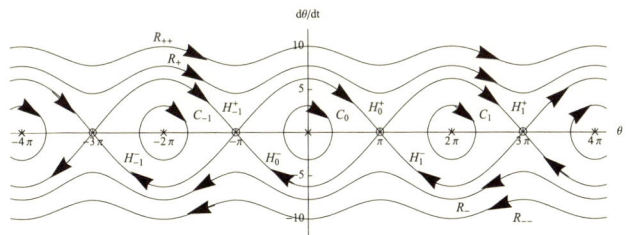

図 **1.2.4** 振り子の相図：$m = \ell = 1, g = 9.8$ として描いた相図で，渦心点を ×，鞍点を 。で表している．C_n ($n = 0, \pm 1, \pm 2, \ldots$) は振り子の振れ角が $-\pi < \theta(\mathrm{mod}\ 2\pi) < \pi$ となる秤動運動を表す周期解，H_n^+ は振れ角 $\theta(\mathrm{mod}\ 2\pi)$ が $-\pi$ から π（反時計回り）へと移動するヘテロクリニック軌道，H_n^- は π から $-\pi$（時計回り）へと移動するヘテロクリニック軌道，R_+ は反時計回りの回転運動，R_- は時計回りの回転運動をそれぞれ表している．また，R_{++}, R_{--} はそれぞれ R_+, R_- より速い速度の回転運動を表している．

---

18) 月が地球中心につねに同じ方向を向けているのではなく，少しだけ横方向を向くようにふらついていることを秤動と呼ぶ．

回転[19](rotations) を表す軌道 (R_+, R_-) を示している．ポテンシャル図との対比をすると，渦心点がポテンシャルの谷，鞍点がポテンシャルの山，C_n の秤動運動が図 1.2.3 下図に対応する．ポテンシャル図は，自由粒子の運動を表しているのでヘテロクリニック軌道や回転運動を表すことはできない．

また，図 1.2.5 は図 1.2.4 において，θ を $-\pi$ から π の部分を取り出してシリンダー状にし，さらに，エネルギーレベル $H = 0$（保存系であるので Hamiltonian がエネルギーに相当する）で折り曲げた U チューブ（U-tube）[97] といわれるものである．この U チューブでは C_n, R_+, R_- などの周期運動がよく表現されるが，H_n^+, H_n^- などのヘテロクリニック軌道が見かけ上ホモクリニック軌道 (homoclinic trajectory)[20] に変化してしまうことに注意を要する．

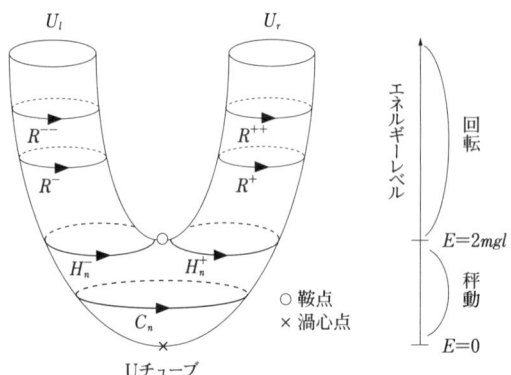

図 **1.2.5**　U チューブ：相図をシリンダー相図にしてからエネルギーレベル $E = 0 (H = 0)$ のところで折り曲げたもの．

1.2.2　解析解

前項で振り子の大局的な運動の把握はできたが，この項では (1.2.2) の解の構造を求めていく [7]．まず，結論を定理の形で示す．

---

19) 回転は振り子がぐるぐる回ることをいい，秤動と区別する．
20) 鞍点の不安定多様体から自分自身の安定多様体へと続く軌道のこと．

定理 1.2.1　振り子 (1.2.2) の解は自明解[21]$\theta(t) \equiv 0$ を除いて以下のようになる．

(1) 位置に関する初期条件を $\theta(t_0) \equiv 0 \pmod{2\pi}$ として一般解はつぎの 3 種類がある．

(1 − 1) 秤動運動解

$$\theta(t) = 2\sin^{-1}\left(\pm k \operatorname{sn}(\sqrt{\frac{g}{\ell}}(t-t_0), k)\right). \tag{1.2.4}$$

ここで，$k = \sin\left(\dfrac{\alpha}{2}\right)$ であり α は秤動運動の最大秤動角で $0 < \alpha \pmod{2\pi} < \pi$ である．

(1 − 2) 回転運動解

$$\theta(t) = 2\sin^{-1}\left(\pm \operatorname{sn}(\frac{1}{k_b}\sqrt{\frac{g}{\ell}}(t-t_0), k_b)\right). \tag{1.2.5}$$

ここで，$k_b = \sqrt{\dfrac{2mg\ell}{E}}$ であり，$E > 2mg\ell$ である．

(1 − 3) ヘテロクリニック解

$$\theta(t) = 2\sin^{-1}\left(\pm \tanh\sqrt{\frac{g}{\ell}}(t-t_0)\right). \tag{1.2.6}$$

(2) 特異解としてつぎの 2 種類がある．

(2 − 1) 安定静止解

$$\theta(t) = 2m\pi, \quad m = \pm 1, \pm 2, \ldots \tag{1.2.7}$$

(2 − 2) 不安定静止解

$$\theta(t) = (2n+1)\pi, \quad n = 0, \pm 1, \pm 2, \ldots \tag{1.2.8}$$

注意 1.2.2　(1) 秤動運動をするためには，初期位置が $\theta(t_0) = 0, \pm 4\pi, \pm 8\pi, \ldots$ のときには初期速度を $\dot{\theta}(t_0) = \pm 2k\sqrt{\dfrac{g}{\ell}}$, $\theta(t_0) = \pm 2\pi, \pm 6\pi, \ldots$ のときには

---

[21] (1.2.7), (1.2.8) は $\theta(t) \equiv 0$ とはそれぞれ意味の異なる解であり，ここでは (1.2.7), (1.2.8) を自明解とは呼ばないことにする．

$\dot{\theta}(t_0) = \mp 2k\sqrt{\dfrac{g}{\ell}}$ とする必要がある．あるいは同じことであるが，このような初期条件のときの解が秤動運動解 (1.2.4) である．

(2) 同様に回転運動解 (1.2.5) の初期条件は $\theta(t_0) = 0, \pm 4\pi, \pm 8\pi, \ldots$ のとき $\dot{\theta}(t_0) = \pm \dfrac{2}{k_b}\sqrt{\dfrac{g}{\ell}}$ であり，$\theta(t_0) = \pm 2\pi, \pm 6\pi, \ldots$ のときには $\dot{\theta}(t_0) = \mp \dfrac{2}{k_b}\sqrt{\dfrac{g}{\ell}}$ である．

(3) ヘテロクリニック解 (1.2.6) となる初期条件は $\theta(t_0) = 0, \pm 4\pi, \pm 8\pi, \ldots$ のとき $\dot{\theta}(t_0) = \pm 2\sqrt{\dfrac{g}{\ell}}$ であり，$\theta(t_0) = \pm 2\pi, \pm 6\pi, \ldots$ のときには $\dot{\theta}(t_0) = \mp 2\sqrt{\dfrac{g}{\ell}}$ である．

1.2.3 定理 1.2.1 の証明

振り子は保存系であり Hamiltonian が定義でき，(1.2.3) より

$$\dot{\theta}^2 = \frac{2E}{m\ell^2} - \frac{2g}{\ell}(1 - \cos\theta) \tag{1.2.9}$$

を得る．Hamiltonian は物理的にはエネルギーに相当するので記号を改めて E と置き換えた．ここで，(1.2.9) を解くにあたり，エネルギー E で

(1) $E = 0$, (2) $0 < E < 2mg\ell$, (3) $E = 2mg\ell$, (4) $E > 2mg\ell$

のように場合分けをしよう．

注意 1.2.3 振り子の場合，$E < 0$ は物理的に存在しない．

(1) $E = 0$ の場合

(1.2.9) に $E = 0$ を代入し，関係式 $\cos\theta = 1 - 2\sin^2\dfrac{\theta}{2}$ を使うと

$$\dot{\theta}^2 = -\frac{4g}{\ell}\sin^2\frac{\theta}{2} \tag{1.2.10}$$

となり，振り子の問題の前提である $\theta \in \mathbb{R}$ より，上式の解は

$$(\theta, \dot{\theta}) = (\pm 2n\pi, 0), \quad n = 0, 1, 2, \ldots \tag{1.2.11}$$

しかないことがわかる．ここで，$n = 0$ の場合は自明解であるが，そのほかの n のときの解は下記で求める一般解の任意定数をいかに選ぼうとも得ることができないので，これらは 立派な 特異解である．

注意 1.2.4 $E = 0$ の場合は，方程式を解くまでもなく安定静止点（鉛直下方にあり，相図の渦心点，ポテンシャルの谷に相当）しかないことは明らかであり，この事実を数学的に確かめたことになる．

(2) $0 < E < 2mg\ell$ の場合

$0 < E < 2mg\ell$ の場合とは，振り子の初期位置が安定静止位置である下方鉛直 $2n\pi(n = 0, \pm 1, \pm 2, \ldots)$ から $(2n + 1)\pi$ 未満の範囲のことである（この角度がちょうど $(2n + 1)\pi$ のとき，$E = 2mg\ell$ である）．あるいは，下方鉛直にある振り子にエネルギーを与えるのであるが，その振れ角の絶対値が π 未満となるエネルギーである．最大振れ角を α $(0 < \alpha \pmod{2\pi} < \pi)$ とすると，$E = mg\ell(1 - \cos\alpha)$ となり，これを (1.2.9) に代入すると

$$\dot{\theta}^2 = \frac{2g}{\ell}(\cos\theta - \cos\alpha) \tag{1.2.12}$$

を得る．倍角の公式を使い

$$\dot{\theta}^2 = \frac{4g}{\ell}\left(\sin^2\frac{\alpha}{2} - \sin^2\frac{\theta}{2}\right) \tag{1.2.13}$$

と変形しよう．

以後，図 1.2.6 に基づき Greenhill（グリーンヒル）[40] の幾何的考察を現代風にアレンジして話を進める．図 1.2.6 は，点 P にある振り子が点 O を中心に最大振れ角が α の秤動運動をしている幾何図形である．最大振れ角が α のため，振り子は円の一部である円弧 $B'AB$ の範囲を秤動している．円 O の最下点 A と最大振れ角が形成する円 O の弦 $B'B$ と点 D で接する直径 AD をもつ円を内部に描くことができる．さて，点 P から円 O の直径 AE に垂線を下ろした点を N，直径 AD の円と交わる点を Q として，点 P の動きを点 Q に移して考える．すると，もともとの振り子の点 P の秤動角 θ は $0 \leq |\theta| \leq \alpha$ であるが，点 Q の秤動角 φ $(= \angle ADQ)$ は $0 \leq |\varphi| \leq \frac{\pi}{2}$ となる．よって，θ から

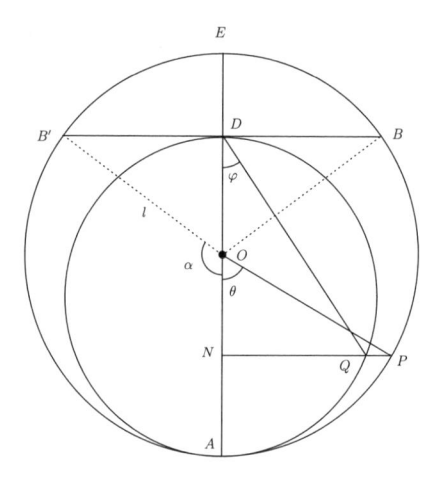

図 **1.2.6**　秤動角 θ から φ への変換：Greenhill のアイデア．

φ への変数変換を考える．そのため，線分 ON の長さに注目し，これを θ と φ の両方で表現しよう．まず，θ で表現すると

$$\overline{ON} = \ell \cos \theta. \tag{1.2.14}$$

つぎに φ で表現すると

$$\overline{ON} = \overline{AO} - \overline{AN} = \ell - \overline{AQ} \sin \varphi$$

であり，$\overline{AQ} = \overline{AD} \sin \varphi$ を代入して

$$= \ell - \overline{AD} \sin^2 \varphi = \ell - \ell(1 - \cos \alpha) \sin^2 \varphi \tag{1.2.15}$$

を得る．(1.2.14) と (1.2.15) が等しいことと倍角の公式を使うことにより

$$\sin \frac{\theta}{2} = k \sin \varphi \tag{1.2.16}$$

の関係を得る．ただし，$k = \sin \dfrac{\alpha}{2}$ とおいた．(1.2.16) の変数変換により (1.2.13) は次のように書ける．

$$\dot{\varphi}^2 = \frac{g}{\ell}(1 - k^2 \sin^2 \varphi). \tag{1.2.17}$$

(1.2.17) より

$$\frac{d\varphi}{dt} = \pm \sqrt{\frac{g}{\ell}} \sqrt{1 - k^2 \sin^2 \varphi} \tag{1.2.18}$$

を得る（+ は φ の反時計方向, − は時計方向を意味している）, これより任意定数 t_0 を用いて

$$\int_0^\varphi \frac{d\varphi}{\sqrt{1 - k^2 \sin^2 \varphi}} = \pm \sqrt{\frac{g}{\ell}} (t - t_0). \tag{1.2.19}$$

左辺の積分の逆関数が**振幅関数 am**（§A.2 を参照）であるので, 結局

$$\varphi(t) = \mathrm{am}\left(\pm \sqrt{\frac{g}{\ell}} (t - t_0), k \right) \tag{1.2.20}$$

を得る. これより

$$\sin \varphi(t) = \sin \left(\mathrm{am}\left(\pm \sqrt{\frac{g}{\ell}} (t-t_0), k \right) \right) = \mathrm{sn}\left(\pm \sqrt{\frac{g}{\ell}} (t-t_0), k \right) = \pm \mathrm{sn}\left(\sqrt{\frac{g}{\ell}} (t-t_0), k \right) \tag{1.2.21}$$

となり, (1.2.16) より

$$\sin \frac{\theta(t)}{2} = \pm k \, \mathrm{sn}\left(\sqrt{\frac{g}{\ell}} (t - t_0), k \right). \tag{1.2.22}$$

よって, (1.2.4) を得る.

ところで, (1.2.12) において左辺は非負であるので, この事実より $\cos \theta \geq \cos \alpha$ である. $0 < \alpha \pmod{2\pi} < \pi$ であるので秤動角 θ は α を超えることはない（図 1.2.4 の C_n）.

振れ角 θ の周期 T は, φ が 0 から $\frac{\pi}{2}$ へ到達する時間の 4 倍であることより, (1.2.19) を使い

$$\int_0^{\pi/2} \frac{d\varphi}{\sqrt{1 - k^2 \sin^2 \varphi}} = \frac{T}{4} \sqrt{\frac{g}{\ell}} \tag{1.2.23}$$

となる. 左辺は第 1 種完全楕円積分であり, 慣例にならって $K(k)$ で表すと

$$T = 4 \sqrt{\frac{\ell}{g}} K(k) \tag{1.2.24}$$

となる.

注意 1.2.5 (1.2.22) の + の解は図 1.2.4 の軌跡 C_n の右半分 ($\theta(\mathrm{mod}\, 2\pi) > 0$) を，また，− の解は左半分 ($\theta(\mathrm{mod}\, 2\pi) < 0$) を表している．

(3) $E = 2mg\ell$ の場合

　$E = 2mg\ell$ の場合は，振り子の初期位置が不安定静止位置である下方鉛直からちょうど $\pi(\mathrm{mod}\, 2\pi)$ の位置であるか，あるいは，これだけのエネルギーを安定静止位置である下方鉛直にある振り子に与えたかのどちらかである．(1.2.9) に $E = 2mg\ell$ を代入すると

$$\dot{\theta}^2 = \frac{4g}{\ell}\left(1 - \sin^2 \frac{\theta}{2}\right) \tag{1.2.25}$$

となり，これよりまず，右辺 = 0 の場合, $(\theta, \dot{\theta}) = ((2n+1)\pi, 0), n = 0, \pm 1, \ldots$ という解が存在することがわかる．この解が下方鉛直からちょうど $\pm\pi\,(\mathrm{mod}\, 2\pi)$ の不安定静止位置で振り子が留まっている状態を表している．この解は，特異解の 1 つである．

　つぎに，右辺 $\neq 0$ の場合は

$$\frac{d\theta}{dt} = \pm 2\sqrt{\frac{g}{\ell}}\cos\frac{\theta}{2} \tag{1.2.26}$$

となり，結局

$$\int_0^\theta \sec\frac{\theta}{2}d\theta = \pm 2\sqrt{\frac{g}{\ell}}(t - t_0) \tag{1.2.27}$$

の積分を求めればよい．初等的な計算により

$$\tan\left(\frac{\theta}{4} + \frac{\pi}{4}\right) = e^{\pm\sqrt{\frac{g}{\ell}}(t-t_0)} \tag{1.2.28}$$

を得る．上式を書きなおして

$$\sin\frac{\theta(t)}{2} = \pm\tanh\sqrt{\frac{g}{\ell}}(t - t_0) \tag{1.2.29}$$

となり，定理の (1.2.6) を得る．

注意 1.2.6 この場合の振れ角 $\theta\,(\mathrm{mod}\, 2\pi)$ は π を超えることはない．すなわち，$|\theta\,(\mathrm{mod}\, 2\pi)| < \pi$．なぜなら，この場合 (1.2.25) において左辺は正を考えているので，この事実より $\left|\sin\frac{\theta}{2}\right| < 1$ である．したがって，$|\theta\,(\mathrm{mod}\, 2\pi)| < \pi$ となる．

注意 1.2.7 (1.2.6) の解は，安定静止位置である下方鉛直にある振り子に $E = 2mg\ell$ だけのエネルギーを与えた場合に相当する．このとき，上方鉛直の位置にたどり着くには無限大の時間を必要とすることがわかる．

注意 1.2.8 (1.2.6) の ＋ の解は，図 1.2.4 の H_n^+ の右半分，すなわち，初期値を $(\theta(t_0), \dot{\theta}(t_0)) = \left(2n\pi, 2\sqrt{\dfrac{g}{\ell}}\right)$ としたとき，無限大の時間を要して鞍点 $((2n+1)\pi, 0)$ へ到達する解を表している．同様に，－ の解は H_n^- の左半分，すなわち，初期値を $(\theta(t_0), \dot{\theta}(t_0)) = \left(2n\pi, -2\sqrt{\dfrac{g}{\ell}}\right)$ としたとき，無限大の時間を要して鞍点 $((2n-1)\pi, 0)$ へ到達する解を表している．

注意 1.2.9 (1.2.22) において，$k \to 1$ $(\alpha \to (2n+1)\pi, n = 0, \pm 1, \ldots)$ の極限とすると (1.2.29) を得る．

(4) $E > 2mg\ell$ の場合

$E > 2mg\ell$ の場合とは，たとえば振り子の初期位置が安定静止位置である下方鉛直にあったとすると，少なくとも不安定静止位置の上方鉛直を通り過ぎるだけのエネルギーを振り子に与えたという場合である．このとき，方程式には減衰項を与えていないので振り子は永遠に回転することになる．全エネルギーの (1.2.9) より

$$\dot{\theta}^2 = \dfrac{2E}{m\ell^2}\left(1 - \dfrac{2mg\ell}{E}\sin^2\dfrac{\theta}{2}\right) \tag{1.2.30}$$

が得られ，

$$\dfrac{d\theta}{\sqrt{1 - k_b^2 \sin^2\dfrac{\theta}{2}}} = \pm\sqrt{\dfrac{2E}{m\ell^2}}\, dt \tag{1.2.31}$$

ただし，

$$k_b^2 = \dfrac{2mg\ell}{E} \tag{1.2.32}$$

とおいた．$E > 2mg\ell$ を考えているので，$0 < k_b^2 < 1$ に注意．

ここで，再び，Greenhill に従うが現代風にアレンジして解析を行う．図 1.2.7 は点 P にある振り子が点 O を中心に回転している模様を示している．

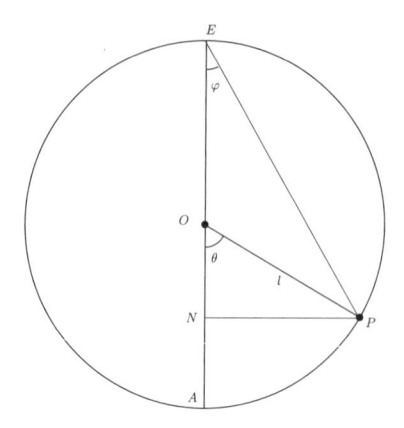

図 1.2.7 回転角 θ から φ への変換：Greenhill のアイデア.

点 P から円 O の直径 AE に下ろした垂線の足を N とする．すると，振り子の回転角 θ と $\varphi = \angle AEP$ の間には $\theta = 2\varphi$ の関係があることがわかる．この関係を使い θ から φ の変数変換を施すと，(1.2.31) は

$$\int_0^\varphi \frac{d\varphi}{\sqrt{1 - k_b^2 \sin^2 \varphi}} = \pm\sqrt{\frac{E}{2m\ell^2}}(t - t_0) \qquad (1.2.33)$$

となる．これよりただちに

$$\varphi(t) = \mathrm{am}\Bigl(\pm\sqrt{\frac{E}{2m\ell^2}}\,(t - t_0), k_b\Bigr) \qquad (1.2.34)$$

となり

$$\sin\frac{\theta(t)}{2} = \pm\mathrm{sn}\Bigl(\frac{1}{k_b}\sqrt{\frac{g}{\ell}}\,(t - t_0), k_b\Bigr) \qquad (1.2.35)$$

を得る．結局，(1.2.5) となる．

この場合の周期は $2k_b\sqrt{\dfrac{\ell}{g}}K(k_b)$ となる．

注意 1.2.10 この場合，回転は永遠に続く．すなわち，回転が反時計方向なら永遠に反時計方向，時計方向なら永遠に時計方向に回転を続ける．なぜなら，(1.2.30) において $E > 2mg\ell$ であるので $\dot\theta^2 > 0$ がつねに成り立つ．すなわち，$\dot\theta > 0$ または $\dot\theta < 0$ を得る．前者は回転角がつねに増加（反時計方向に回転），後者はつねに減少（時計方向に回転）していることを表している．

注意 1.2.11 (1.2.35) の + の解は図 1.2.4 の R_+, − の解は R_- の軌跡を表している.

注意 1.2.12 (1.2.35) において, $E \to 2mg\ell$ の極限をとると

$$\lim_{E \to 2mg\ell} \mathrm{sn}\left(\frac{1}{k_b}\sqrt{\frac{g}{\ell}}\,(t-t_0), k_b\right) = \lim_{k_b \to 1} \mathrm{sn}\left(\frac{1}{k_b}\sqrt{\frac{g}{\ell}}\,(t-t_0), k_b\right) = \tanh\sqrt{\frac{g}{\ell}}\,(t-t_0)$$

となり, $E = 2mg\ell$ の解と一致する.

演習問題

問題 1.2.1 振り子の運動方程式は (1.2.2)：$\ddot{\theta} + \frac{g}{\ell}\sin\theta = 0$ であったが, 現実には振り子の重りに対する空気抵抗やひもの付け根の摩擦などにより減衰が生じる. したがって, その運動方程式は減衰係数を $\delta > 0$ として

$$\ddot{\theta} + \delta\dot{\theta} + \frac{g}{\ell}\sin\theta = 0$$

となる. この方程式の相図を描き, 解の挙動を考察せよ.

問題 1.2.2 二重振り子 (図 1.2.8) の運動方程式をたてその挙動をシミュレーションせよ. 下部につけた重りはカオス的な振る舞いをする[22].

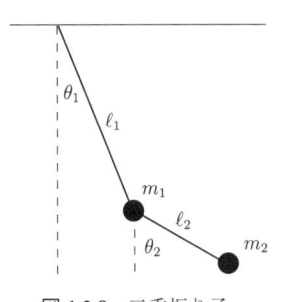

図 1.2.8　二重振り子.

---

22) 文献 [94] でカオスの判定に主要な指標である **Lyapunov**（リヤプノフ）指数が正になることを示している. Lyapunov 指数の定義は文献 [5][20] などにゆだねるが, 平たくいえば解軌跡の不安定性を測る尺度である.

問題 1.2.3 Galileo は振り子の周期はその振幅にはよらないとして「等時性」を主張した．これは振り子の方程式 (1.2.2) $\ddot{\theta} + \frac{g}{\ell}\sin\theta = 0$ を θ が十分小さいときには $\ddot{\theta} + \theta = 0$ と近似して，この解の周期を求めればつねに（振れ角によらず）$2\pi\sqrt{\frac{\ell}{g}}$ であることによる．一方，振り子はその振幅により周期が異なる事実をすでに 1644 年 Mersenne により指摘されていることを p.22 の脚注で述べた．これは振れ角 α は小さいとはいえ，その周期は $T = 4K\left(\sin\frac{\alpha}{2}\right)\sqrt{\frac{\ell}{g}}$ であることによる．実際，振れ角 α，時刻 t とも十分小さいときには $\ddot{\theta} + \theta = 0$ の解は (1.2.2) の解をよく近似している．しかし，時刻が大きくなるに従って，徐々に双方の解の山と谷がずれだし，いずれはほぼ逆相状態になってしまう．したがって，近似方程式 $\ddot{\theta} + \theta = 0$ を使う場合はその時刻の有効範囲に注意する必要がある．では，振れ角 α は小さいとして (1.2.2) の周期を保ったままこれを線形近似するにはどのような方程式になるかを考察せよ．

問題 1.2.4 つぎの式で定義される (x,y) 平面の曲線をサイクロイド（cycloid）という．

$$\begin{cases} x = r(\varphi + \sin\varphi), \\ y = r(1 - \cos\varphi) \end{cases}$$

ただし，$-\pi < \varphi < \pi$ である．このサイクロイドは等時性をもつ曲線である．すなわち，この曲線上においたボールが最下点である座標 $(0,0)$ に到達するのに要する時間はボールをおいた位置に依存せず一定である．だだし，ボールと曲線の間に摩擦はないと仮定する．この現象を微分方程式を用いて解析し，ボールが最下点に到達する時間は重力加速度を g として $\pi\sqrt{\frac{r}{g}}$ であることを導け．

問題 1.2.5 「弾性変形」[23]をする棒（たとえば鋼鉄製）の両端から力を加えることを考える．小さな力では棒は押されて少し縮むがその量は観察できないほどわずかであり，棒はまっすぐなままである．しかし，力を増すとある大きさ以上の力で棒は曲がりだし，さらに力を大きくしていくとそれにつれて棒は大きく曲がってくる．この現象を「座屈」（buckling）という．s を棒に沿っての曲線の長さとし，$\theta = \theta(s)$ を棒の曲線の接線の傾きとすると座屈の曲線を決める方程式は

$$\frac{d^2\theta}{ds^2} + \frac{F}{B}\sin\theta = 0 \tag{1.2.36}$$

---

[23] 物体に外力を加えるとその外力に作用して物体内部に内力が生じる．単位面積当たりの内力を応力といい，応力に応じて物体は変形するが，応力を取り除けばまたもとの形状に戻る現象を弾性変形という．降伏点以上の応力を加えると物体はもとに戻ることのない塑性変形を生じる．

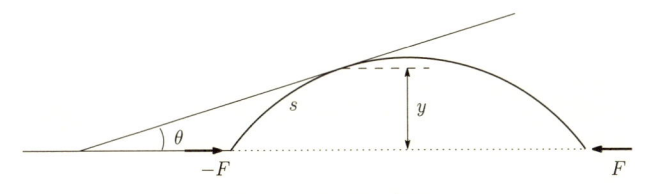

図 1.2.9 弾性棒の座屈.

で表すことができる（図 1.2.9 参照）[13]．ここに，F は加える力，B は棒の弾性率や断面形状により決まる定数である．(1.2.36) は振り子の方程式 (1.2.2) で時間 t を曲線の長さ s で置き換えたものとなる．つぎの条件を付加し θ を小さいとして座屈による変形の形状を求めよ．

・棒の両端では $y = 0$.
・棒の全長 2ℓ は固定．

（ヒント：振り子の秤動運動解 (1.2.4) を使う．）

第2章
電気工学に現れる微分方程式

2.1 RLC 電気回路

　この章では電気回路の回路方程式を扱う．電気回路とは抵抗，コイル，コンデンサなどの受動素子（供給された電気エネルギーを消費，蓄積，放出する素子）と真空管やトランジスタなどの能動素子（増幅や整流を行う素子）をそれぞれ直列または並列接続し直流電源または交番電源により電気エネルギーを供給する回路のことであり，回路方程式とは回路の電流または電圧の時間発展方程式をいう．一般に，電流を i（時間を明示するときには $i(t)$），電圧を v（時間を明示するときには $v(t)$），抵抗を R，コイルのインダクタンスを L，コンデンサの電気容量を C で表す[1]．

　電気回路は **Ohm**（オーム）の法則と **Kirchhoff**（キルヒホッフ）の法則により電気的物理現象が支配される．電圧 v と電流 i の関係は $v = Ri\ (R > 0)$ [2] の関係があり，これが Ohm の法則である．Kirchhoff の法則は電流則と電圧則

---

[1] 単位は電流が A（アンペア），電圧が V（ボルト），抵抗が V/A であるが Ω（オーム），インダクタンスは H（ヘンリ），電気容量は F（ファラド）でそれぞれ表す．なお，電流を表す記号 i は虚数単位と同一であるが文脈から判断できるので，慣例に従った．

[2] 負性抵抗を考えれば $R < 0$ となる．また，非線形抵抗の場合，たとえば抵抗が流れる電流の関数 $v = R(i)$ で表される場合には $\frac{dv}{di} = R'(i)$ で抵抗値を表し，これを微分抵抗と呼ぶ．

よりなり，電流則は「電気回路の任意の節点[3]に流入する電流の代数和はつねに 0 である」，また，電圧則は「電気回路の任意の 1 つの閉路についてその向きを考えた場合，閉路に沿って一巡するときに各枝[4]の電圧の代数和はつねに 0 である」である．Ohm の法則と Kirchhoff の法則に従って素子の電流，電圧の関係を構成していけば回路方程式は得られる．

1 例としてもっとも基本的な受動素子だけからなる RLC 直列回路を図 2.1.1 に示す．抵抗，コイル，コンデンサに交番電圧 $e(t)$ が印加された直列回路である．回路に流れる電流を $i = i(t)$ とすれば抵抗の両端にかかる電圧は Ohm の法則により Ri であり，コイルのそれは $L\frac{di}{dt}$ [5]，また，コンデンサ両端の電圧は $\frac{1}{C}\int idt$ [6]となるので，キルヒホッフの電圧則により図 2.1.1 の回路方程式としては

$$L\frac{di}{dt} + Ri + \frac{1}{C}\int idt = e(t) \tag{2.1.1}$$

が成り立つ．これを時間 t で微分して

$$\frac{d^2i}{dt^2} + \frac{R}{L}\frac{di}{dt} + \frac{1}{LC}i = \frac{1}{L}\frac{d}{dt}e(t) \tag{2.1.2}$$

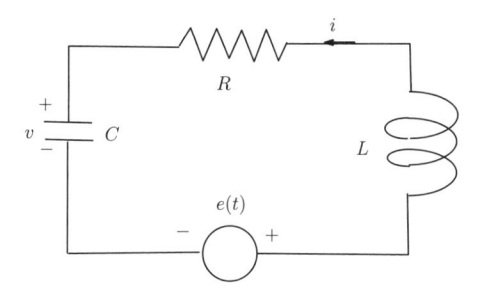

図 **2.1.1** RLC 電気回路：抵抗 R，インダクタンス L のコイル，電気容量 C のコンデンサに交番電圧 $e(t)$ が印加された直列回路．

---

[3] 回路素子が互いに接続されている点のこと．
[4] 電気回路を回路グラフに描いたときの回路素子に対応する線分のこと．
[5] Faraday（ファラデイ）の法則より．
[6] コンデンサに蓄えられる電荷は $\int idt$ であり，これを電気容量 C で割ったものがコンデンサにかかる電圧となる．

なる 2 階定係数微分方程式を得る．同じことであるが，電流 i と電圧 $v = v(t)$ を変数にとると

$$\begin{cases} i = C\dfrac{dv}{dt}, \\ L\dfrac{di}{dt} + Ri + v = e(t) \end{cases}$$

となり，これを書きなおすと

$$\dot{x} = Ax + be(t) \tag{2.1.3}$$

となる．ここに,

$$x = \begin{pmatrix} v \\ i \end{pmatrix}, A = \begin{pmatrix} 0 & \dfrac{1}{C} \\ -\dfrac{1}{L} & -\dfrac{R}{L} \end{pmatrix}, b = \begin{pmatrix} 0 \\ \dfrac{1}{L} \end{pmatrix}$$

であり，$\cdot = \dfrac{d}{dt}$ である．どんな回路の方程式でも（状態）変数のとり方は異なるがおおむね $A : n \times n$ 行列（n は状態変数の数），$b : n \times r$ 行列（r は電源の個数）を伴った方程式 (2.1.3) となる．

工学的には「強制振動」（あるいは交番電圧の周波数）と「自由振動」（起電力なしの回路の周波数）が等しくなる「共振現象」を嫌うため周波数応答曲線を求め共振周りの状況をくわしく調べる習慣がある．数理科学的には永年項が解に現れると解釈できる．また，方程式に表れる係数 R, L, C は「正」の場合を扱うのが普通である [8]．しかし，$R < 0$（負性抵抗）になると興味のある現象が発生する．たとえば，$x = x(t) \in C^2(\mathbb{R}, \mathbb{R})$，$\varepsilon > 0$ として，つぎの van der Pol（ファン・デル・ポール）[7]方程式

$$\dfrac{d^2 x}{dt^2} - \varepsilon(1 - x^2)\dfrac{dx}{dt} + x = 0$$

では負性抵抗になる領域が存在するためにリミットサイクル（limit cycle，極限閉軌道）が発生する[8]．van der Pol 方程式は §2.2 でくわしく扱う．また，

---

[7] オランダの電気技師 Balthasar van der Pol(1889–1959).
[8] リミットサイクルとは，ある閉軌道 C が，C 上にない点の極限集合になっている閉軌道をいう．平たくいえば，それ自身は周期的でない軌道が $t \to \infty$ のとき次第に閉軌道に引き寄せられるような軌道である（リミットサイクルの正確な定義は §3.5.3 参照のこと）．

線形方程式でも復元力が周期的に変化するとそれだけで振動が発生したりまた消滅したりあるいは増大したりする「パラメトリック励振」が起きる．その典型的な例はつぎの Mathieu（マチュー）方程式

$$\frac{d^2x}{dt^2} + (a + b\cos\omega t)x = 0$$

である．ここに a, b は定数である．この方程式は線形であるにもかかわらずその解は容易には求まらない例の 1 つである．Mathieu 方程式は本書では扱わないがくわしく研究されている [67]．

注意 2.1.1 （機械系と電気系のアナロジ） 機械系の力に電気回路の電圧を対応させると各諸量にはつぎに示す表の対応関係が成り立つ．

機械系	[力]		電気回路		[電圧]
要素	速度 v	変位 x	素子	電流 i	電荷 q
ダンパ：c	cv	$c\frac{dx}{dt}$	抵抗：R	Ri	$R\frac{dq}{dt}$
質量：m	$m\frac{dv}{dt}$	$m\frac{d^2x}{dt^2}$	コイル：L	$L\frac{di}{dt}$	$L\frac{d^2q}{dt^2}$
バネ：k	$k\int v dt$	kx	コンデンサ：C	$\frac{1}{C}\int i dt$	$\frac{q}{C}$

すなわち，ダンパと抵抗，質量とコイル，バネとコンデンサがそれぞれ対応する．この対応関係により速度と電流を変数にとればバネ–マス–ダンパ系に外力 $u(t)$ が印加されたときの方程式（§1.1.1,(1.1.5)）

$$m\frac{dv}{dt} + cv + k\int v dt = u(t)$$

と RLC 電気回路方程式 (2.1.1)

$$L\frac{di}{dt} + Ri + \frac{1}{C}\int i dt = e(t)$$

が等価なものになる．また，変位 x と電荷量 q を変数にとると方程式はそれぞれ

$$m\frac{d^2x}{dt^2} + c\frac{dx}{dt} + kx = u(t),$$

$$L\frac{d^2q}{dt^2} + R\frac{dq}{dt} + \frac{q}{C} = e(t)$$

となり，これも等価な方程式となる．このように諸量を適当に対応させると機械系と電気系のアナロジが成立する．

2.1.1 周期外力項付線形微分方程式

さて，電気回路では線形の範囲内でおおむね (2.1.3) の形の方程式を扱えばよいことがわかったので，ここで改めてつぎのように問題の設定をしよう．いま，

$$u(t) = \begin{pmatrix} x(t) \\ \dot{x}(t) \end{pmatrix}, \quad A = \begin{pmatrix} 0 & 1 \\ -b & -a \end{pmatrix}, \quad g(t) = \begin{pmatrix} 0 \\ f(t) \end{pmatrix} \quad (2.1.4)$$

とおく．ここで $a, b \in \mathbb{R}$ とし，方程式をつぎのように書く．

$$\dot{u}(t) = Au(t) + g(t) \quad (2.1.5)$$

ここに f は $f(t) = f(t + \omega)$（交番電源を考えている）となる周期 ω をもち，絶対可積分とする．本項において (2.1.4) に対する初期値問題を扱い解 $u = u(t) \in C^1(\mathbb{R}^+, \mathbb{R}^2)$ の周期性について調べよう．

λ を 2 次方程式

$$\xi^2 + a\xi + b = 0 \quad (2.1.6)$$

の根とすると，λ と a, b との関係は表 2.1.1 のようになる．解析の場合分けを (2.1.6) の根 λ でつぎのように行う．

(1) $\lambda_i \in \mathbb{R}, i = 1, 2$ かつ $\det(1 - e^{\omega A}) \neq 0$，あるいは，
  $\lambda_i \in \mathbb{C} \backslash \mathbb{R}, \operatorname{Re}\lambda_i \neq 0, i = 1, 2$ かつ $\det(1 - e^{\omega A}) \neq 0$ の場合
(2) $\lambda_1 = 0, \lambda_2 \neq 0$，あるいは，$\lambda_1 = \lambda_2 = 0$ の場合
(3) $\operatorname{Re}\lambda_i = 0, \operatorname{Im}\lambda_i \neq 0, i = 1, 2$ かつ $\det(1 - e^{\omega A}) \neq 0$ の場合
(4) $\operatorname{Re}\lambda_i = 0, \operatorname{Im}\lambda_i \neq 0, i = 1, 2$ かつ $\det(1 - e^{\omega A}) = 0$ の場合

表 2.1.1 方程式 (2.1.5) の周期解解析のための場合分け．

$a^2 - 4b \geq 0$	$a^2 - 4b > 0$	$\lambda_i \in \mathbb{R}, i = 1, 2, \ \lambda_1 \neq \lambda_2$.
	$a^2 - 4b = 0$	$\lambda_i \in \mathbb{R}, i = 1, 2, \ \lambda_1 = \lambda_2$.
$a^2 - 4b < 0$	$a \neq 0$	$\lambda_i \in \mathbb{C} \backslash \mathbb{R}, \operatorname{Re}\lambda_i \neq 0, i = 1, 2 \ (\lambda_1 \neq \lambda_2)$
	$a = 0$	$\operatorname{Re}\lambda_i = 0, \operatorname{Im}\lambda_i \neq 0, i = 1, 2 \ (\lambda_1 \neq \lambda_2)$

2.1.2 方程式 (2.1.5) の解析 (1)

まず本項では (1) $\lambda_i \in \mathbb{R}, i = 1, 2$ かつ $\det(1 - e^{\omega A}) \neq 0$, あるいは, $\lambda_i \in \mathbb{C}\setminus\mathbb{R}, \text{Re}\lambda_i \neq 0, i = 1, 2$ かつ $\det(1 - e^{\omega A}) \neq 0$ の場合を解析していこう.

定義 2.1.2 (2.1.5) の解 $u^*(t)$ に対して, $u^*(t) = u^*(t + \tilde{\omega})$ となる $\tilde{\omega} > 0$ が存在するとき, $u^*(t)$ を周期 $\tilde{\omega}$ をもつ周期解という. とくに, 外力項と同じ周期 ω をもつ周期解を ω-**周期解**という.

注意 2.1.3 $u^*(t)$ が周期 $\tilde{\omega}$ をもつならば, $2\tilde{\omega}, 3\tilde{\omega}$ らも周期である. 最小の周期をもってその周期解の**周期**という [2].

命題 2.1.4 (2.1.5) の ω-周期解 $u^*(t)$ は,

$$u^*(t) = e^{\omega A}(1 - e^{\omega A})^{-1} e^{tA} \int_t^{t+\omega} e^{-sA} g(s) ds \tag{2.1.7}$$

で与えられる.

証明 (2.1.5) の解が ω-周期解ならば, $u^*(t) = u^*(t + \omega)$ である. これより容易に (2.1.7) を示すことができる. ∎

注意 2.1.5 一般的には,

$$u^*(t) = e^{n\omega A}(1 - e^{n\omega A})^{-1} e^{tA} \int_t^{t+n\omega} e^{-sA} g(s) ds, \ n = 1, 2, \ldots \tag{2.1.8}$$

であるが, これは (2.1.7) と等価である.

命題 2.1.6 (2.1.5) において, 初期値を

$$u(0) = e^{\omega A}(1 - e^{\omega A})^{-1} \int_0^\omega e^{-sA} g(s) ds \tag{2.1.9}$$

とすると

$$u(t) = u(t + \omega).$$

証明

$$u(t) - u^*(t) = e^{tA}(u(0) - u^*(0)) \tag{2.1.10}$$

より明らか．∎

定義 2.1.7 $u^*(t)$ を (2.1.5) の ω-周期解とする．

$$\lim_{t \to \infty} \|u(t) - u^*(t)\| = 0 \tag{2.1.11}$$

が成り立つとき，$u(t)$ を**漸近周期解**という．ただし，$\mathbb{R}^2$ におけるノルムを

$$\left\| \begin{pmatrix} u_1 \\ u_2 \end{pmatrix} \right\| = \max(|u_1|, |u_2|) \tag{2.1.12}$$

で定義する．

定理 2.1.8 $\lambda_1 > 0, \lambda_2 < 0$ とする．初期値 $u_1(0) = x(0), u_2(0) = \dot{x}(0)$ が

$$-\lambda_2 u_1(0) + u_2(0) = -\lambda_2 u_1^*(0) + u_2^*(0) \tag{2.1.13}$$

を満たすならば，(2.1.5) の解 $u(t)$ は漸近周期解である．ただし，$u_1^*(0), u_2^*(0)$ は

$$u(0) = e^{\omega A}(1 - e^{\omega A})^{-1} \int_0^{\omega} e^{-sA} g(s) ds$$

の成分を表す．

証明 2 つの関係式：

$$u(t) = e^{tA} u(0) + e^{tA} \int_0^t e^{-sA} g(s) ds,$$

$$u^*(t) = e^{tA} u^*(0) + e^{tA} \int_0^t e^{-sA} g(s) ds$$

より

$$u(t) - u^*(t) = e^{tA}(u(0) - u^*(0)) \tag{2.1.14}$$

を得るが，ここで，行列 A を **Jordan**（ジョルダン）標準形 $A = VJV^{-1}$ に変形すると[9]

---

[9] $\lambda_1 \neq \lambda_2$ の場合を示した．$\lambda_1 = \lambda_2$ の場合は Jordan 標準形が変わるが同様にして証明できる．

$$J = \begin{pmatrix} \lambda_1 & 0 \\ 0 & \lambda_2 \end{pmatrix}, \ V = \begin{pmatrix} 1 & 1 \\ \lambda_1 & \lambda_2 \end{pmatrix}, \ V^{-1} = \frac{1}{\lambda_1 - \lambda_2} \begin{pmatrix} -\lambda_2 & 1 \\ \lambda_1 & -1 \end{pmatrix}$$

となり,

$$e^{tA} = V e^{tJ} V^{-1}, \ e^{tJ} = \begin{pmatrix} e^{\lambda_1 t} & 0 \\ 0 & e^{\lambda_2 t} \end{pmatrix} \tag{2.1.15}$$

を得るので, (2.1.14) より

$$u(t) - u^*(t) = V \begin{pmatrix} e^{\lambda_1 t} & 0 \\ 0 & e^{\lambda_2 t} \end{pmatrix} V^{-1} (u(0) - u^*(0)). \tag{2.1.16}$$

これを計算すると

$$u(t) - u^*(t) = \frac{1}{\lambda_1 - \lambda_2} V \begin{pmatrix} e^{\lambda_1 t}\{-\lambda_2(u_1(0) - u_1^*(0)) + (u_2(0) - u_2^*(0))\} \\ e^{\lambda_2 t}\{\lambda_1(u_1(0) - u_1^*(0)) - (u_2(0) - u_2^*(0))\} \end{pmatrix} \tag{2.1.17}$$

となり, 仮定 $\lambda_1 > 0, \lambda_2 < 0$ より, 定理が従う. ∎

定理 2.1.9 $\lambda_1 < 0, \lambda_2 > 0$ とする. 初期値 $u_1(0) = x(0), u_2(0) = \dot{x}(0)$ が

$$\lambda_1 u_1(0) - u_2(0) = \lambda_1 u_1^*(0) - u_2^*(0) \tag{2.1.18}$$

を満たすならば, (2.1.5) の解 $u(t)$ は漸近周期解である.

証明 (2.1.17) より明らか. ∎

以下容易に証明できるので結果のみ示しておこう.

定理 2.1.10 (i) $\lambda_1 > 0$ かつ $\lambda_2 > 0$ あるいは, (ii) Re $\lambda_1 > 0$ とする. 初期値 $u_1(0) = x(0), u_2(0) = \dot{x}(0)$ が

$$u_1(0) = u_1^*(0), \ u_2(0) = u_2^*(0), \tag{2.1.19}$$

すなわち, $u(0) = e^{\omega A}(1 - e^{\omega A})^{-1} \int_0^\omega e^{-sA} g(s) ds$ を満たすならば, (2.1.5) の解 $u(t)$ は ω-周期解であり,

$$u^*(t) = e^{\omega t}(1 - e^{\omega t})^{-1} e^{tA} \int_t^{t+\omega} e^{-sA} g(s) ds \tag{2.1.20}$$

で表すことができる.

注意 2.1.11 $\xi = u_1(0) - u_1^*(0)$, $\eta = u_2(0) - u_2^*(0)$ とおく. $\lambda_1 > 0$ かつ $\lambda_2 < 0$ のとき,

$$W_1^s = \{(\xi,\eta) \in \mathbb{R}^2 : -\lambda_2\xi + \eta = 0\},$$
$$W_2^u = \{(\xi,\eta) \in \mathbb{R}^2 : \lambda_1\xi - \eta = 0\}$$

をそれぞれ**安定多様体** (stable manifold), **不安定多様体** (unstable manifold) と呼ぶ. 同様に, $\lambda_1 < 0$ かつ $\lambda_2 > 0$ のとき, 安定多様体, 不安定多様体はそれぞれ

$$W_2^s = \{(\xi,\eta) \in \mathbb{R}^2 : \lambda_1\xi - \eta = 0\},$$
$$W_1^u = \{(\xi,\eta) \in \mathbb{R}^2 : -\lambda_2\xi + \eta = 0\}$$

となる.

$\lambda_1\lambda_2 < 0$ のとき, 解が漸近周期解となるためには初期値は安定多様体上になければならず (定理 2.1.8, 定理 2.1.9), また, ω-周期解となるためには初期値は, $W_1^s \cap W_2^u$ または $W_1^u \cap W_2^s$, すなわち, 2 つの多様体上になければならない (定理 2.1.10).

定理 2.1.12 (i) $\lambda_1 < 0$ かつ $\lambda_2 < 0$ あるいは (ii) Re $\lambda_1 < 0$ とする. 任意の初期値 $u_1(0) = x(0), u_2(0) = \dot{x}(0)$ に対する (2.1.5) の解 $u(t)$ は漸近周期解である.

さてつぎに Poincaré の意味での漸近周期解の定義を与え, 自励系の場合のリミットサイクルとの比較を行う.

定義 2.1.13 $u^*(t)$ を (2.1.5) の ω-周期解とする. このとき

$$\lim_{n\to\infty} \|u(t+n\omega) - u^*(t)\| = 0 \tag{2.1.21}$$

を満たす $u(t)$ を **Poincaré** の意味での漸近周期解という.

定理 2.1.14 定理 2.1.12 の解は Poincaré の意味での漸近周期解でもある.

証明 ここでは証明の概略を与える. まず与えられた方程式の解は

$$u(t) = e^{tA}u(0) + e^{tA}\int_0^t e^{-sA}g(s)ds$$

で与えられるので，行列 A を Jordan 標準形 (2.1.15) を使って書き直すと

$$u(t) = V\begin{pmatrix} e^{\lambda_1 t} & 0 \\ 0 & e^{\lambda_2 t} \end{pmatrix} V^{-1} u(0) + V\begin{pmatrix} e^{\lambda_1 t} & 0 \\ 0 & e^{\lambda_2 t} \end{pmatrix} \int_0^t \begin{pmatrix} e^{-s\lambda_1} & 0 \\ 0 & e^{-s\lambda_2} \end{pmatrix} V^{-1} \begin{pmatrix} 0 \\ f(s) \end{pmatrix} ds$$

となる．$u(0) = \begin{pmatrix} u_1(0) \\ u_2(0) \end{pmatrix}$ とし，これを計算するとつぎのようになる．

$$u(t) = \frac{V}{\lambda_1 - \lambda_2} \left\{ \begin{pmatrix} e^{\lambda_1 t}(-\lambda_2 u_1(0) + u_2(0)) \\ e^{\lambda_2 t}(\lambda_1 u_1(0) - u_2(0)) \end{pmatrix} + \begin{pmatrix} I_1(t) \\ -I_2(t) \end{pmatrix} \right\}. \tag{2.1.22}$$

ただし

$$I_i(t) = \int_0^t f(s) e^{\lambda_i(t-s)} ds, \quad i = 1, 2. \tag{2.1.23}$$

また，ω-周期解 $u^*(t)$ は，

$$u^*(t) = e^{\omega A}(1 - e^{\omega A})^{-1} e^{tA} \int_t^{t+\omega} e^{-sA} g(s) ds$$

であるので，これも Jordan 標準形を使って書きかえると

$$u^*(t) = \frac{V}{\lambda_1 - \lambda_2} \begin{pmatrix} \frac{e^{\omega \lambda_1}}{1-e^{\omega \lambda_1}} & 0 \\ 0 & \frac{e^{\omega \lambda_2}}{1-e^{\omega \lambda_2}} \end{pmatrix} \begin{pmatrix} J_1(t) \\ -J_2(t) \end{pmatrix}. \tag{2.1.24}$$

ここに

$$J_i(t) = \int_t^{t+\omega} f(s) e^{\lambda_i(t-s)} ds, \quad i = 1, 2. \tag{2.1.25}$$

さてここで，時刻列 $t + n\omega, n = 0, 1, 2, \ldots$ を考えると

$$I_i(t + n\omega) = e^{n\omega \lambda_i} e^{\lambda_i t} \left\{ (1 + e^{-\omega \lambda_i} + \ldots + e^{-(n-1)\omega \lambda_i}) \int_0^\omega f(s) e^{-s\lambda_i} ds \right.$$

$$\left. + e^{-n\omega \lambda_i} \int_0^t f(s) e^{-s\lambda_i} ds \right\}$$

$$= e^{\lambda_i(t+n\omega)} \left\{ \frac{1 - e^{-n\omega \lambda_i}}{1 - e^{-\omega \lambda_i}} \int_0^\omega f(s) e^{-s\lambda_i} ds + e^{-n\omega \lambda_i} \int_0^t f(s) e^{-s\lambda_i} ds \right\}$$

$$= e^{\lambda_i t} \left\{ \frac{e^{n\omega \lambda_i} - 1}{1 - e^{-\omega \lambda_i}} \int_0^\omega f(s) e^{-s\lambda_i} ds + \int_0^t f(s) e^{-s\lambda_i} ds \right\} \tag{2.1.26}$$

となるので

$u(t+n\omega) - u^*(t)$

$= \dfrac{V}{\lambda_1 - \lambda_2} \Biggl\{ \begin{pmatrix} e^{\lambda_1(t+n\omega)}(-\lambda_2 u_1(0) + u_2(0)) \\ e^{\lambda_2(t+n\omega)}(\lambda_1 u_1(0) - u_2(0)) \end{pmatrix} + \begin{pmatrix} I_1(t+n\omega) \\ -I_2(t+n\omega) \end{pmatrix}$

$\qquad\qquad\qquad\qquad\qquad - \begin{pmatrix} \dfrac{e^{\omega\lambda_1}}{1-e^{\omega\lambda_1}} & 0 \\ 0 & \dfrac{e^{\omega\lambda_2}}{1-e^{\omega\lambda_2}} \end{pmatrix} \begin{pmatrix} J_1(t) \\ -J_2(t) \end{pmatrix} \Biggr\}$

$= \dfrac{V}{\lambda_1 - \lambda_2} \Biggl\{ \begin{pmatrix} e^{\lambda_1(t+n\omega)}(-\lambda_2 u_1(0) + u_2(0)) \\ e^{\lambda_2(t+n\omega)}(\lambda_1 u_1(0) - u_2(0)) \end{pmatrix}$

$\qquad + \begin{pmatrix} e^{\lambda_1 t}\left\{\dfrac{e^{n\omega\lambda_1}-1}{1-e^{-\omega\lambda_1}}\int_0^\omega f(s)e^{-s\lambda_1}ds + \int_0^t f(s)e^{-s\lambda_1}ds\right\} \\ -e^{\lambda_2 t}\left\{\dfrac{e^{n\omega\lambda_2}-1}{1-e^{-\omega\lambda_2}}\int_0^\omega f(s)e^{-s\lambda_2}ds + \int_0^t f(s)e^{-s\lambda_2}ds\right\} \end{pmatrix}$

$\qquad - \begin{pmatrix} \dfrac{e^{\omega\lambda_1}}{1-e^{\omega\lambda_1}}\int_t^{t+\omega} f(s)e^{\lambda_1(t-s)}ds \\ -\dfrac{e^{\omega\lambda_2}}{1-e^{\omega\lambda_2}}\int_t^{t+\omega} f(s)e^{\lambda_2(t-s)}ds \end{pmatrix} \Biggr\}$

$= \dfrac{V}{\lambda_1 - \lambda_2} \begin{pmatrix} e^{\lambda_1 t}\Bigl\{ e^{n\omega\lambda_1}(-\lambda_2 u_1(0) + u_2(0)) + \dfrac{e^{\omega\lambda_1}-e^{(n+1)\omega\lambda_1}}{1-e^{\omega\lambda_1}}\int_0^\omega f(s)e^{-s\lambda_1}ds \\ \qquad + \int_0^t f(s)e^{-s\lambda_1}ds - \dfrac{e^{\omega\lambda_1}}{1-e^{\omega\lambda_1}}\int_t^{t+\omega} f(s)e^{-s\lambda_1}ds \Bigr\} \\ -e^{\lambda_2 t}\Bigl\{ e^{n\omega\lambda_2}(-\lambda_1 u_1(0) + u_2(0)) + \dfrac{e^{\omega\lambda_2}-e^{(n+1)\omega\lambda_2}}{1-e^{\omega\lambda_2}}\int_0^\omega f(s)e^{-s\lambda_2}ds \\ \qquad + \int_0^t f(s)e^{-s\lambda_2}ds - \dfrac{e^{\omega\lambda_2}}{1-e^{\omega\lambda_2}}\int_t^{t+\omega} f(s)e^{-s\lambda_2}ds \Bigr\} \end{pmatrix}$

$= \dfrac{V}{\lambda_1 - \lambda_2}$

$\times \begin{pmatrix} e^{\lambda_1 t}\Bigl\{\Bigl(\dfrac{e^{\omega\lambda_1}}{1-e^{\omega\lambda_1}}\int_0^\omega f(s)e^{-s\lambda_1}ds + \int_0^t f(s)e^{-s\lambda_1}ds - \dfrac{e^{\omega\lambda_1}}{1-e^{\omega\lambda_1}}\int_t^{t+\omega} f(s)e^{-s\lambda_1}ds\Bigr) \\ \qquad + e^{n\omega\lambda_1}(-\lambda_2 u_1(0) + u_2(0)) - \dfrac{e^{(n+1)\omega\lambda_1}}{1-e^{\omega\lambda_1}}\int_0^\omega f(s)e^{-s\lambda_1}ds\Bigr\} \\ -e^{\lambda_2 t}\Bigl\{\Bigl(\dfrac{e^{\omega\lambda_2}}{1-e^{\omega\lambda_2}}\int_0^\omega f(s)e^{-s\lambda_2}ds + \int_0^t f(s)e^{-s\lambda_2}ds - \dfrac{e^{\omega\lambda_2}}{1-e^{\omega\lambda_2}}\int_t^{t+\omega} f(s)e^{-s\lambda_2}ds\Bigr) \\ \qquad + e^{n\omega\lambda_2}(-\lambda_1 u_1(0) + u_2(0)) - \dfrac{e^{(n+1)\omega\lambda_2}}{1-e^{\omega\lambda_2}}\int_0^\omega f(s)e^{-s\lambda_2}ds\Bigr\} \end{pmatrix}.$

しかるに上式中において

$$\dfrac{e^{\omega\lambda_i}}{1-e^{\omega\lambda_i}}\int_0^\omega f(s)e^{-s\lambda_i}ds + \int_0^t f(s)e^{-s\lambda_i}ds$$

$$= \dfrac{e^{\omega\lambda_i}}{1-e^{\omega\lambda_i}}\int_0^\omega f(s)e^{-s\lambda_i}ds + e^{\omega\lambda_i}\int_\omega^{t+\omega} f(s)e^{-s\lambda_i}ds$$

$$
\begin{aligned}
&= \frac{e^{\omega\lambda_i}}{1-e^{\omega\lambda_i}}\Big(\int_0^\omega f(s)e^{-s\lambda_i}ds + \int_\omega^{t+\omega} f(s)e^{-s\lambda_i}ds\Big) \\
&\quad - \frac{e^{2\omega\lambda_i}}{1-e^{\omega\lambda_i}}\int_\omega^{t+\omega} f(s)e^{-s\lambda_i}ds \\
&= \frac{e^{\omega\lambda_i}}{1-e^{\omega\lambda_i}}\Big(\int_0^{t+\omega} f(s)e^{-s\lambda_i}ds - \int_0^t f(s)e^{-s\lambda_i}ds\Big) \\
&= \frac{e^{\omega\lambda_i}}{1-e^{\omega\lambda_i}}\int_t^{t+\omega} f(s)e^{-s\lambda_i}ds \tag{2.1.27}
\end{aligned}
$$

となるので

$$
u(t+n\omega) - u^*(t) = \frac{V}{\lambda_1-\lambda_2}
$$
$$
\times\begin{pmatrix} e^{n\omega\lambda_1}e^{\lambda_1 t}\big(-\lambda_2 u_1(0)+u_2(0)-\frac{e^{\omega\lambda_1}}{1-e^{\omega\lambda_1}}\int_0^\omega f(s)e^{-s\lambda_1}ds\big) \\ -e^{n\omega\lambda_2}e^{\lambda_2 t}\big(-\lambda_1 u_1(0)+u_2(0)-\frac{e^{\omega\lambda_2}}{1-e^{\omega\lambda_2}}\int_0^\omega f(s)e^{-s\lambda_2}ds\big) \end{pmatrix} \tag{2.1.28}
$$

を得る．ここで $(i,j)=(1,2)$ または $(2,1)$ とし

$$
A_i = e^{\lambda_i t}\Big(-\lambda_j u_i(0) + u_j(0) - \frac{e^{\omega\lambda_i}}{1-e^{\omega\lambda_i}}\int_0^\omega f(s)e^{-s\lambda_i}ds\Big) \tag{2.1.29}
$$

とおくと

$$
u(t+n\omega) - u^*(t) = \frac{V}{\lambda_1-\lambda_2}\begin{pmatrix} e^{n\omega\lambda_1}A_1 \\ -e^{n\omega\lambda_2}A_2 \end{pmatrix}. \tag{2.1.30}
$$

$u(t+n\omega)-u^*(t)$ のノルムは最大ノルムで定義してあるので（定義 2.1.7）

$$
\|u(t+n\omega)-u^*(t)\| \leq \frac{1}{|\lambda_1-\lambda_2|}\max\Big(\sum_{i=1}^2 |e^{n\omega\lambda_i}A_i|, \sum_{i=1}^2 |\lambda_i e^{n\omega\lambda_i}A_i|\Big) \tag{2.1.31}
$$

となり結果が従う．■

注意 2.1.15 ω-周期解 u^* を相空間（§A.1.4 参照）における集合として $\Gamma = \{u^* \in \mathbb{R}^2 | u^* = u^*(t), 0 \leq t\}$ とおくと，Γ は相空間において閉じており周期軌道をなす．$\lambda_1 < 0, \lambda_2 < 0$ あるいは $\mathrm{Re}\lambda_1 < 0$ のとき Γ は微分方程式 (2.1.5) の解 $u = u(t)$ の集積点集合[10]になっている．自励系におけるリミットサイクルに相当する．

---

10) 相空間上の点を扱っているので集積値集合ではなくむしろ集積「点」集合という言い方をした方が適切な表現と思われる．

注意 2.1.16 $\lambda_1 = \lambda_2$ または $\lambda_1 \neq \lambda_2$ は問わない．上の証明では $\lambda_1 \neq \lambda_2$ の場合を示した．$\lambda_1 = \lambda_2 = \lambda$ の場合は Jordan 標準形が $V = \begin{pmatrix} -\lambda & 1 \\ -\lambda^2 & 0 \end{pmatrix}$ として $A = V \begin{pmatrix} \lambda & 1 \\ 0 & \lambda \end{pmatrix} V^{-1}$ となるだけで同様にして証明できる．

注意 2.1.17 証明より $u(t + n\omega)$ は $u^*(t)$ に一様収束していることがわかる．

例題 2.1.18 (定理 2.1.8, 定理 2.1.9 の例) 外力を Jacobi の楕円関数[11]とする．次の微分方程式を考える．

$$\ddot{x} + \dot{x} - 2x = 10\,\mathrm{cn}(t, k).$$

母数 $k = 0.99$ として，ω-周期解は

$$x^*(t) = -\alpha \Big[\sum_{n=1}^{\infty} \Big(\frac{3\beta_n \theta_n}{(1+\theta_n^2)(4+\theta_n^2)} \sin \theta_n t - \frac{\beta_n(2+\theta_n^2)}{(1+\theta_n^2)(4+\theta_n^2)} \cos \theta_n t \Big) \Big]$$

と表せる．ここに，

$$\alpha = \frac{2\pi}{kK(k)}, \quad \beta_n = \frac{q^{n-\frac{1}{2}}}{1+q^{2n-1}}, \quad \theta_n = \frac{(2n-1)\pi}{2K(k)}, \quad q = e^{-\frac{\pi K'(k)}{K}}$$

であり，$K(k), K'(k)$ はそれぞれ第 1 種完全楕円積分，補第 1 種完全楕円積分を表す．また，安定多様体を計算すると次のようになる．

$$W_1^s = \Big\{ (\xi, \eta) : 2\xi + \eta + \alpha \sum_{n=1}^{\infty} \frac{\beta_n}{1+\theta_n^2} = 0 \Big\}.$$

初期値を安定多様体上にとり $(x(0), \dot{x}(0)) = \Big(0, -\alpha \sum_{n=1}^{\infty} \frac{\beta_n}{1+\theta_n^2} = -6.801755... \Big)$ および $(-5.400877..., 4)$ としたときの漸近周期解とごくわずかに安定多様体から離れた初期値 $(-5.4, 4)$ としたときの不安定解の様子を図 2.1.2 に示す．□

---

[11] §A.2 を参照のこと．

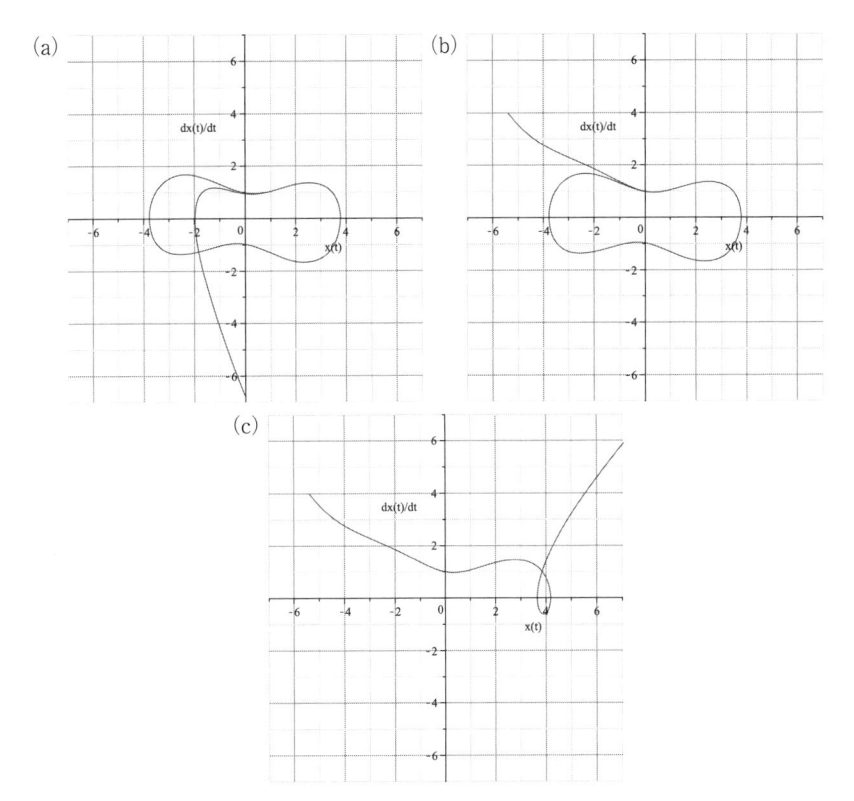

図 2.1.2 　方程式 $\ddot{x}+\dot{x}-2x=10\mathrm{cn}(t,0.99)$ の解軌跡：(a),(b) は初期値を安定多様体 W_1^s 上にとったときの漸近周期解の様子を示す．(c) はごくわずかに安定多様体から離れた初期値からの不安定解を示す．図中解軌跡が交差しているようにみえるが非自励系の微分方程式の解空間は本来 $\mathbb{R}^{2+1}$ でありこの空間の解軌道を $\mathbb{R}^2$ の相空間に射影しているので，その結果解軌跡が交差しているようにみえることに注意を要する．初期値は (a) から順に $(x(0),\dot{x}(0))=(0,-6.801755...),(-5.400877...,4),(-5.4,4)$ である．

例題 2.1.19 （定理 2.1.12 の例）　 $k=0.99$ とし，方程式を

$$\ddot{x}+\dot{x}+2x=10\mathrm{cn}(t,k)$$

とする．任意の初期値での漸近周期解の様子を図 2.1.3 に示す．この例は自励系におけるリミットサイクルに相当する．□

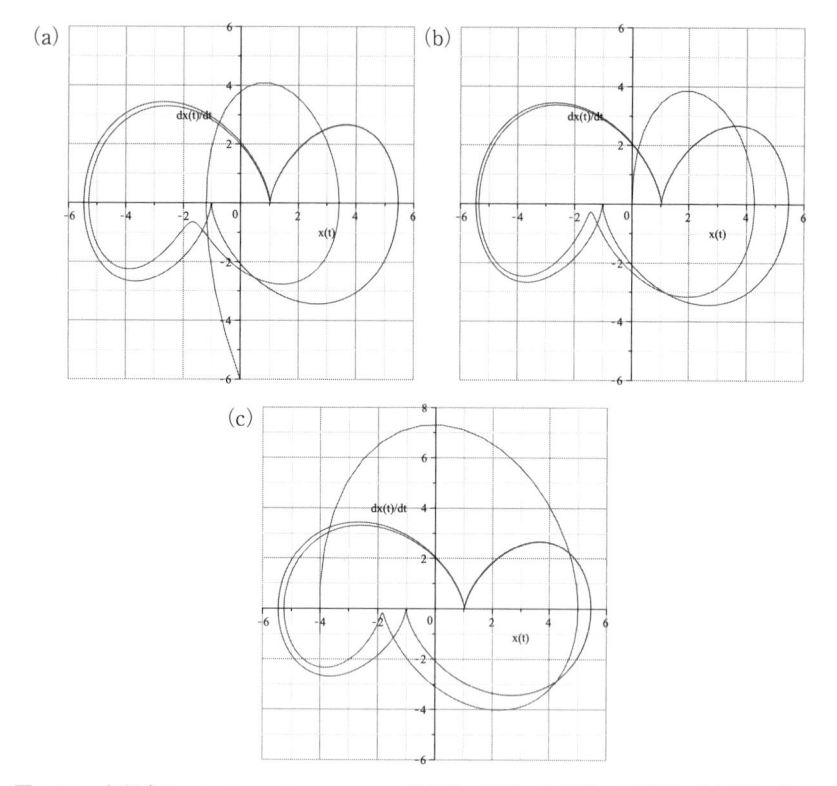

図 2.1.3 方程式 $\ddot{x}+\dot{x}+2x=10\mathrm{cn}(t,0.99)$ の解軌跡：任意の初期値で周期解に漸近的に収束している様子がわかる．太い線が周期軌道（自励系におけるリミットサイクルに相当）を表している．初期値は (a) から順に $(x(0),\dot{x}(0))=(0,-6),(0,0),(-4,-1)$ である．

2.1.3 方程式 (2.1.5) の解析 (2)

つぎにこの項では，(2) $\lambda_1=0,\lambda_2\neq 0$ あるいは $\lambda_1=\lambda_2=0$ の場合を解析する．

(2-1) $\lambda_1=0$ かつ $\lambda_2\neq 0$ の場合

この場合 (2.1.5) は

$$\ddot{x} + a\dot{x} = f, \quad a \neq 0, \quad f(t) = f(t+\omega), \quad \omega > 0 \tag{2.1.32}$$

となる．

補題 2.1.20 方程式

$$\dot{y} + ay = f, \quad a \neq 0, \quad f(t) = f(t+\omega), \quad \omega > 0, \quad t \geq 0 \tag{2.1.33}$$

が ω-周期解をもつ必要十分条件は初期値が

$$y(0) = \frac{e^{-a\omega}}{1 - e^{-a\omega}} \int_0^\omega e^{as} f(s) ds \tag{2.1.34}$$

となることである．その ω-周期解は

$$y^*(t) = \frac{e^{-a(t+\omega)}}{1 - e^{-a\omega}} \int_t^{t+\omega} e^{as} f(s) ds \tag{2.1.35}$$

で表すことができる．

証明 （必要性）与えられた方程式が ω-周期解をもつならば $y(t) = y(t+\omega)$ より $y(0) = y(\omega)$ を得る．一方 (2.1.33) の一般解は

$$y(t) = e^{-at} y(0) + e^{-at} \int_0^t e^{as} f(s) ds \tag{2.1.36}$$

であるので，これに $y(0) = y(\omega)$ を適用すると (2.1.34) が従う．

（十分性）初期値 (2.1.34) を一般解 (2.1.36) に代入すると

$$y(t) = e^{-at} \Big(\frac{e^{-a\omega}}{1 - e^{-a\omega}} \int_0^\omega e^{as} f(s) ds + \int_0^t e^{as} f(s) ds \Big) \tag{2.1.37}$$

を得，またこれより

$$\begin{aligned} y(t+\omega) &= e^{-a(t+\omega)} \Big(\frac{e^{-a\omega}}{1 - e^{-a\omega}} \int_0^\omega e^{as} f(s) ds + \int_0^{t+\omega} e^{as} f(s) ds \Big) \\ &= e^{-at} \Big(\frac{e^{-a\omega}}{1 - e^{-a\omega}} \int_0^\omega e^{a(s-\omega)} f(s) ds + \int_0^{t+\omega} e^{a(s-\omega)} f(s) ds \Big) \end{aligned} \tag{2.1.38}$$

となる．ここで $f(s) = f(s-\omega)$ を使い，さらに変数変換 $\sigma = s - \omega$ を施すと

$$= e^{-at}\Big(\frac{e^{-a\omega}}{1-e^{-a\omega}}\int_{-\omega}^{0}e^{a\sigma}f(\sigma)d\sigma + \int_{-\omega}^{t}e^{a\sigma}f(\sigma)d\sigma\Big)$$

$$= e^{-at}\Big(\frac{e^{-a\omega}}{1-e^{-a\omega}}\int_{-\omega}^{0}e^{a\sigma}f(\sigma)d\sigma + \int_{-\omega}^{0}e^{a\sigma}f(\sigma)d\sigma + \int_{0}^{t}e^{a\sigma}f(\sigma)d\sigma\Big)$$

$$= e^{-at}\Big(\frac{1}{1-e^{-a\omega}}\int_{-\omega}^{0}e^{a\sigma}f(\sigma)d\sigma + \int_{0}^{t}e^{a\sigma}f(\sigma)d\sigma\Big)$$

を得る．ここで右辺第 1 項に $f(\sigma) = f(\sigma+\omega)$ を使い，再度変数変換 $\hat{\sigma} = \sigma+\omega$ を施すと上式は

$$= e^{-at}\Big(\frac{1}{1-e^{-a\omega}}\int_{0}^{\omega}e^{a(\hat{\sigma}-\omega)}f(\hat{\sigma})d\hat{\sigma} + \int_{0}^{t}e^{a\sigma}f(\sigma)d\sigma\Big)$$

$$= e^{-at}\Big(\frac{e^{-a\omega}}{1-e^{-a\omega}}\int_{0}^{\omega}e^{a\hat{\sigma}}f(\hat{\sigma})d\hat{\sigma} + \int_{0}^{t}e^{a\sigma}f(\sigma)d\sigma\Big)$$

となり $y(t+\omega) = y(t)$ を得る．

また $y^*(t) = y^*(t+\omega)$ であるので (2.1.37) と (2.1.38) より

$$y^*(t) = e^{-a(t+\omega)}\Big(\frac{e^{-a\omega}}{1-e^{-a\omega}}\int_{0}^{\omega}e^{as}f(s)ds + \int_{0}^{t+\omega}e^{as}f(s)ds\Big)$$

$$= e^{-a\omega}\Big\{e^{-at}\Big(\frac{e^{-a\omega}}{1-e^{-a\omega}}\int_{0}^{\omega}e^{as}f(s)ds + \int_{0}^{t}e^{as}f(s)ds\Big)$$
$$\qquad\qquad + e^{-at}\int_{t}^{t+\omega}e^{as}f(s)ds\Big\}$$

$$= e^{-a\omega}\Big\{y^*(t) + e^{-at}\int_{t}^{t+\omega}e^{as}f(s)ds\Big\}$$

これより定理の $y^*(t)$ の関係式が従う．∎

補題 2.1.21 方程式 (2.1.33) において，つぎが成り立つ．

$$\int_{t}^{t+\omega}y^*(s)ds = 0 \iff \int_{0}^{\omega}f(t)dt = 0. \qquad (2.1.39)$$

証明 (2.1.35) より

$$\int_{t}^{t+\omega}y^*(s)ds = \frac{e^{-a\omega}}{1-e^{-a\omega}}\int_{t}^{t+\omega}e^{-as}\int_{s}^{s+\omega}e^{au}f(u)duds$$

$$= \frac{e^{-a\omega}}{1-e^{-a\omega}} \int_t^{t+\omega} \int_s^{s+\omega} e^{a(u-s)} f(u) du ds$$

となるが，これに Fubini（フビニ）の定理 [4] を適用し積分の交換をすると

$$= \frac{e^{-a\omega}}{1-e^{-a\omega}} \int_0^{\omega} e^{va} \int_t^{t+\omega} f(v+s) ds dv$$

$$= \frac{e^{-a\omega}}{1-e^{-a\omega}} \int_0^{\omega} e^{va} \int_0^{\omega} f(u) du dv$$

となり，これより補題が従う．■

定理 2.1.22　(1) 方程式

$$\ddot{x} + a\dot{x} = f, \ a \neq 0, \ f(t) = f(t+\omega), \ \omega > 0 \quad (2.1.40)$$

の解が ω-周期解である必要十分条件は

$$\int_0^{\omega} f(t) dt = 0 \ \text{かつ} \ \dot{x}(0) = \frac{e^{-a\omega}}{1-e^{-a\omega}} \int_0^{\omega} e^{as} f(s) ds \quad (2.1.41)$$

である．

(2) (2.1.40) の ω-周期解はつぎのように表すことができる．

$$x^*(t) = x^*(0) + \int_0^t y^*(s) ds. \quad (2.1.42)$$

ここに，$x^*(0)$ は任意の初期値であり，また

$$y^*(t) = \frac{e^{-a(t+\omega)}}{1-e^{-a\omega}} \int_t^{t+\omega} e^{as} f(s) ds. \quad (2.1.43)$$

証明　(1) $y = \dot{x}$ とおき補題 2.1.20, 2.1.21 の必要十分性により結果が従う．
(2) 略（問題 2.1.1）．■

注意 2.1.23　定理 2.1.22 において任意の $x^*(0)$ について解はつねに ω-周期解となり，異なる $x^*(0)$ に応じて無限個の ω-周期解が生成される．

定理 2.1.22 は a の正負には無関係に成立していることを述べている．つぎに a の正負による解の ω-周期解への収束性について考察する．

補題 2.1.24 方程式

$$\Sigma_{a+}: \dot{y} + ay = f, \ f(t) = f(t+\omega), \ a > 0, \ \omega > 0, \ t > 0 \tag{2.1.44}$$

のすべての解は漸近周期解である．すなわちすべての解は ω-周期解に漸近的に収束する．

注意 2.1.25 この場合の漸近周期解 y の定義は ω-周期解 y^* に対して

$$\lim_{t \to \infty} |y(t) - y^*(t)| = 0$$

を満たすことである．

証明 Σ_{a+} の解は

$$y(t) = e^{-at}\left(y(0) + \int_0^t e^{as} f(s) ds\right)$$

であり，また，Σ_{a+} の ω-周期解は

$$y^*(t) = e^{-at}\left(y^*(0) + \int_0^t e^{as} f(s) ds\right)$$

と表すことができ，これらより

$$y(t) - y^*(t) = e^{-at}(y(0) - y^*(0)) \tag{2.1.45}$$

を得，$a > 0$ であるので結果が従う．■

注意 2.1.26 Σ_{a+} のすべての解は Poincaré の意味での漸近周期解，すなわち

$$\lim_{n \to \infty} |y(t + n\omega) - y^*(t)| = 0, \ n \in \mathbb{N}$$

を満たすことは容易に確かめられる（問題 2.1.2）．

定理 2.1.27 $f(t)$ を積分可能で $f(t) = f(t+\omega), \omega > 0$ とし $\int_0^\omega f(t)dt = 0$ を仮定する．このとき，方程式

$$\ddot{x} + a\dot{x} = f, \ a > 0, \ t > 0 \tag{2.1.46}$$

の解が漸近周期解となるためには，その初期値が

$$x(0) + \frac{y(0)}{a} = x^*(0) + \frac{y^*(0)}{a} \tag{2.1.47}$$

を満たすことである．

証明 定理 2.1.22 により (2.1.46) の ω-周期解は，任意の $x^*(0)$ に対して

$$x^*(t) = x^*(0) + \int_0^t y^*(s)ds.$$

ここに y^* は Σ_{a+} の ω-周期解であり，その初期値は

$$y^*(0) = \frac{e^{-a\omega}}{1 - e^{-a\omega}} \int_0^\omega e^{as} f(s)ds$$

である．一方 (2.1.46) の解は，任意の $x(0)$ に対して

$$x(t) = x(0) + \int_0^t y(s)ds$$

であり，ここに y は Σ_{a+} の解である．上の 2 式より

$$x(t) - x^*(t) = x(0) - x^*(0) + \frac{y(0) - y^*(0)}{a} - \frac{e^{-at}}{a}(y(0) - y^*(0))$$

となり，これよりただちに結果が従う．■

注意 2.1.28 (2.1.46) の ω-周期解は $y^*(0)$，すなわち $\dot{x}^*(0)$ が規定されるが，$x^*(0)$ は任意でよい．したがって，異なる初期値 $(x^*(0), \dot{x}^*(0))$ に応じて無限個の ω-周期解の軌道が存在する．(2.1.46) の解が $(x^*(0), \dot{x}^*(0))$ で決められた ω-周期解に漸近的に収束する条件が，(2.1.47) であるということである．

例題 2.1.29 定理 2.1.22 において $a = -1, f(t) = \cos t$ とする．すなわち方程式は

$$\ddot{x} - \dot{x} = \cos t$$

となる．初期速度を $\dot{x}(0) = \dfrac{e^{2\pi}}{1 - e^{2\pi}} \int_0^{2\pi} e^{-s} \cos s\, ds = -\dfrac{1}{2}$ とすると，初期位置 $x(0)$ は任意で ω-周期解となる．具体的に計算すると

$$x^*(t) = -\frac{1}{2}(\sin t + \cos t) + \text{const.}$$

と表せる．このときの安定多様体は

$$W^s = \left\{(\xi, \eta) : \eta = -\frac{1}{2}\right\}$$

となる．初期値を安定多様体上および安定多様体上からごくわずか離れたところに設定したときの解の様子を図 2.1.4 に示す． □

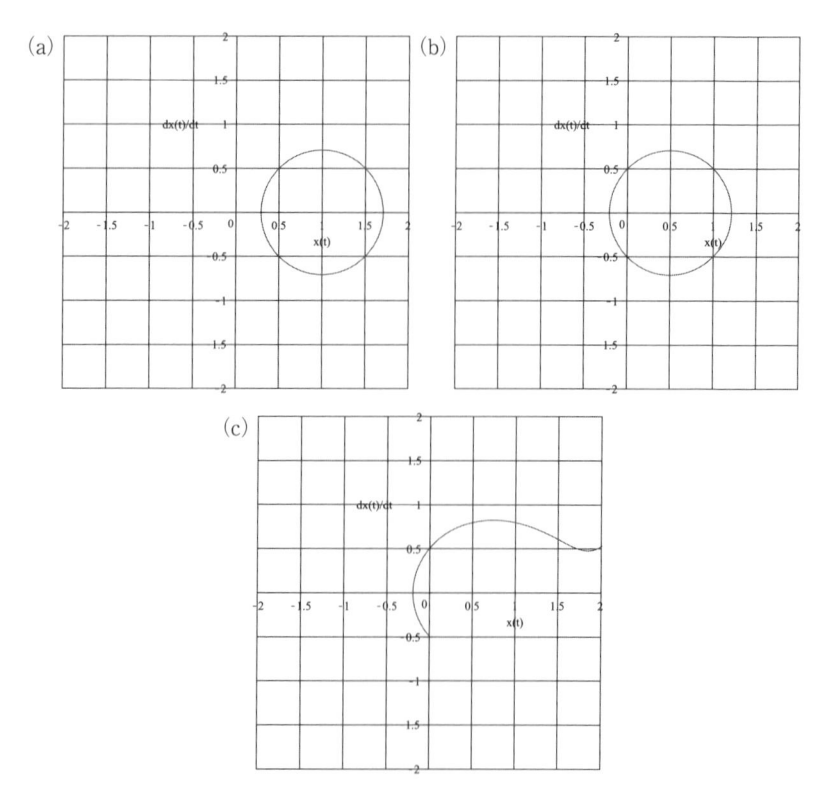

図 **2.1.4**　方程式 $\ddot{x} - \dot{x} = \cos t$ の解軌跡：(a),(b) は初期値が安定多様体 $W^s = \{(\xi, \eta) : \eta = -\frac{1}{2}\}$ 上に存在するときの ω-周期解を表している．(c) は初期値が安定多様体上からごくわずか離れただけでも ω-周期解にはならず不安定解になる様子を示している．初期値は (a) から順に $(x(0), \dot{x}(0)) = (\frac{1}{2}, -\frac{1}{2}), (0, -\frac{1}{2}), (0, -\frac{1}{2} + \frac{1}{100})$．

例題 2.1.30 定理 2.1.27 において $a = 1 > 0, f(t) = \cos t$ とする.すなわち方程式は

$$\ddot{x} + \dot{x} = \cos t$$

である.初期速度を $\dot{x}(0) = \dfrac{e^{-2\pi}}{1 - e^{-2\pi}} \displaystyle\int_0^{2\pi} e^s \cos s\, ds = \dfrac{1}{2}$ とすると,初期位置 $x(0)$ は任意で ω-周期解となる.具体的に計算すると

$$x^*(t) = \frac{1}{2}(\sin t - \cos t) + \text{const.}$$

と表せる.初期値を不安定多様体上に設定したときの漸近周期解の様子を図

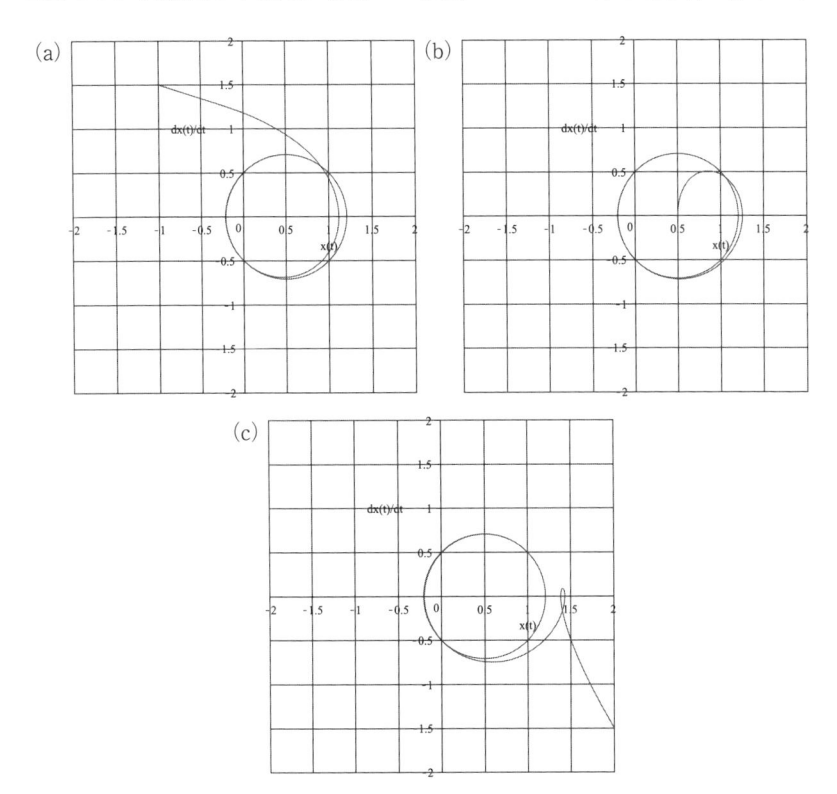

図 2.1.5 方程式 $\ddot{x} + \dot{x} = \cos t$ の解軌跡:解の初期値が不安定多様体 $W^u = \{(\xi, \eta) : \xi + \eta = \frac{1}{2}\}$ 上に存在するときの ω-周期解への漸近収束性を表している.初期値は (a) から順に $(x(0), \dot{x}(0)) = (-1, \frac{3}{2}), (\frac{1}{2}, 0), (2, -\frac{3}{2})$.

2.1.5 に示す．図 2.1.5(b) に示した ω-周期解（中心 $\left(\frac{1}{2}, 0\right)$ の円）の軌跡は上の式の定数を $\frac{1}{2}$（あるいは $x(0) = 0$）としたものである．このときの不安定多様体は

$$W^u = \left\{ (\xi, \eta) : \xi + \eta = \frac{1}{2} \right\}$$

となる．□

(2-2) $\lambda_1 = \lambda_2 = 0$ の場合

定理 2.1.31　(1) 方程式

$$\ddot{x} = f, \quad f(t) = f(t + \omega), \quad \omega > 0 \tag{2.1.48}$$

が ω-周期解をもつ必要十分条件は

$$\int_0^\omega f(t)dt = 0 \quad \text{かつ} \quad \dot{x}(0) = \frac{1}{\omega} \int_0^\omega sf(s)ds \tag{2.1.49}$$

が成り立つことである．

(2) (2.1.48) の ω-周期解は

$$x^*(t) = x^*(0) + \int_0^t y^*(s)ds \tag{2.1.50}$$

で表すことができる．ここに $x^*(0)$ は任意であり，また

$$y^*(t) = \frac{1}{\omega} \int_t^{t+\omega} sf(s)ds \tag{2.1.51}$$

と表せる．

証明　(1)（必要性）(2.1.48) が ω-周期解をもつとすると

$$u^*(t) = u^*(t + \omega) = e^{(t+\omega)A} u^*(0) + e^{(t+\omega)A} \int_0^{t+\omega} e^{-sA} g(s)ds$$

となり，また

$$e^{\omega A} u^*(t) = e^{(t+\omega)A} u^*(0) + e^{(t+\omega)A} \int_0^t e^{-sA} g(s)ds$$

であるので，これらより

$$(1 - e^{\omega A})u^*(t) = e^{(t+\omega)A} \int_t^{t+\omega} e^{-sA} g(s) ds \tag{2.1.52}$$

を得る．ここで $A = \begin{pmatrix} 0 & 1 \\ 0 & 0 \end{pmatrix}$ であるので，その Jordan 標準形 $A = VJV^{-1}$ は

$$J = \begin{pmatrix} 0 & 1 \\ 0 & 0 \end{pmatrix}, \ V = \begin{pmatrix} 1 & 1 \\ 0 & 1 \end{pmatrix}, \ V^{-1} = \begin{pmatrix} 1 & -1 \\ 0 & 1 \end{pmatrix}$$

であり，$e^{tJ} = \begin{pmatrix} 1 & t \\ 0 & 1 \end{pmatrix}$ となるので (2.1.52) は

$$\begin{pmatrix} -\omega \dot{x}^*(t) \\ 0 \end{pmatrix} = \begin{pmatrix} (t + \omega + 1) \int_t^{t+\omega} f(s) ds - \int_t^{t+\omega} (s+1) f(s) ds \\ \int_t^{t+\omega} f(s) ds \end{pmatrix} \tag{2.1.53}$$

となり，これより結果が従う．
(十分性) $x(t)$ は Jordan 標準形 $A = VJV^{-1}$ を使うと容易に

$$x(t) = x(0) + t\dot{x}(0) - \int_0^t s f(s) ds + t \int_0^t f(s) ds \tag{2.1.54}$$

と求めることができる．これより

$$x(t+\omega) = x(0) + (t+\omega)\dot{x}(0) - \int_0^{t+\omega} s f(s) ds + (t+\omega) \int_0^{t+\omega} f(s) ds$$

となるが，(2.1.49) であるので

$$= x(0) + \frac{t}{\omega} \int_0^\omega s f(s) ds - \int_\omega^{t+\omega} s f(s) ds + (t+\omega) \int_0^{t+\omega} f(s) ds \tag{2.1.55}$$

となる．$f(s) = f(s - \omega)$ であるので上式第 3 項は変数変換 $\sigma = s - \omega$ により

$$\int_\omega^{t+\omega} s f(s) ds = \int_0^t (\sigma + \omega) f(\sigma) d\sigma = \int_0^t s f(s) ds + \omega \int_0^t f(s) ds \tag{2.1.56}$$

となる．同様に第 4 項は

$$(t+\omega)\int_\omega^{t+\omega} f(s)ds = (t+\omega)\int_0^t f(s)ds \qquad (2.1.57)$$

となるので，これらより (2.1.55) は

$$\begin{aligned}
x(t+\omega) &= x(0) + \frac{t}{\omega}\int_0^\omega sf(s)ds - \Big(\int_0^t sf(s)ds + \omega\int_0^t f(s)ds\Big) \\
&\qquad + (t+\omega)\int_0^t f(s)ds \\
&= x(0) + \frac{t}{\omega}\int_0^\omega sf(s)ds - \int_0^t sf(s)ds + t\int_0^t f(s)ds
\end{aligned}$$

となり結局 $x(t+\omega) = x(t)$ を得る．

(2) ω-周期解は (2.1.53) を満たすので第 1 式は第 2 式を使い $y^*(t) = \dot{x}^*(t)$ として容易に (2.1.51) を得，定理が従う．■

注意 2.1.32 定理 2.1.31 において $\dot{x}(0) = \dfrac{1}{\omega}\int_0^\omega sf(s)ds$ が不安定多様体となり，この多様体上に初期値が存在すれば ω-周期解となる．

例題 2.1.33 定理 2.1.31 において $f(t) = \cos t$ とする．すなわち方程式は

$$\ddot{x} = \cos t$$

である．この場合，上の解が ω-周期解であるための必要十分条件は

$$\dot{x}(0) = \frac{1}{2\pi}\int_0^{2\pi} s\cos(s)ds = 0$$

となり，その ω-周期解は $x^*(t) = -\cos t + \text{const.}$ である．不安定多様体は $W^u = \{(\xi, \eta) : \eta = 0\}$ となる．初期値を不安定多様体上に設定したときと不安定多様体上からごくわずかにずらしたときの解の様子を図 2.1.6 に示す．□

2.1.4 方程式 (2.1.5) の解析 (3)：サブ・ハーモニクス，ウルトラ・サブ・ハーモニクス

この項では，(3) $\text{Re}\lambda_i = 0, \text{Im}\lambda_i \neq 0, i = 1, 2$ かつ $\det(1 - e^{\omega A}) \neq 0$ の場合を扱うが外力項の周期とは異なる周期をもつ解が現れ，非常に興味深い現象が起きる．

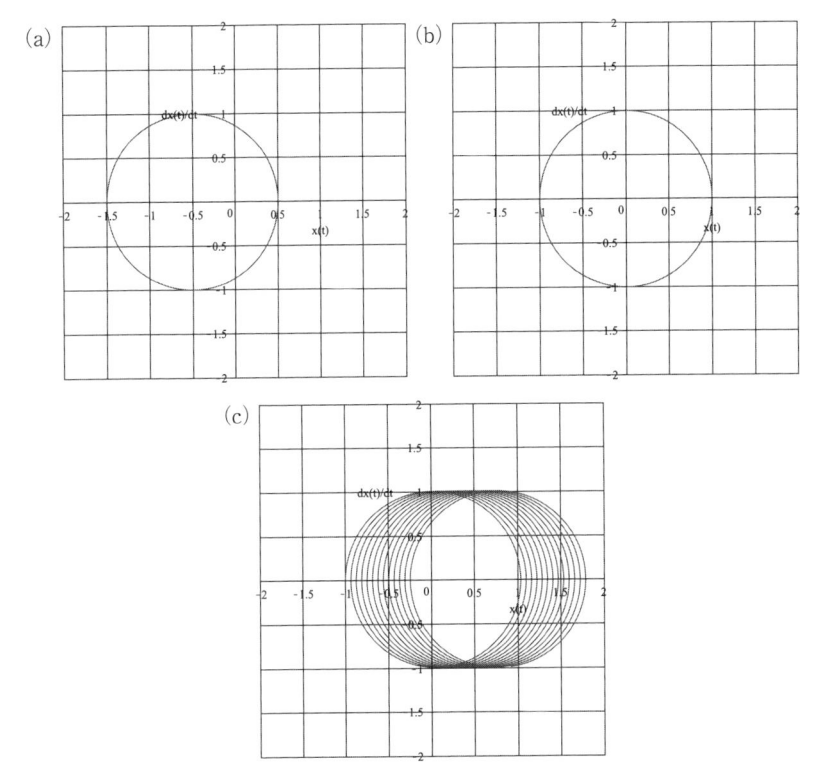

図 2.1.6 方程式 $\ddot{x} = \cos t$ の解軌跡:解の初期値が不安定多様体 $W^u = \{(\xi, \eta) : \eta = 0\}$ 上に存在するときの ω-周期解 ((a),(b)) と不安定多様体からごくわずか離れたときの不安定解 ($0 \leq t \leq 80$ の範囲を描画) を表している.初期値は (a) から順に $(x(0), \dot{x}(0)) = (-\frac{3}{2}, 0), (-1, 0), (-1, \frac{1}{100})$.

与えられた方程式は

$$\Sigma_{b+} : \ddot{x} + bx = f, \ b > 0, \ t > 0, \ f(t) = f(t + \omega) \tag{2.1.58}$$

となり,同次方程式の固有値は $\pm i\sqrt{b}$ となる.$b < 0$ のときは,定理 2.1.8 が適用できる.

定理 2.1.34 $\omega\sqrt{b} \not\equiv 0 \pmod{2\pi}$ とする.Σ_{b+} の ω-周期解 $x^*(t)$ は

$$x^*(t) = \frac{1}{2\sqrt{b}\tan(\omega\sqrt{b}/2)} \int_t^{t+\omega} \cos(\sqrt{b}(t-s))f(s)ds$$

$$-\frac{1}{2\sqrt{b}}\int_t^{t+\omega}\sin(\sqrt{b}(t-s))f(s)ds \tag{2.1.59}$$

で表すことができる．初期値を $x(0) = x^*(0), \dot{x}(0) = \dot{x}^*(0)$ とすると，解は ω-周期解である．

証明 場合分けの (1) より Σ_{b+} の ω-周期解は

$$u^*(t) = e^{\omega A}(1-e^{\omega A})^{-1}e^{tA}\int_t^{t+\omega}e^{-sA}g(s)ds$$

で表すことができる．ただし，

$$A = \begin{pmatrix} 0 & 1 \\ -b & 0 \end{pmatrix}.$$

簡単な計算により

$$e^{\omega A} = \begin{pmatrix} \cos\omega\sqrt{b} & \dfrac{\sin\omega\sqrt{b}}{\sqrt{b}} \\ -\sqrt{b}\sin\omega\sqrt{b} & \cos\omega\sqrt{b} \end{pmatrix},$$

$$(1-e^{\omega A})^{-1} = \frac{1}{2(1-\cos\omega\sqrt{b})}\begin{pmatrix} 1-\cos\omega\sqrt{b} & \dfrac{\sin\omega\sqrt{b}}{\sqrt{b}} \\ -\sqrt{b}\sin\omega\sqrt{b} & 1-\cos\omega\sqrt{b} \end{pmatrix}$$

となり，これを使うことにより (2.1.59) を得ることができる．また，

$$u(t) - u^*(t) = V\begin{pmatrix} e^{i\sqrt{b}t} & 0 \\ 0 & e^{-i\sqrt{b}t} \end{pmatrix}V^{-1}(u(0) - u^*(0))$$

より，初期値を $u(0) = u^*(0)$ とすれば解は ω-周期解となる．■

定義 2.1.35 Σ_{b+} の解 $x(t)$ が ω-周期解以外の解をもつとき，その解を**隠れ周期解**といい，その周期を**隠れ周期**という．

定理 2.1.36 $p \geq 1, q > 1, p, q \in \mathbb{Z}$ とし，$\dfrac{\omega}{2\pi/\sqrt{b}} = \dfrac{p}{q}$ を仮定する．ただし，p, q は既約とする．Σ_{b+} において，隠れ周期 $\hat{\omega}$ をもつ隠れ周期解 $x^\#(t) = x^\#(t+\hat{\omega})$ が存在する必要十分条件は

$$\int_0^{p\omega} f(s) \sin \sqrt{b} s \, ds = 0, \quad \int_0^{p\omega} f(s) \cos \sqrt{b} s \, ds = 0 \qquad (2.1.60)$$

であり，このとき，隠れ周期解は

$$x^{\#}(t) = x(0) \cos \sqrt{b} t + \frac{\dot{x}(0)}{\sqrt{b}} \sin \sqrt{b} t + \frac{1}{\sqrt{b}} \int_0^t f(s) \sin \sqrt{b}(t-s) ds \qquad (2.1.61)$$

で表せる．ここに，$\hat{\omega} = p\omega$ または $\frac{2\pi q}{\sqrt{b}}$ である．

注意 2.1.37 定理 2.1.36 において，$p = 1$ のとき，すなわち $\frac{p}{q} = \frac{1}{q}$ のときに形成される隠れ周期の状態をサブ・ハーモニクス (sub-harmonics) という．それ以外の $\frac{p}{q}$ のときに形成される隠れ周期の状態をウルトラ・サブ・ハーモニクス (ultra-sub-harmonics) という [105]．

証明 Σ_{b+} の解は，$u(t) = e^{tA}u(0) + e^{tA} \int_0^t e^{-sA} g(s) ds$ と書かれるので，これに $A = \begin{pmatrix} 0 & 1 \\ -b & 0 \end{pmatrix}$ を代入して

$$x(t) = x(0) \cos \sqrt{b} t + \frac{\dot{x}(0)}{\sqrt{b}} \sin \sqrt{b} t + \frac{1}{\sqrt{b}} \int_0^t f(s) \sin \sqrt{b}(t-s) ds \qquad (2.1.62)$$

を得る．隠れ周期は，$\frac{\omega}{2\pi/\sqrt{b}} = \frac{p}{q}$ より

$$\hat{\omega} = p\omega = \frac{2\pi q}{\sqrt{b}} \qquad (2.1.63)$$

となる．まず，(2.1.62) より

$$x(t + \hat{\omega}) = x(0) \cos \sqrt{b}(t + \hat{\omega}) + \frac{\dot{x}(0)}{\sqrt{b}} \sin \sqrt{b}(t + \hat{\omega})$$
$$+ \frac{1}{\sqrt{b}} \int_0^{t+\hat{\omega}} f(s) \sin \sqrt{b}(t + \hat{\omega} - s) ds$$

となるが，$\hat{\omega}\sqrt{b} = 2\pi q$ の関係を使い上式は

$$
\begin{aligned}
&= x(0)\cos\sqrt{b}t + \frac{\dot{x}(0)}{\sqrt{b}}\sin\sqrt{b}t + \frac{1}{\sqrt{b}}\int_0^{t+\hat{\omega}} f(s)\sin\sqrt{b}(t-s)ds \\
&= x(0)\cos\sqrt{b}t + \frac{\dot{x}(0)}{\sqrt{b}}\sin\sqrt{b}t + \frac{1}{\sqrt{b}}\int_0^{t} f(s)\sin\sqrt{b}(t-s)ds \\
&\quad + \frac{1}{\sqrt{b}}\int_t^{t+\hat{\omega}} f(s)\sin\sqrt{b}(t-s)ds \quad\quad (2.1.64)
\end{aligned}
$$

ここで，上式の最後の項にある積分は

$$
\int_t^{t+\hat{\omega}} f(s)\sin\sqrt{b}(t-s)ds = \sin\sqrt{b}t\int_t^{t+\hat{\omega}} f(s)\cos\sqrt{b}sds \\
- \cos\sqrt{b}t\int_t^{t+\hat{\omega}} f(s)\sin\sqrt{b}sds
$$
$$(2.1.65)$$

となり，一般性を失うことなく $t \in [(k-1)\hat{\omega}, k\hat{\omega}), k \in \mathbb{N}$ ととることにより

$$
\int_t^{t+\hat{\omega}} f(s)\cos\sqrt{b}sds = \int_t^{k\hat{\omega}} f(s)\cos\sqrt{b}sds + \int_{k\hat{\omega}}^{t+\hat{\omega}} f(s)\cos\sqrt{b}sds
$$

となる．ここで右辺第 2 項に変数変換 $v = s - \hat{\omega}$ を施すことにより，$f(v+\hat{\omega}) = f(v+p\omega) = f(v)$ であるので

$$
\begin{aligned}
&= \int_t^{k\hat{\omega}} f(s)\cos\sqrt{b}sds + \int_{(k-1)\hat{\omega}}^{t} f(v)\cos\sqrt{b}vdv \\
&= \int_{(k-1)\hat{\omega}}^{k\hat{\omega}} f(s)\cos\sqrt{b}sds
\end{aligned}
$$

となり，再度，変数変換 $w = s - (k-1)\hat{\omega}$ を施すと

$$
= \int_0^{\hat{\omega}} f(w)\cos\sqrt{b}wdw = \text{const.} \quad\quad (2.1.66)
$$

を得る．同様にして，

$$
\int_t^{t+\hat{\omega}} f(s)\sin\sqrt{b}sds = \int_0^{\hat{\omega}} f(w)\sin\sqrt{b}sds = \text{const.} \quad\quad (2.1.67)
$$

したがって，(2.1.64)–(2.1.67) より

$$x(t+\hat{\omega}) = x(0)\cos\sqrt{b}t + \frac{\dot{x}(0)}{\sqrt{b}}\sin\sqrt{b}t + \frac{1}{\sqrt{b}}\int_0^t f(s)\sin\sqrt{b}(t-s)ds = x(t)$$

となる必要十分条件として

$$\int_0^{p\omega} f(s)\sin\sqrt{b}sds = 0, \quad \int_0^{p\omega} f(s)\cos\sqrt{b}sds = 0$$

を得る．■

例題 2.1.38 （サブ・ハーモニクス） 定理 2.1.36 において $b=1, f(t)=\sin 2t$ とする．すなわち方程式は

$$\ddot{x} + x = \sin 2t$$

である．$\frac{\omega}{2\pi/\sqrt{b}} = \frac{\pi}{2\pi} = \frac{1}{2}$ となるのでサブ・ハーモニクスの現象を伴う方程式となる．ω-周期解は (2.1.59) を計算することにより $x^*(t) = -\frac{1}{3}\sin 2t$ と求まる．したがって初期値を $\left(x(0), \dot{x}(0)\right) = \left(0, -\frac{2}{3}\right)$ と設定すると方程式は ω-周期解（周期π）となる．また，隠れ周期解は (2.1.61) より $x^\#(t) = x(0)\cos t + \dot{x}(0)\sin t + \frac{2}{3}\sin t - \frac{1}{3}\sin 2t$ と求まる．$\left(0, -\frac{2}{3}\right)$ 以外の初期値ではすべて隠れ周期解（周期 2π）となる．図 2.1.7 に ω-周期解と隠れ周期解の様子を示す．□

例題 2.1.39 （ウルトラ・サブ・ハーモニクス） 定理 2.1.36 において $b=1, f(t) = \sin\frac{2}{3}t$ とする．すなわち方程式は

$$\ddot{x} + x = \sin\frac{2}{3}t$$

である．$\frac{\omega}{2\pi/\sqrt{b}} = \frac{3\pi}{2\pi} = \frac{3}{2}$ となるのでウルトラ・サブ・ハーモニクスの現象を伴う方程式となる．ω-周期解は (2.1.59) を計算することにより $x^*(t) = \frac{9}{5}\sin\frac{2}{3}t$ と求まる．したがって初期値を $(x(0), \dot{x}(0)) = \left(0, \frac{6}{5}\right)$ と設定すると方程式は ω-周期解（周期 3π）となる．また，隠れ周期解は (2.1.61) より $x^\#(t) = x(0)\cos t + \dot{x}(0)\sin t - \frac{6}{5}\sin t + \frac{9}{5}\sin\frac{2}{3}t$ と求まる．$\left(0, \frac{6}{5}\right)$ 以外の初期値ではすべて隠れ周期解（周期 6π）となる．図 2.1.8 に ω-周期解と隠れ周期解の様子を示す．□

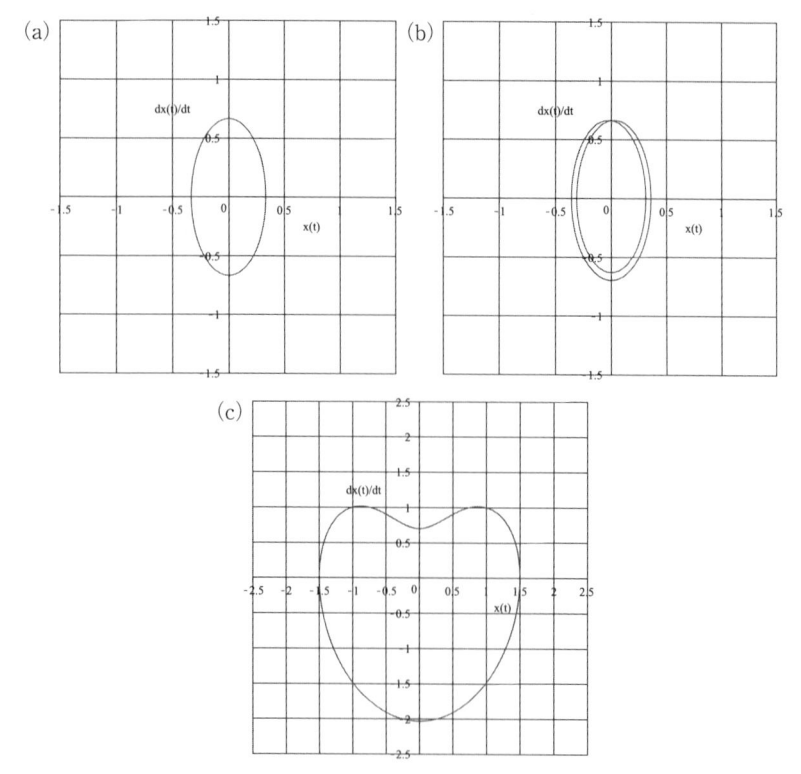

図 2.1.7　方程式 $\ddot{x}+x=\sin 2t$ の解軌跡：初期値を $(x(0),\dot{x}(0))=(0,-\frac{2}{3})$ としたときの ω-周期解 ((a)) を示す．(b),(c) はその初期値が $(0,-\frac{7}{10}),(0,\frac{7}{10})$ のときの隠れ周期解を示している．

系 2.1.40　Σ_{b+} において，$\dfrac{\omega}{2\pi/\sqrt{b}}=$ 無理数を仮定すると，隠れ周期解は存在しない．すなわち，ω-周期解以外の解は周期を形成しない．

証明　背理法により容易に証明できる（問題 2.1.3）．■

注意 2.1.41　系 2.1.40 において ω-周期解以外の解を**疑似周期解**という．

例題 2.1.42　（疑似周期解）$b=1, f(t)=\sin\sqrt{2}t$ とすると与えられた方程式は

$$\ddot{x}+x=\sin\sqrt{2}t$$

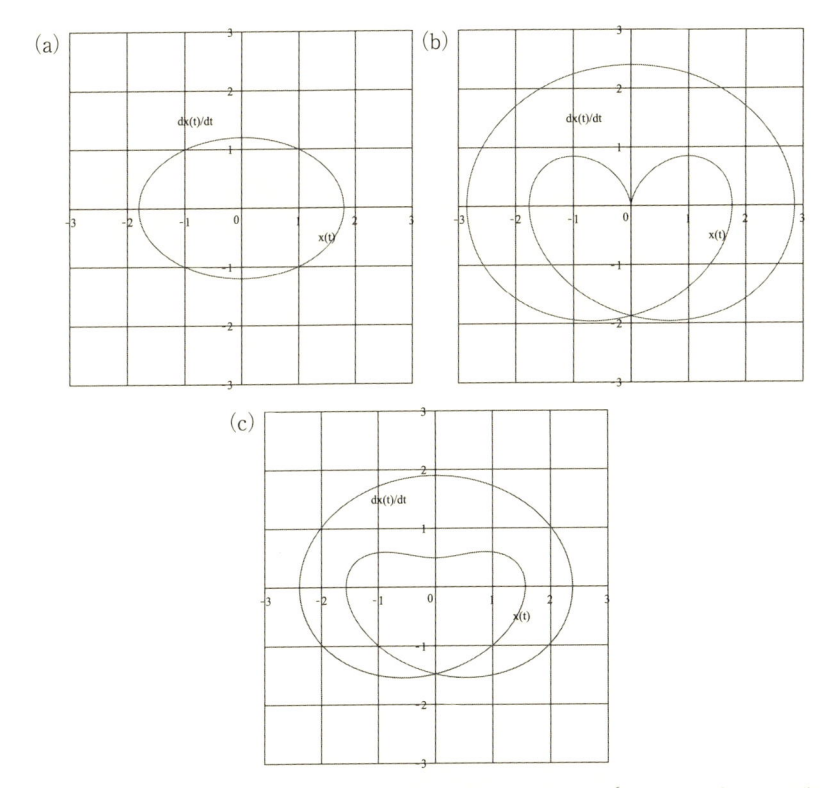

図 2.1.8 方程式 $\ddot{x}+x=\sin\frac{2}{3}t$ の解軌跡：初期値を $(x(0),\dot{x}(0))=(0,\frac{6}{5})$ としたときの ω-周期解 ((a)) を示す．(b),(c) はその初期値が $(0,0),(0,\frac{1}{2})$ のときの隠れ周期解を示している．

であり $\dfrac{\omega}{2\pi/\sqrt{b}}=\dfrac{\sqrt{2}\pi}{2\pi}=\dfrac{1}{\sqrt{2}}$ となるので系 2.1.40 の例となる．ω-周期解は

$$x^*(t)=-\sin\sqrt{2}t$$

と表せる．初期値を $(x(0),\dot{x}(0))=(x^*(0),\dot{x}^*(0))=(0,-\sqrt{2})$ にとると ω-周期解（周期 $\sqrt{2}\pi$）となり，その軌跡を図 2.1.9（左図）のように得ることができる．また，初期値を $(0,1)$ としたとき，疑似周期解（その軌跡は同右図）を得る．□

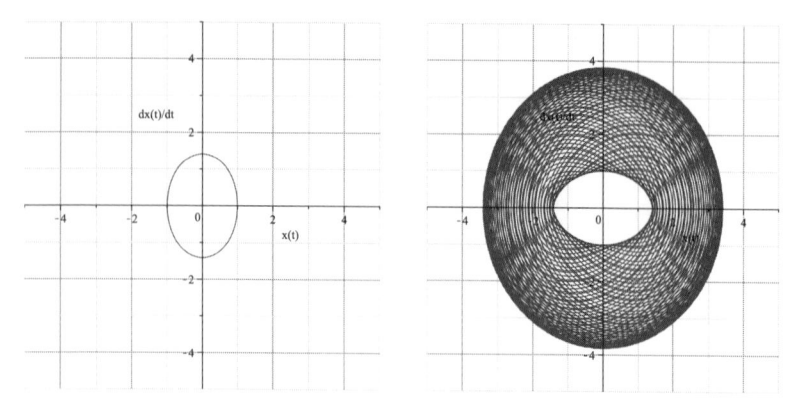

図 2.1.9 初期値を $(0, -\sqrt{2})$ としたときの方程式 $\ddot{x} + x = \sin \sqrt{2}t$ の ω-周期解の解軌跡（左）と初期値を $(0, 1)$ としたときの疑似周期解の軌跡（右，時刻 $t = 0$ から 600 までのシミュレーション）．

2.1.5 方程式 (2.1.5) の解析 (4)：ウルトラ・ハーモニクス

最後に本項で，(4) $\mathrm{Re}\lambda_i = 0, \mathrm{Im}\lambda_i \neq 0, i = 1, 2$ かつ $\det(1 - e^{\omega A}) = 0$ の場合を解析しよう．

定理 2.1.43 $\omega \sqrt{b} \equiv 0 \pmod{2\pi}$ とする．このとき Σ_{b+} は，隠れ周期解をもたない．また，ω-周期解となる必要十分条件は

$$\int_0^\omega f(s) \sin \sqrt{b} s\, ds = 0, \quad \int_0^\omega f(s) \cos \sqrt{b} s\, ds = 0 \quad (2.1.68)$$

であり，ω-周期解は

$$x^*(t) = x(0) \cos \sqrt{b}t + \frac{\dot{x}(0)}{\sqrt{b}} \sin \sqrt{b}t + \frac{1}{\sqrt{b}} \int_0^t f(s) \sin \sqrt{b}(t - s) ds \quad (2.1.69)$$

で表すことができる．

証明 定理 2.1.36 と同様に証明できるので読者に委ねる（問題 2.1.4）．■

注意 2.1.44 定理 2.1.43 において ω-周期解を形成する状態をウルトラ・ハーモニクス (ultra-harmonics) という [105]．

例題 2.1.45 （ウルトラ・ハーモニクス） $b = 4, f(t) = \sin t$ とすると与えられた方程式は

$$\ddot{x} + 4x = \sin t$$

であり $\omega\sqrt{b} = 4\pi \equiv 0 \pmod{2\pi}$ となるので定理 2.1.43 の例である．ω-周期解は

$$x^*(t) = x(0)\cos 2t + \left(\frac{\dot{x}(0)}{2} - \frac{1}{6}\right)\sin 2t + \frac{1}{3}\sin t$$

と表せる．任意の初期値で ω-周期解となる．初期値を $(x(0), \dot{x}(0)) = (0,0), \left(\frac{1}{2}, 0\right), (0, -1)$ としたときの軌跡を図 2.1.10 に示す．□

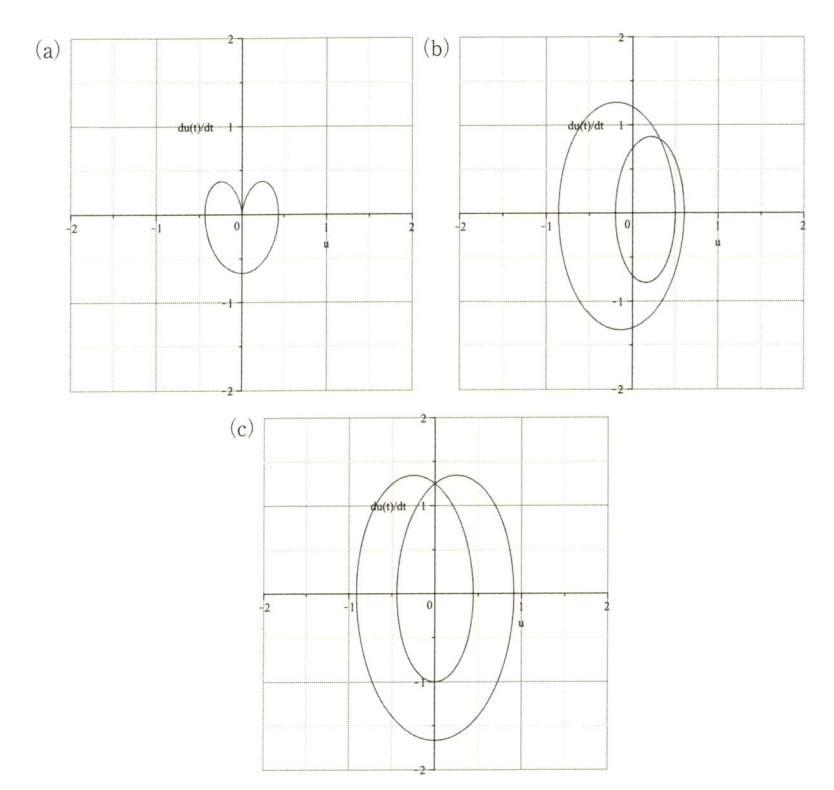

図 2.1.10 方程式 $\ddot{x}+4x = \sin t$ の ω-周期解の解軌跡：(a) から順に初期値は $(0,0), (\frac{1}{2}, 0), (0, -1)$ である．

例題 2.1.46 与えられた方程式を

$$\ddot{x} + x = \sin t$$

とするとやはり $\omega\sqrt{b} = 2\pi \equiv 0 \pmod{2\pi}$ であるが (2.1.68) の第 1 式を満たさないので ω-周期解は存在しない．ちなみに解は $x(t) = x(0)\cos t + (\dot{x}(0) + \frac{1}{2})\sin t - \frac{t}{2}\cos t$ となり永年項を含み発散解となる．工学でいうところの共振に相当する．□

演習問題

問題 2.1.1 定理 2.1.22(2) を証明せよ．

問題 2.1.2 注意 2.1.26 で (2.1.44)：Σ_{a+} のすべての解は Poincaré の意味での漸近周期解であることを確かめよ．

問題 2.1.3 系 2.1.40 を証明せよ．

問題 2.1.4 定理 2.1.43 を証明せよ．

問題 2.1.5 図 2.1.11 は並列に接続されたコンデンサ C_1, C_2 にコイル L が直列に接続され，交番電圧 $\sin\omega t$ が印加された電気回路である．
(1) コンデンサ C_1, C_2 の両端にかかる電圧を v とし，また，回路に流れる電流を図中に示したようにし回路方程式を立てよ．
(2) この回路にて電圧 v がサブ・ハーモニクス，ウルトラ・ハーモニクス，ウルトラ・サブ・ハーモニクスとなる振動条件を求めよ．

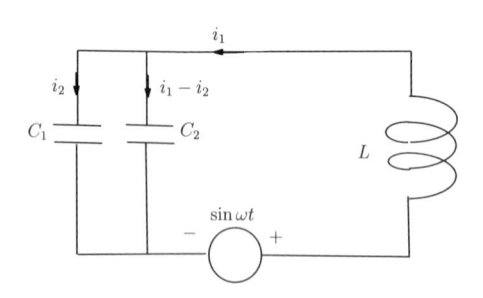

図 **2.1.11** 問題 2.1.5 の電気回路．

問題 2.1.6 $x = x(t) \in C^2(\mathbb{R}^+, \mathbb{R})$ とし，つぎの方程式の安定多様体と不安定多様体を求め，安定多様体上の任意の初期値 $x(0), \dot{x}(0)$ からの漸近周期解の様子をシミュレーションし，その解軌跡を求めよ．
(1) $\ddot{x} + \dot{x} - 2x = 10\cos t$
(2) $\ddot{x} + \dot{x} - 2x = 10\cos 20t$

2.2 自励発振：3極真空管の van der Pol 方程式

van der Pol が発見した 3 極真空管の自励発振現象 [101] が 20 世紀の非線形振動論の先駆的研究であった．van der Pol が扱った歴史的な 3 極真空管発振回路は図 2.2.1 である．この電気回路では前節で扱った回路とは異なり，回路中に周期的な変化を伴う強制外力が存在しないにもかかわらず，回路を流れる電流が回路素子によって決まる一定周期の自励振動を起こす現象が発生する．すなわち電気回路が規則正しい発振を行うということである．この自励振動は**リミットサイクル**と呼ばれている[12]．

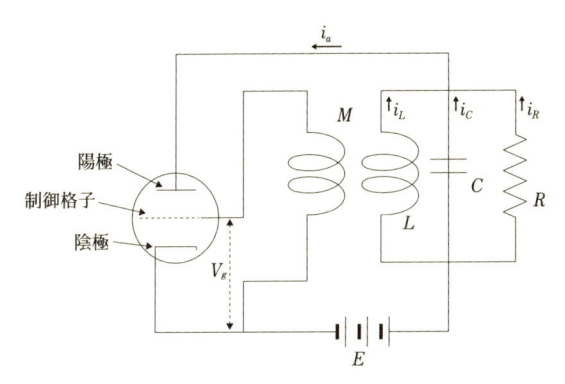

図 2.2.1　van der Pol の 3 極真空管発振回路．

---

[12] リミットサイクルは科学的に重要な意味をもつ．たとえば，心臓の鼓動（脈拍），体温調整やホルモン分泌のリズムなど人体機構にもみられる現象で生命維持機構の根幹をなす機能の 1 つと考えられている．§3.5.3 も参照．

2.2.1 van der Pol 方程式の導出

まず，図 2.2.1 の回路方程式をたて，それより van der Pol 方程式を導出しよう．図に示すように抵抗 R，コイル L，コンデンサ C に流れる電流をそれぞれ i_R, i_L, i_C とし，回路の（直流）電源電圧を E，真空管の陽極（アノード，anode）電圧と陽極電流[13]をそれぞれ V_a, i_a，同制御格子（グリッド，grid）電圧を V_g とする．さらに，制御格子回路と振動回路間の相互インダクタンスを M としよう．抵抗，コイル，コンデンサにかかる両端の電圧は等しいのでまず

$$Ri_R = L\frac{di_L}{dt} = \frac{1}{C}\int i_C dt = E - V_a \tag{2.2.1}$$

の関係を得る．また，Kirchhoff の電流則より

$$i_a = i_R + i_L + i_C \tag{2.2.2}$$

を得，また，制御格子電圧 V_g は相互インダクタンス M とコイル電流 i_L の時間変化の積で与えられるので

$$V_g = M\frac{di_L}{dt} \tag{2.2.3}$$

となる．(2.2.1) を (2.2.2) に代入すると i_L に関する方程式として

$$LC\frac{d^2 i_L}{dt^2} + \frac{L}{R}\frac{di_L}{dt} + i_L = i_a \tag{2.2.4}$$

を得る．陽極電流 i_a は制御電圧 u の関数，すなわち，$i_a = f(u)$ であるが，制御電圧 u は真空管の増幅度を μ として $u = V_g + \dfrac{V_a}{\mu}$ として表すことができる．すなわち，

$$i_a = f\left(V_g + \frac{V_a}{\mu}\right). \tag{2.2.5}$$

これに (2.2.1) と (2.2.3) の関係を使うと

$$i_a = f\left(\frac{E}{\mu} + (M - \frac{L}{\mu})\frac{di_L}{dt}\right) \tag{2.2.6}$$

---

[13] 制御格子電流は陽極電流に比べ微小のため無視する．

となり，結局回路方程式として

$$LC\frac{d^2i_L}{dt^2} + \frac{L}{R}\frac{di_L}{dt} + i_L = f\Big(\frac{E}{\mu} + \Big(M - \frac{L}{\mu}\Big)\frac{di_L}{dt}\Big) \qquad (2.2.7)$$

を得る．ここで，$E_0 = \dfrac{E}{\mu}$（直流分），$v = \Big(M - \dfrac{L}{\mu}\Big)\dfrac{di_L}{dt}$（交流分）とおき，(2.2.7) を t で微分し変数を v に置き換え，さらに時間スケール $t = \tau\sqrt{LC}$ を使い時間 t を τ に変換すると，

$$\frac{d^2v}{d\tau^2} + v + \frac{1}{\sqrt{LC}}\Big\{\frac{L}{R} - f'(E_0 + v)\Big(M - \frac{L}{\mu}\Big)\Big\}\frac{dv}{d\tau} = 0 \qquad (2.2.8)$$

のように，回路方程式を変形することができる．ここで $f'(u) = \dfrac{df}{du}$ の意味である．真空管の制御電圧 u と陽極電流 i_a 間の特性は図 2.2.2 のようであり，制御電圧の E_0 をこの特性曲線の変曲点にとれば $f''(E_0) = 0$ となり，$f(u)$ を 3 次までの Taylor（テイラー）展開

$$f(E_0 + v) \fallingdotseq f(E_0) + f'(E_0)v + \frac{f^{(3)}(E_0)}{6}v^3 \qquad (2.2.9)$$

としたもので u の一定値以内ではよくあっている．この特性より

$$0 < \frac{L}{R} < \Big(M - \frac{L}{\mu}\Big)f'(E_0), \quad \Big(M - \frac{L}{\mu}\Big)f^{(3)}(E_0) < 0 \qquad (2.2.10)$$

の仮定をおいて差し支えない．(2.2.9) より $f'(E_0 + v) = f'(E_0) + \dfrac{f^{(3)}(E_0)}{2}v^2$ の関係を使い，さらに，$\alpha v = x$ と変数変換を行うと

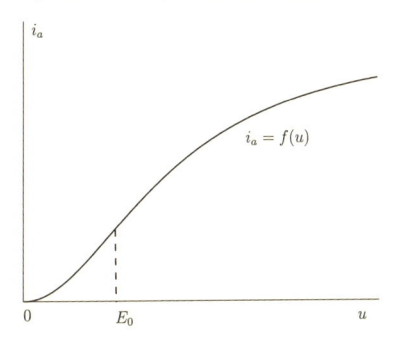

図 2.2.2 制御電圧 u と陽極電流 i_a 間の特性．

$$\frac{d^2x}{d\tau^2} + x - \varepsilon\frac{dx}{d\tau} - \frac{f^{(3)}(E_0)x^2}{2\alpha^2\sqrt{LC}}\Big(M - \frac{L}{\mu}\Big)\frac{dx}{d\tau} = 0 \tag{2.2.11}$$

を得る．ただし，

$$\varepsilon = \frac{\Big(M - \dfrac{L}{\mu}\Big)f'(E_0) - \dfrac{L}{R}}{\sqrt{LC}}$$

とおいた（$\varepsilon > 0$ であることに注意）．(2.2.11) で $\alpha^2 = \dfrac{(M-\frac{L}{\mu})f^{(3)}(E_0)}{2(\frac{L}{R}-(M-\frac{L}{\mu})f'(E_0))} > 0$ とおくとつぎの van der Pol 方程式を得る．

$$\frac{d^2x}{d\tau^2} - \varepsilon(1-x^2)\frac{dx}{d\tau} + x = 0. \tag{2.2.12}$$

(2.2.12) において $\varepsilon > 0$ のときには $x(0) = \dfrac{dx}{d\tau}\Big|_{t=0} = 0$ 以外の初期値から出発した解軌道は $x - \dfrac{dx}{dt}$ 相平面で安定なリミットサイクル[14]を形成する．またこのリミットサイクルはただ1つである．この事実を次項でみていこう．なお，$\varepsilon = 0$, すなわち，$\dfrac{L}{R} = \Big(M - \dfrac{L}{\mu}\Big)f'(E_0)$ となるように回路素子を無理やり設定すると調和振動子となり解は相平面で円軌道をなす（例題 A.1.23）．

2.2.2　van der Pol 方程式のリミットサイクル

(2.2.12) を改めて

$$\frac{d^2x}{dt^2} - \varepsilon(1-x^2)\frac{dx}{dt} + x = 0, \quad \varepsilon > 0 \tag{2.2.13}$$

と書いておこう．この2階微分方程式は

$$\begin{cases} \dot{x} = y - f(x), \\ \dot{y} = -x \end{cases} \tag{2.2.14}$$

と書くことができる．ただし，

---

14) 近傍の解軌跡がリミットサイクルへ収束するなら**安定なリミットサイクル**，そうでなければ**不安定なリミットサイクル**という．特殊なものに「半安定」なリミットサイクルがあるが，これはリミットサイクルの外側からは安定（不安定），内側からは不安定（安定）となるときをいう．

$$f(x) = -\varepsilon\left(x - \frac{1}{3}x^3\right). \tag{2.2.15}$$

もし $\varepsilon = 0$ なら (2.2.14) は保存系となり Hamiltonian

$$H(x, y) = \frac{1}{2}(x^2 + y^2) \tag{2.2.16}$$

が定義できる．$\varepsilon \neq 0$ のときには

$$\frac{dH}{dt} = \varepsilon x\left(x - \frac{1}{3}x^3\right) \tag{2.2.17}$$

となり，エネルギーが時間とともに変化する．図 2.2.3 にその様子を示す．$\frac{dH}{dt}$ が負の領域 ($|x| > \sqrt{3}$) ではエネルギーは系から散逸するが，逆に正の領域 ($|x| < \sqrt{3}, x \neq 0$，ここは負性抵抗を意味する．あるいは機械系の負性ダンパに相当する) ではエネルギーが増大することになる．この事実がリミットサイクルを形成する要因である．

本項では Liénard（リエナール）[15]にならいつぎの定理を証明する．

定理 2.2.1　$x = x(t) \in C^2(\mathbb{R}^+, \mathbb{R})$ とし，$\varepsilon > 0$ とする．(2.2.13) はただ 1 つの安定なリミットサイクルをもつ．

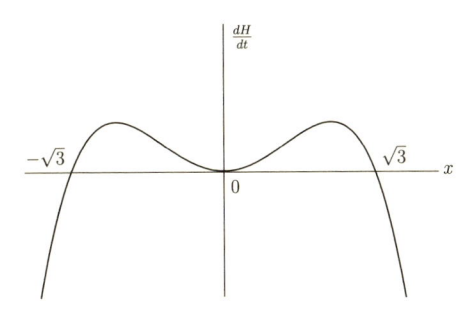

図 **2.2.3**　van der Pol 方程式のエネルギー変化．

---

15) Alfred-Marie Liénard は Liénard 方程式と呼ばれる

$$\ddot{x} + \varphi(x)\dot{x} + \psi(x) = 0$$

に対してのリミットサイクルの存在性を $\varphi(x), \psi(x)$ に条件をつけて証明した [59]．条件を具体的に与えたことにより Poincaré-Bendixson の定理 (§3.5.3) より 1 歩前進させたといえよう．

まず，van der Pol 方程式 (2.2.14) は不安定な平衡点（渦状湧点，spiral source）をただ 1 つ原点にもつことを注意し議論を展開していく．定理の証明に入る前に定義といくつかの補題を準備する．

定義 2.2.2 ヌルクライン (nullcline) とは $\dot{v} = f(v), v = \begin{pmatrix} x \\ y \end{pmatrix}, f = \begin{pmatrix} f_1 \\ f_2 \end{pmatrix}$ において $f(v) = 0$ を満たす直線または曲線のことをいう．すなわち，ヌルクラインは $\dot{x} = 0$ または $\dot{y} = 0$ を満たす．とくに，$\dot{x} = 0$ を満たすヌルクラインを $\dot{x}$-ヌルクライン，$\dot{y} = 0$ を満たすヌルクラインを $\dot{y}$-ヌルクラインと呼ぶ．

注意 2.2.3 $\dot{x}$-ヌルクラインと $\dot{y}$-ヌルクラインの交点は平衡点になるなどの事実があり，ヌルクラインによる解析は解の大域的な振る舞いを把握するのに適した手法である．

補題 2.2.4 相平面を図 2.2.4 のようにヌルクライン[16]により 4 つの領域：$R_0 = \{(x,y)|x > 0, y > f(x)\}, R_1 = \{(x,y)|x > 0, y < f(x)\}, R_2 = \{(x,y)|x < 0, y < f(x)\}, R_3 = \{(x,y)|x < 0, y > f(x)\}$ に分割する．領域 R_i $(i = 0, 1, 2, 3)$ から始まった van der Pol 方程式 (2.2.14) の解軌跡は順に $R_{i+1 (\text{mod } 4)}, R_{i+2 (\text{mod } 4)}, R_{i+3 (\text{mod } 4)}$ へと動く．

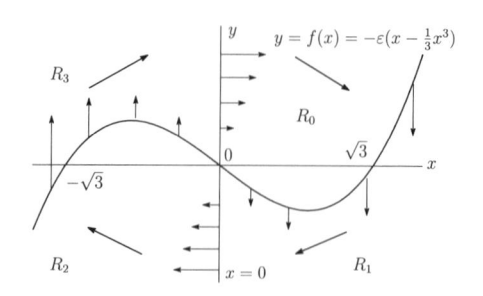

図 2.2.4 van der Pol 方程式のベクトル場．

証明 解軌跡 Γ のスタート地点はどこでも同じであるので領域 R_0 を始点として証明する．ベクトル場における流れの向きは領域 R_0, R_3 においては $y > f(x)$

---

[16] この場合のヌルクラインは，$x = 0$（y 軸）と $y = f(x) = -\varepsilon(x - \frac{1}{3}x^3)$ になる．

であるので東側へ[17]，領域 R_1, R_2 は西側である．同様に，領域 R_0, R_1 においては $x > 0$ であるので南方へ，領域 R_2, R_3 は北方である．したがって，R_0 を始点とする解軌跡 Γ は南東へ移動しヌルクラインの $y = f(x)$ と交わり，その後 R_1 へ進入する．この段階では $x > 0$ であるので y は単調に減少する．ヌルクライン $(y = f(x))$ 上では $\dot{x} = 0$ であるから真南に移動するが，Γ は $x > 0$ である限り $\dot{y} < 0$ であるので，有限時間でこのヌルクラインの近傍から離れなければならない．R_1 で x は減少するのでヌルクライン $(y = f(x))$ を通過してからは $\dot{x} \leq c$ のある一定の値以下で減少する．また，x は R_1 で単調に減少するので R_1 と交わった値で抑えられる．R_1 に入ってからは南西に移動し有限時間でヌルクライン $(x = 0)$ に到達する．このように解軌跡 Γ は y 軸の有限な負の部分で交わり R_2 へ進入することになる．方程式は対称性 $S(x, y) = S(-x, -y)$ があるので Γ は同様に R_2 を通り R_3 へ向かい，最後には R_0 へ戻ることになる．
∎

補題 2.2.5 $(0, y_0)$ を始点とする解軌跡 Γ は，y 軸上の負の部分 $(0, -y_0)$ で交わることが周期解となるための必要十分条件である．

証明 この補題は方程式の対称性から従う．Γ が y 軸上の負の部分と最初に交わる点を $y' = P(y_0)$ とする．解の一意性から解軌跡はけっして交差しないので y' は y_0 に関して単調に変化する．実際 y_0 から y' へいく Γ があったとき，より大きな y_0 に対する解軌跡はこの Γ よりも外側になければならない．したがって，より大きな y_0 はその絶対値がより大きな y' を導くことになり P は単調減少である．対称性により $(0, y')$ を始点とする解軌跡は（あたかも写像 P で $(0, -y')$ を始点とするような解軌跡になり）y 軸上の正の部分と交わる．この点を y'' とすると $y'' = -P(-y')$ となる．

(必要性) $y' = P(y_0) = -y_0$ とすると，$y'' = -P(-y') = -P(y_0) = -y' = y_0$. 解の一意性によりこのとき周期解となる．

(十分性) 周期解，すなわち，$y'' = y_0 = -P(-P(y_0))$ とする．この等式の成り立つ 1 つの可能性としては $P(y_0) = -y_0$，すなわち，$y' = -y_0$ である．いま，$-P(y_0) < y_0$ とすると，$-P$ は単調増加であるから $-P(-P(y_0)) < -P(y_0) < y_0$

---

17) 図の上下を北南，左右を西東として方向を表す.

となり周期解ではなくなる.これは仮定に反する.また,$-P(y_0) > y_0$ としても同様に周期解ではなくなる.したがって,$y' = -y_0$ しかないことがわかる.
∎

さて,本題の定理 2.2.1 の証明に入ろう.

定理 2.2.1 の証明 図 2.2.5 に示す $(0, y_0)$ を始点とし,(x_2, y_2) でヌルクライン $y = f(x)$ で交差し y 軸の負の部分 $(0, y_4)$ に至る解軌跡を考える.解の周期性の証明には補題 2.2.5 を適用して,ただ 1 つの $y_0 = y^*$ があり,$y_4 = -y^*$ となることをいえばよい.そのために解軌跡に沿ったエネルギー変化 (2.2.17) を考える.$(0, y_4)$ に到達する時刻を t_4 とするとエネルギーの変化は

$$\Delta H(y_0) = H(0, y_4) - H(0, y_0) = \int_0^{t_4} \frac{dH}{dt} dt = -\int_0^{t_4} x f(x) dt \quad (2.2.18)$$

と書くことができる.ΔH がただ 1 つの零点 $y_0 = y^*$ をもつことがいえれば ($\Delta H(y^*) = 0$),$H(0, y_4) = H(0, y_0)$ より $y_0 = -y_4 = y^*$ を得,したがって,補題 2.2.5 により解の周期性が保証される.

まず,$x_2 > \sqrt{3}$(ヌルクライン $y = f(x)$ の正の根)のとき ΔH は y_0 に関して単調減少であることを示す.図 2.2.5 に示すように軌跡を $A_1((0, y_0)$ から

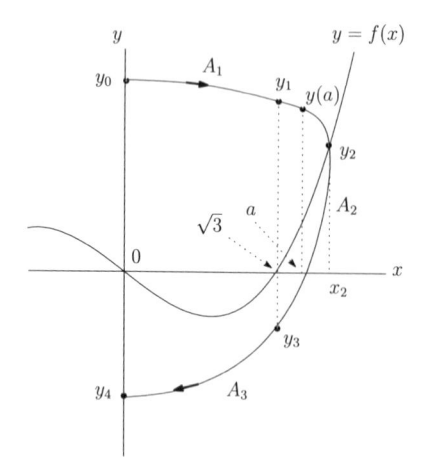

図 2.2.5 van der Pol 方程式のリミットサイクルの証明.

$(\sqrt{3}, y_1))$, $A_2((\sqrt{3}, y_1)$ から $(\sqrt{3}, y_3))$, $A_3((\sqrt{3}, y_3)$ から $(0, y_4))$ に 3 分割し，その各々のエネルギー変化を $\Delta H_1, \Delta H_2, \Delta H_3$ とする．すなわち，

$$\Delta H = \Delta H_1 + \Delta H_2 + \Delta H_3. \tag{2.2.19}$$

A_1 の部分は $x(t)$ が単調増加であるから ΔH_1 を x の関数として表そう．変数変換

$$dt = \frac{dx}{y(x) - f(x)} \tag{2.2.20}$$

により

$$\Delta H_1 = \int_0^{\sqrt{3}} \frac{-x f(x)}{y(x) - f(x)} dx \tag{2.2.21}$$

となり，y_0 を大きくとれば A_1 の領域で $y(x)$ は増加するが，被積分関数のそのほかの項は変化しないので ΔH_1 は y_0 に関して単調減少関数であることがわかる（被積分関数はこの区間で正であることに注意）．同様に，ΔH_3 も y_0 に関して単調減少関数であることを示すことができる（問題 2.2.2）．ΔH_2 に関しては変数変換

$$dt = -\frac{dy}{x} \tag{2.2.22}$$

を施すと

$$\Delta H_2 = -\int_{y_3}^{y_1} f(x(y)) dy \tag{2.2.23}$$

となる．解の一意性を再度使うとそれぞれの y に対して $x(y)$ は y_0 に関して単調増加でなければならない．さもなければ軌跡が交差してしまうからである．$x > \sqrt{3}$ では $f(x)$ は x に関して単調に増加し，したがって，ΔH_2 は単調に減少する．以上より，ΔH は単調減少関数であることがいえた．

つぎに $\Delta H_2 \to -\infty$ ($y_0 \to \infty$) を示す．$y < \dot{x}$ より $t_1 < \frac{\sqrt{3}}{y_1}$ であるので

$$y_1 = y_0 - \int_0^{t_1} x(t) dt > y_0 - \frac{3}{y_1} \tag{2.2.24}$$

より $y_1 \to \infty$ ($y_0 \to \infty$) となる．同様にして $y_3 \to -\infty$ ($y_0 \to \infty$) を得る．ここで区間 $x \in [\sqrt{3}, a]$, $\sqrt{3} < a < x_2$ の解軌跡を考える．この区間では f は増加しており，解軌跡はヌルクラインの上にあるのでその傾きは

$$-\frac{dy}{dx} = \frac{x}{y - f(x)} \leq \frac{x}{y - f(a)} \quad (2.2.25)$$

となる．$y(a) = y_1 - \delta$ とおき (2.2.25) を変数分離し解軌跡に沿って積分すると

$$-\int_{y_1}^{y_1 - \delta} (y - f(a)) dy \leq \int_{\sqrt{3}}^{a} x dx \quad (2.2.26)$$

となり，これより

$$\delta\left(y_1 - \frac{1}{2}\delta - f(a)\right) \leq a(a - \sqrt{3}). \quad (2.2.27)$$

$y(a) > 0$ であるので $y_1 - \delta > 0$ となり結局

$$\delta \leq \frac{2a(a - \sqrt{3})}{y_1 - 2f(a)} \quad (2.2.28)$$

を得る．したがって，$\delta \to 0$ $(y_1 \to \infty)$ となりエネルギー変化は

$$|\Delta H_2| = \int_{y_3}^{y_1} f(x(y)) dy > \int_{y_3 + \delta}^{y_1 - \delta} f(x(y)) dy > f(a)|y_1 - y_3 - 2\delta| \quad (2.2.29)$$

と下から抑えられる．上に示したように $y_1 \to \infty$ $(y_0 \to \infty), y_3 \to -\infty (y_0 \to \infty)$ であり，さらに，$\delta \to 0$ $(y_1 \to \infty)$ であるので，エネルギー変化 ΔH_2 は y_0 に関して非有界である．

一方，y_0 が小さいときには $x(t)$ も小さく，(2.2.18) より $\Delta H > 0$ であるので，$\Delta H(y^*) = 0$ となるただ 1 つの零点 $y = y^*$ が存在することがいえる．よって，周期解の存在性が証明された．

$y_0 < y^*, \Delta H > 0$ でかつ $y_4 < -y_0$ とすると，解軌跡は R_0, R_1, R_2, R_3 と進み再び y 軸の正の部分で交差するが，解の一意性からその点は y_0 と y^* の間の点になる．したがって，この事実は解軌跡が周期解に内側から巻きついていくことを示している．同様に $y_0 > y^*$ のときには解軌跡が周期解に外側から巻きついていくことになる．これらの事実は解軌跡が安定なリミットサイクルであることを示している．■

2.2.3 リミットサイクルの周期

ここでは van der Pol 方程式が形成するリミットサイクルの周期を求めてみよう [103]．van der Pol 方程式を

$$\begin{cases} \dot{x} = \varepsilon(y - f(x)), \\ \dot{y} = -\dfrac{1}{\varepsilon}x \end{cases} \quad (2.2.30)$$

と表そう ((2.2.14) と等価). ただし, ここでは $f(x) = -x + \dfrac{1}{3}x^3$ であり, $\varepsilon \gg 1$ の場合を考える. (2.2.30) より

$$(y - f(x))\dfrac{dy}{dx} = -\dfrac{x}{\varepsilon^2} \quad (2.2.31)$$

を得る. $\varepsilon \gg 1$ の場合を考えているので,

$$(y - f(x))\dfrac{dy}{dx} = 0 \quad (2.2.32)$$

とすると, これは $y = f(x)$ または y が定数であることをいっている. (2.2.30) 第1式より $x(t)$ は $y = f(x)$ の曲線の近傍の外側では速く動くことがわかり, また, 同第2式より $y(t)$ はいつでもゆっくりと動くことがわかる. x-y 面上で速度ベクトル場を図示すると図 2.2.6 のようになる. リミットサイクルを図 2.2.7 のようにスケッチしよう. 周期を T とするとつぎのように求めることができる.

$$T = -\varepsilon \int_{ABCDA} \dfrac{dy}{x} = -2\varepsilon \int_{AB} \dfrac{dy}{x} - 2\varepsilon \int_{BC} \dfrac{dy}{x} \quad (2.2.33)$$

(2.2.33) の右辺第1項 (T_{AB} とする) はゆっくり動く部分であり, 第2項 (T_{BC} とする) は速く動く部分である. 全体の周期の大部分が T_{AB} で占められる. 具体的に T_{AB} を求めると

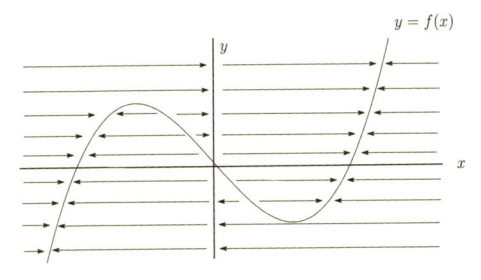

図 **2.2.6** van der Pol 方程式の (2.2.32) としたときの速度ベクトル場.

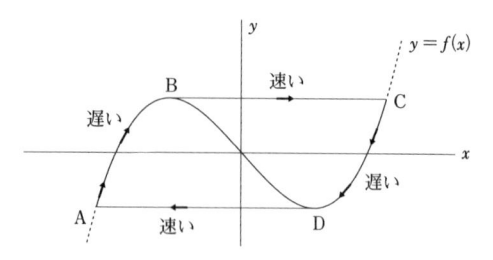

図 2.2.7 van der Pol 方程式のリミットサイクルのスケッチ.

$$T_{\mathrm{AB}} = -2\varepsilon \int_{-2}^{-1} \frac{-1+x^2}{x} dx = (3 - 2\log 2)\varepsilon \tag{2.2.34}$$

となり，また，T_{BC} は

$$T_{\mathrm{BC}} = \frac{2}{\varepsilon} \int_{\mathrm{BC}} \frac{dx}{y - f(x)}$$

であるが，これを求めると $O(\varepsilon^{-\frac{1}{3}})$ であることがわかっている [28]．結局リミットサイクルの周期 T は

$$T = (3 - 2\log 2)\varepsilon + O(\varepsilon^{-\frac{1}{3}}) \tag{2.2.35}$$

である．

図 2.2.8 と図 2.2.9 は $\varepsilon = 1$ および $\varepsilon = 10$ と設定したときのそれぞれの解軌跡を示す．原点以外の初期値に対してリミットサイクルへの引き込み現象

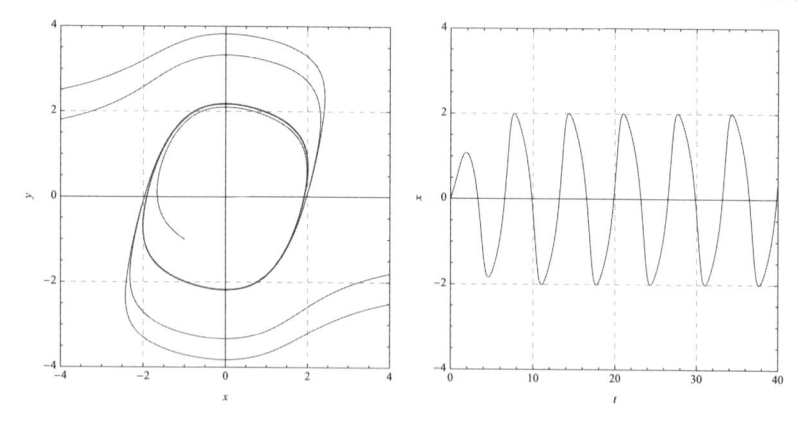

図 2.2.8 van der Pol 方程式の解軌跡 (1)：$\varepsilon = 1$ のとき．右図は時系列．

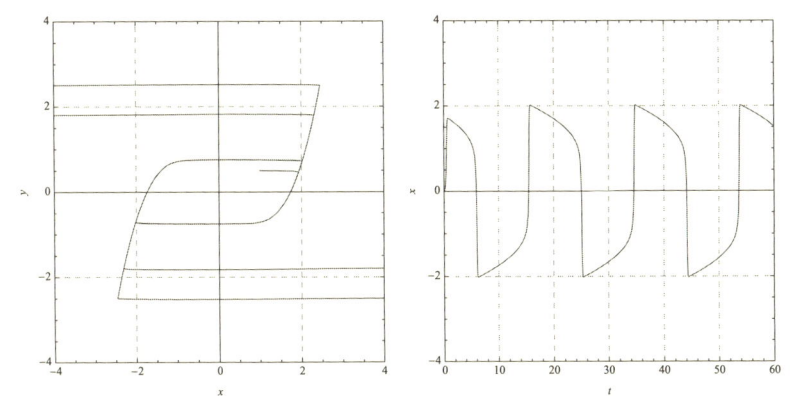

図 2.2.9　van der Pol 方程式の解軌跡 (2)：$\varepsilon = 10$ のとき．右図は時系列．

が起きていることがよくわかるであろう．また，$\varepsilon = 10$ とするとその時系列より速く動くところとゆっくり動くところが明瞭にわかる．このような振動を**弛張振動** (relaxation oscillations) と呼ぶ．

演習問題

問題 2.2.1　van der Pol 方程式 (2.2.13) の ε を負，0，正と変化させ平衡点の特性を調べよ．とくに，ε が負から正になるときの Jacobi 行列の 2 つの固有値の変化を求め，Hopf 分岐 (§3.5.7) が起きていることを確かめよ．

問題 2.2.2　定理 2.2.1 の証明において ΔH_3 が y_0 に関して単調減少関数であることを示せ．

問題 2.2.3　van der Pol 方程式 (2.2.13) において $\varepsilon < 0$ のときをシミュレーションし，解軌跡が原点に収束することを確かめよ．

問題 2.2.4　van der Pol 方程式がリミットサイクルをもつことを Poincaré-Bendixson の定理 (§3.5.3) で証明せよ．

問題 2.2.5　van der Pol 方程式において $0 < \varepsilon \ll 1$ のときの周期を多重尺度法により求めよ．

問題 2.2.6　k を $0 < k < \dfrac{1}{2}$ となる無理数とする．このとき，つぎの系

$$\begin{cases} \ddot{y} + y = k(y - z), \\ \ddot{z} + y = k(y - z) \end{cases}$$

は，$y(t) - z(t) = 0$ あるいは $y(t) + z(t) = 0$ となる非自明な周期解をもつことを証明せよ（前者を**同相解**，後者を**逆相解**という）．また，それぞれの周期を求めよ．

問題 2.2.7 [78]（発展的問題） $w = w(t), \varphi = \varphi(w, \dot{w}), 0 < \varepsilon < 2\sqrt{m}$ とし，つぎの方程式

$$\ddot{w} - \varepsilon(\dot{w} - \varphi) + mw = 0$$

を考える．$m = 1, \varphi(w, \dot{w}) = w^2(t)\dot{w}(t)$ とすると標準の van der Pol 方程式となるので，この方程式は一般化 van der Pol 方程式と呼ばれる．この方程式が周期解をもつ条件について探求せよ．

問題 2.2.8 [78]（発展的問題） k, ε は正の定数とする．つぎの系は 2 つの van der Pol 方程式を線形結合したものである．

$$\begin{cases} \ddot{y} - \varepsilon(1 - y^2)\dot{y} + y = k(y - z), \\ \ddot{z} - \varepsilon(1 - z^2)\dot{z} + z = k(z - y). \end{cases}$$

この系が周期解をもち，周期解は同相解か逆相解かのどちらかであることを探求せよ．

第**3**章

生物や生態系に現れる微分方程式 基礎編

3.1 個体群成長モデル：ロジスティック方程式

Malthus（マルサス）[1]は人口論において資源制約がなければ生物個体群が指数関数的に，あるいは，幾何級数的に増殖するという集団生物学の基本原理を説いたが，Verhulst（フェアフルスト）[2]は人口の無制限な成長は不可能であり人口密度の上昇は人口成長に負の効果を与えるであろうという考え方に基づき，**ロジスティック (logistic) モデル**と呼ばれる個体群成長モデルを提案した．この章の最初にロジスティックモデルについてみていこう．

生物個体群の総数を時間 t の関数として $x(t)$ で表す．つぎの方程式をロジスティック方程式という．

$$\dot{x} = rx\left(1 - \frac{x}{k}\right). \tag{3.1.1}$$

ここで，$\cdot = \dfrac{d}{dt}$ である．r は個体群総数の増加度合いを示すもので，**Malthus 係数**または**成長率**といわれているものであり，正の数とする．また，k[3]は**環境収容力 (carrying capacity)** といわれるものであり，これも正の数とする．こ

---

1) 英国の経済学者 Thomas R. Malthus (1766–1834).
2) ベルギーの数学者 Pierre F. Verhulst (1804–1849).
3) 環境収容力 k の記号は楕円関数の母数の記号やバネ定数と重複するが，文脈より判断できるので慣例に従ってこの記号を使用する．

の名前の由来は本節中で明らかになる．(3.1.1) は

$$\begin{pmatrix} \text{個体群総数の} \\ \text{単位時間当たりの} \\ \text{増加レート} \end{pmatrix} = \begin{pmatrix} \text{単位個体当たりの} \\ \text{人口増加能力比} \end{pmatrix} \times (\text{個体群総数}) \times \begin{pmatrix} \text{個体群総数の増加} \\ \text{に寄与しない割合} \end{pmatrix}$$

を意味している．

注意 3.1.1 x は，生物を対象（たとえば哺乳動物）とするので本来整数になりその時間発展を記述する微分方程式を直接たてることはできない．したがって，x を限られた地域における生物の平均密度のようなものとして考える（あるいは個体群総数は十分大きくて連続量として扱って差し支えないと仮定してもよい）．限られた地域と書いたのは (3.1.1) において単一の地域を扱っており他の地域との生物個体群の移入や流出は考えていないからである．

注意 3.1.2 $x < 0$ は無意味であるので $x \geq 0$ を考える．$x = 0$ となるのは絶滅を意味する．実は初期値を $x(0) > 0$ とすると (3.1.1) の解は $x(t) > 0$ となることが証明できる（問題 3.1.1）．

さて，(3.1.1) は歴史的には Verhulst [102] が考え出したものであり，当初 $\dot{x} = rx - \varphi(x)$ としてモデル化していた．Malthus 係数だけのモデルでは指数関数的な増加をするため $-\varphi(x)$ の項を付加し，この増加を個体群総数に依存した関数 φ で抑えようとしたものである[4]．(3.1.1) は $\varphi(x) = \dfrac{r}{k}x^2$ としたものである．

3.1.1 幾何学的手法による解の挙動の把握

(3.1.1) の解の挙動は図 3.1.1 に示すベクトル場を使うと容易に把握できる．仮想粒子を x 軸上に考え（§A.1.4 参照），その粒子の速度 $\dot{x}$ をみればよい．$x = 0$ と $x = k$ の 2 点が平衡点となる．初期値が 2 つの平衡点のどちらかなら解は平衡点に留まる．

---

[4] Verhulst はベルギーの人口の最大許容値をこのモデルを使って計算した．なお，ロジスティックとはギリシア語の "logistikē" からきており，原義は「計算の美」である．いわゆるロジスティック曲線の美しさを言い表しており，Verhulst 自身が方程式 (3.1.1) をロジスティック方程式と呼んだ．文献によっては，Verhulst 方程式と呼んでいるものもある．また，R. Pearl（パール）[84] もアメリカ合衆国の人口増加の記述として同じ方程式を導出している．

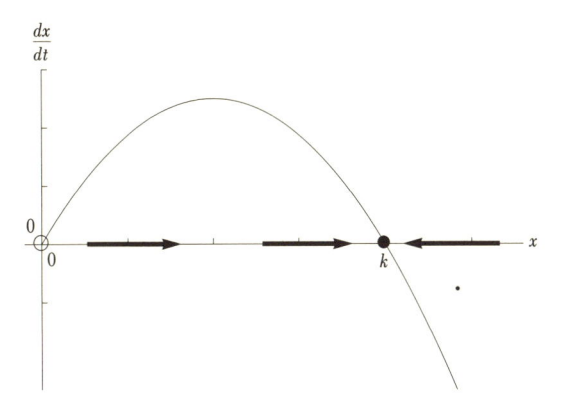

図 3.1.1 ロジスティック方程式のベクトル場：相平面上にベクトル場を表示したもの．x は任意の初期値 ($\neq 0$) で $t \to \infty$ で環境収容力 k の値となる．平衡点 $x = 0$ は湧点となり不安定（○で表示），片や平衡点 $x = k$ は沈点であり安定（●で表示）である．

いま，$x = 0$ からほんの少し離れた初期値 $x = 0 + \varepsilon, 0 < \varepsilon \ll k$ に対する x の挙動をみよう．この点に対する速度ベクトルは正となり，速度ベクトルが 0 となるところ ($x = k$) まで x は増加することになる．したがって，$x = 0$ という点は不安定であり，湧点となる．また，$x = 0$ の点とは反対に $x = k$ からほんの少し離れたところ $x = k \pm \varepsilon$ ではその初期値に対する速度ベクトルは負（正）となる．どちらの場合も x は $x = k$ まで減少（増加）する．したがって，$x = k$ という点は安定であり，沈点である．

以上より $x = 0$ 以外の初期値に対しては個体群総数は $x = k$ の点へ必ず到達することになる．この現象より k のことを環境収容力[5]というのである．

さらに，x 軸上の仮想粒子に対して，その粒子の加速度 $\ddot{x}$ を考えよう．(3.1.1) の両辺を t で微分すると

$$\ddot{x} = r\dot{x}\left(1 - \frac{2}{k}x\right) = r^2 x\left(1 - \frac{1}{k}x\right)\left(1 - \frac{2}{k}x\right) \tag{3.1.2}$$

を得る．x に対する加速度ベクトル $\ddot{x}$ を表したベクトル場を書くと図 3.1.2 となり，この図より，$x = \frac{k}{2}$ の前後で $\ddot{x}$ の符号が変わるので $x = \frac{k}{2}$ は変曲点で

---

[5] 環境収容力とは，ある環境下で利用できる食料や水など必要なものが制限されているなかで維持できる特定の生物個体群の大きさ（数）のことを指す．たとえば，人類全体の人口を考えれば地球のもつ資源は自ずと限りがあり，地球における人類という個体群に対する環境収容力が決まる．

あることがわかる．したがって，変曲点 $x = \dfrac{k}{2}$ より大きな初期値からの時間発展の曲線は S 字カーブとはならない．

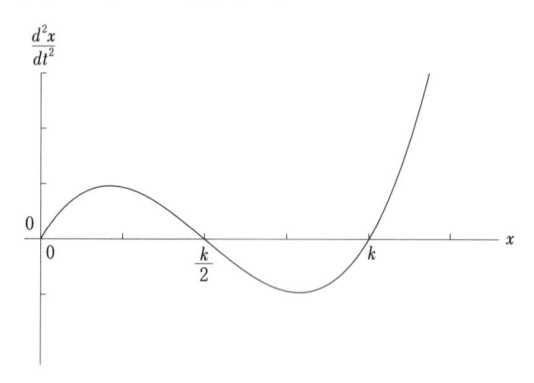

図 3.1.2　ロジスティック方程式の $x - \ddot{x}$ のベクトル場：$x = \dfrac{k}{2}$ が変曲点となる．

3.1.2　解析的手法による線形安定性解析

ここでは (3.1.1) を平衡点で線形化しその安定性を解析してみよう．さて x^* を方程式 $\dot{x} = f(x)$ の平衡点とし，x^* からの摂動 $\xi(t) = x(t) - x^*$ を考える．この摂動が増加するか，あるいは減少するかは ξ の方程式から導くことができる．$\dot{\xi} = \dot{x}$ であるから

$$\dot{\xi} = f(x^* + \xi) \tag{3.1.3}$$

となる．ここで右辺を Taylor 展開すると

$$f(x^* + \xi) = f(x^*) + \xi f'(x^*) + O(\xi^2)$$

となる．ここで，$'$ は ξ についての微分を表し，$O(\xi^2)$ は ξ の 2 次の微小項を示す．ところが，x^* は平衡点であるので $f(x^*) = 0$ となり (3.1.3) は

$$\dot{\xi} = \xi f'(x^*) + O(\xi^2) \tag{3.1.4}$$

となり，$f'(x^*) \neq 0$ ならば $O(\xi^2)$ は無視できるので[6]，近似として

$$\dot{\xi} = \xi f'(x^*) \tag{3.1.5}$$

を得る．この方程式は ξ について線形であるので，x^* 周りの線形化方程式といわれる．(3.1.5) より，もし $f'(x^*) > 0$ ならば $\xi(t)$ は指数関数的に増加し，$f'(x^*) < 0$ ならば減少することを示している．さらに $f'(x^*)$ の値の大きさは安定性の量的な指標を表しており，指数関数的増大や減少の度合いを示している（残念ながら $f'(x^*) = 0$ のときには $O(\xi^2)$ は無視できず，安定性を決定するには非線形の解析を必要とする）．

さて (3.1.1) において $f(x) = rx\left(1 - \dfrac{x}{k}\right)$ であるので $f'(0) = r, f'(k) = -r$ となり，平衡点 $x = 0, k$ はそれぞれ不安定，安定と決定できる．r の大きさにより増加・減少の度合いは異なる．

平衡点 k が定義 A.1.21 に照らし合わせ安定であることを証明するにはつぎのようないい方になる．すなわち，任意の $\varepsilon > 0$ に対し，$\delta \in (0, \min(\varepsilon, 1))$ と選び，初期値を $x(t_0) \in (k - \delta, k + \delta)$ とすると $|x(t_0) - k| < \delta$ となる．これを満たす解 $x(t)$ ($t \geq t_0$) は $k - \delta \leq x \leq k + \delta$ で単調に k に近づくので $|x(t) - k| < \delta$ となり，結局 $|x(t) - k| < \varepsilon$ を得る．

3.1.3 数値計算

数値計算によりロジスティック方程式を解いて上で述べたことを確認しよう．図 3.1.3 は成長率，環境収容力をそれぞれ $r = 0.5, k = 20$ とし，初期値を $x(0) = 5, 15, 25, 28$ としたときの解の時系列を表している．初期値が $x(0) = 5 < \dfrac{k}{2} = 10$ のときには解の時系列曲線は $x = \dfrac{k}{2} = 10$ となる時刻で変曲点をもち綺麗な S 字カーブを描く．この曲線のもつ美しさがロジスティックという名前の由来である．

注意 3.1.3 ロジスティック方程式は解析解を求めることができる．これは演

---

[6] (3.1.4) は $\dot{\xi} = \xi f'(x^*) + \xi^2 f''(\theta)/2$ のことである．ただし，θ は x と x^* との間の適当な実数である．ξ を微小な摂動とすれば ξ^2 はさらに微小になり無視できるが，$f''(\theta)$ は無視できるかどうかわからない．このように線形化方程式での安定性判別はそう簡単な話ではなく補遺で示すように証明が必要である．

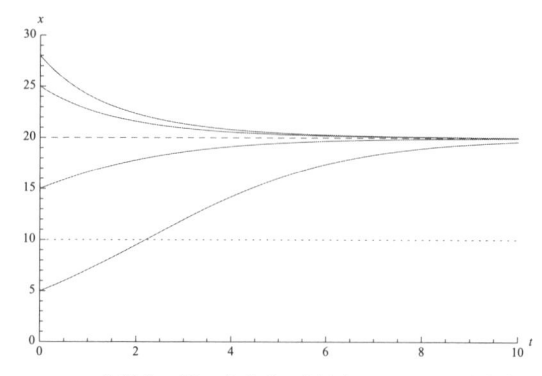

図 3.1.3 ロジスティック方程式の解の時系列：成長率 $r = 0.5$，環境収容力 $k = 20$，初期値 $x(0) = 5, 15, 25, 28$．破線は環境収容力を表し，また，点線上で変曲点をとる．変曲点より大きな初期値に対しては S 字カーブとはならない．

習問題にして読者に委ねよう（問題 3.1.2）．

3.1.4 ロジスティック方程式の具体例

実験室では，単純な生物から複雑な生命サイクルをなす生物まで増殖実験が行われ，個体群の成長記録がとられている．たとえば，単純な生物ではゾウリムシ[7][38]，また，卵・幼虫・さなぎ・成虫と複雑な生命サイクルをなす例ではショウジョウバエ[8][85] などがある．後者では餌としてイースト菌を与えみごとな S 字カーブをなすロジスティック曲線を得ている．

さらに，自然界のフィールドでもアルプスアイベックス[9][92] やアメリカシロヅル[10][53]，また，鵜[11][87] などの学術調査記録がある．しかし，自然界の個体群数モデルはロジスティックモデルだけでは表しきれず，そのため，種々の改良モデル（たとえば，問題 3.1.4, 3.1.5）が研究されている．

---

[7] 学名：*Paramecium aurelia, Paramecium caudatum*.
[8] 学名：*Drosophila melanogaster*.
[9] 学名：*Capra ibex*．ヤギの一種で 19 世紀始めには絶滅寸前であった．スイス国立公園で 1919 年から 1990 年までその増殖を記録したデータがある．
[10] 学名：*Grus americana*．1941 年にはほとんど絶滅寸前であった．
[11] 学名：*Phalacrocorax auritus*．オーストラリア南東の湖グレートレークにおける 1978 年から 2003 年までの個体数記録．

演習問題

問題 3.1.1 (3.1.1) の解は初期値を $x(0) > 0$ とすると $x(t) > 0$ $(t > 0)$ となることを証明せよ.

問題 3.1.2 (3.1.1) の解析解を求め，数値計算で得られた結果の図 3.1.3 と比較せよ. もし $-\infty < x < \infty$ とすれば，初期値 x_0 が負の場合 $(x_0 < 0)$ は $t = \dfrac{1}{r} \log \dfrac{k^{-1}x_0 - 1}{k^{-1}x_0}$ で解は爆発[12]することを示せ.

問題 3.1.3 ロジスティック方程式を線形化せずに $-\infty < x < \infty$ として安定性解析を行え（ヒント：$x^* = k$ では $\xi(0) = \xi_0$ として $\xi(t) = \dfrac{1}{(k^{-1} + \xi_0^{-1})e^{rt} - k^{-1}}$ となる. $\xi_0 < -k, -k < \xi_0 < 0, 0 < \xi_0$ と場合分けし ξ の挙動をみよ. また $x^* = 0$ では $\xi(t) = \dfrac{\xi_0}{(1 - k^{-1}\xi_0)e^{-rt} + k^{-1}\xi_0}$ となる. $\xi_0 < 0, 0 < \xi_0 < k, k < \xi_0$ と場合分けし ξ の挙動をみよ）.

問題 3.1.4 ロジスティックモデルの改良として

$$\dot{x} = rx\left\{1 - \left(\frac{x}{k}\right)^\theta\right\} \tag{3.1.6}$$

が提案されている．これはテータロジスティックモデル (θ logistic model) といわれるものである．$\theta = 1$ のときがロジスティックモデルである．$\theta = 0.4, 2$ としてベクトル場を描き，それぞれの θ に対する解の性質を (3.1.1) と比較して考察せよ.

問題 3.1.5 成長率は 1 個体当たりの出生率から死亡率を引いたものである．いま，1 個体当たりの出生率を $\dfrac{b_1 x}{b_2 + x}$ と仮定する．$b_1, b_2 > 0$ である．この仮定は個体数がごく小さいときは個体数に比例し，個体数が大きくなるにつれて一定値 (b_1) に飽和するというものである．さらに，死亡率は個体数に比例して増加するとすると $d_1 + d_2 x$ と書くことができる．ここで，$d_1, d_2 > 0$ である．したがって，成長率は $\dfrac{b_1 x}{b_2 + x} - (d_1 + d_2 x)$ となり，ロジスティックモデルに変わり

$$\dot{x} = \left(\frac{b_1 x}{b_2 + x} - (d_1 + d_2 x)\right)x \tag{3.1.7}$$

---

[12] $t \geq \dfrac{1}{r} \log \dfrac{k^{-1}x_0 - 1}{k^{-1}x_0}$ では解は定義できない．このように有限時間内で解が発散することを解の爆発という．

という方程式が得られる[13]．(3.1.7) のベクトル場を描き，解の性質を (3.1.1) と比較して考察せよ．また，時間発展をシミュレーションせよ．

3.2 蛾の幼虫の異常発生モデル

バクテリアや酵母菌などの比較的単純な組織体について実験室レベルでロジスティック方程式の正当性が確認されている [57][14]が，一方，卵・幼虫・さなぎ・成虫と変化する複雑な個体群ではロジスティック方程式では解釈されない問題も多々発見されている．この節ではカナダ東部で異常発生するハマキガ科の幼虫の発生メカニズムを扱う [63][91]．ハマキガ科の幼虫はカナダ・バルサム（針葉樹，モミの木に似ている）の芽や花，葉をも食べつくし 30–40 年ごとに異常発生し，約 4 年間で森林全体を落葉させる威力がある．

さて，この問題に対して提案されたモデルはつぎのようになる．x を蛾の幼虫の個体群総数とし，パラメータを無次元化し，

$$\dot{x} = f(x), \quad f(x) = rx\left(1 - \frac{x}{k}\right) - \frac{x^2}{1+x^2} \tag{3.2.1}$$

と表すことができる．ここで，r, k は無次元化した成長率と環境収容力である．

3.2.1 平衡点とその性質

(3.2.1) の平衡点を導出しその性質を調べよう．平衡点は $f(x) = 0$ となる x

---

[13] (3.1.7) を $\dot{x} = \frac{x}{b_2+x}f(x)$ と変形すると $f(x)$ は 2 次式となり，この $f(x)$ が 2 実根 x_0, x_1 $(x_0 < x_1)$ をもてば平衡点は安定な $x = 0, x_1$ および不安定な $x = x_0$ となる．したがって，$x > x_0$ のとき安定な平衡点 $x = x_1$ に向かい，逆に，$x < x_0$ のときには $x = 0$ へと向かう．すなわち，後者の場合，種 x は絶滅となる．このように個体群総数の大小により成長率が正になったり負になったりする機構を Allee（アリー）効果 (Allee effect) という [18]．Allee 効果は生存における個体群総数（または密度）のうち正の効果がよく考えられてきたが，近年では小規模個体群や希少種の保全の意味から負の効果の研究に重点がおかれている．Allee 効果の例としてはニュージーランド海岸域に生息するミズナギドリ（学名：*Puffinus*，海鳥の一種）がよい例 [31] である．

[14] Elton（エルトン）的手法（人口と群ダイナミクスの考え方を生態学に取り入れた）に基づいた生態学の代表的書物であり，巻末には千を超える文献の紹介もある．Charles Elton (1900–1991) は動物生態学の創始者であり，「食物連鎖」を最初に生態学へ応用した．

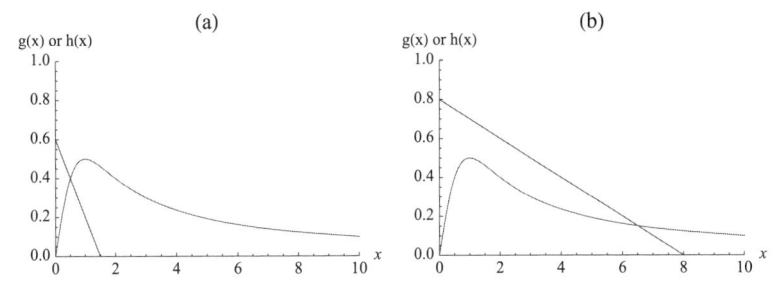

図 3.2.1 直線 g と曲線 h の交点の関係：交点が 1 個の場合，(a) は k が十分小さいときであり，(b) は r, k とも十分大きいときである．

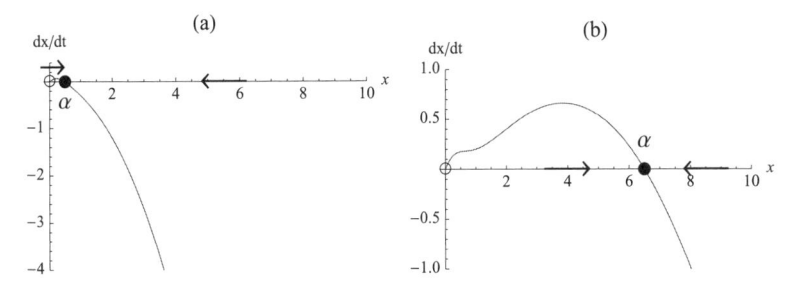

図 3.2.2 図 3.2.1 のベクトル場：(a), (b) は図 3.2.1 の (a), (b) に対応している．平衡点 α はともに安定である．

である．f をつぎのように書こう．

$$f(x) = x(g(x) - h(x)),$$
$$g(x) = r\left(1 - \frac{x}{k}\right), \quad h(x) = \frac{x}{1 + x^2} \quad (3.2.2)$$

とすると，直線 g と曲線 h の交点と $x = 0$ が平衡点となる．直線 g と曲線 h の交点の関係を図 3.2.1, 3.2.3, 3.2.5 に示す．図 3.2.1 は交点が 1 個の場合であり，そのベクトル場が図 3.2.2 となる．同様に図 3.2.3 は交点が 2 個の場合であり，そのベクトル場が図 3.2.4 となる．交点が 3 個の場合は図 3.2.5 である．各々のベクトル場に平衡点と速度ベクトルを矢印で表してある．不安定平衡点が○，安定平衡点が●である．

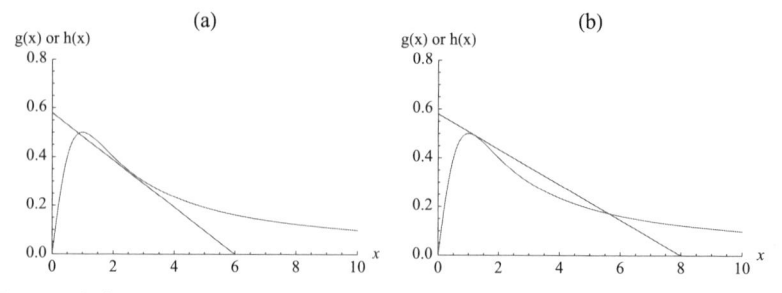

図 **3.2.3** 直線 g と曲線 h の交点の関係：交点が 2 個の場合，(a) は重根が単根の右側，(b) は重根が単根の左側にある．

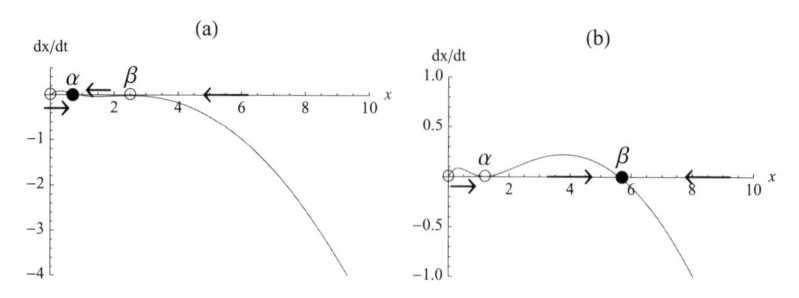

図 **3.2.4** 図 3.2.3 のベクトル場：(a), (b) は図 3.2.3 の (a), (b) に対応している．(a) では平衡点 α, β はそれぞれ安定，不安定であり，(b) では平衡点 α, β はそれぞれ不安定，安定である．

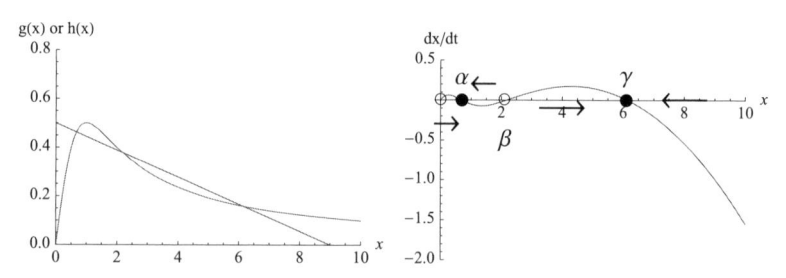

図 **3.2.5** 交点が 3 個の場合の直線 g と曲線 h の関係（左）とベクトル場（右）：平衡点 α, β, γ はそれぞれ安定，不安定，安定である．

3.2.2 サドル・ノード分岐

さて，交点が 1 個から 2 個に増えると，安定な平衡点に加えて不安定平衡点（多次元系からの類推で，この場合の不安定平衡点を鞍点という）が付加

表 3.2.1 平衡点の数とその性質．N/A は not applicable の略で「該当せず」の意味．

g と h の交点の数	図番号	平衡点 α	平衡点 β	平衡点 γ
1 個	図 3.2.2	安定（僅少 or 異常発生）	N/A	N/A
2 個	図 3.2.4(a)	安定（僅少発生）	不安定（鞍点）	N/A
2 個	図 3.2.4(b)	不安定（鞍点）	安定（異常発生）	N/A
3 個	図 3.2.5	安定（僅少発生）	不安定	安定（異常発生）

されることになる（図 3.2.4）．さらに交点が 2 個から 3 個に増えると，不安定平衡点の鞍点が安定平衡点と不安定平衡点に分岐する（図 3.2.5 右図）．この分岐を**サドル・ノード** (saddle-node) **分岐**[15]という．

生態学的には初期値により異常発生か僅少発生かが決定される．図 3.2.2 では (a), (b) とも $x(0) \neq 0$ のすべての初期値で $x(\infty) = \alpha$ となり，(a) は僅少発生，(b) は異常発生を示している．また，図 3.2.4(a) では $x(0) \neq 0, \beta$ のすべての初期値で $x(\infty) = \alpha$ となり僅少発生，同 (b) では $x(0) \neq 0, \alpha$ のすべての初期値で $x(\infty) = \beta$ となり異常発生が起きる．さらに，サドル・ノード分岐を起こした後の図 3.2.5 では $0 < x(0) < \beta$ の初期値では $x(\infty) = \alpha$ となり僅少発生，$x(0) > \beta$ では $x(\infty) = \gamma$ となり異常発生となる．以上をまとめると表 3.2.1 のようになる．

3.2.3 分岐曲線

分岐曲線（**分岐図**）とは 1 次元の場合，解の安定・不安定を対象とする方程式のパラメータとの関係で図示したものである．(3.2.1) ではパラメータが 2 個あるので k–r 空間上で解の安定・不安定を含めた様子を示すことにする．

方程式 (3.2.1) の分岐曲線を図 3.2.6 に示す．この分岐曲線は (3.2.2) の $g(x)$ と $h(x)$ が接する条件より求めることができる．すなわち，$g(x) = h(x)$ であり，かつ，$\dfrac{dg(x)}{dx} = \dfrac{dh(x)}{dx}$ を満たすとき分岐が発生する．この条件を求めると

---

15) サドル・ノード分岐は折返し (fold) 分岐とか転換点 (turning-point) 分岐とか呼ばれることもある．青空 (blue sky) 分岐という研究者 [17] もいる．

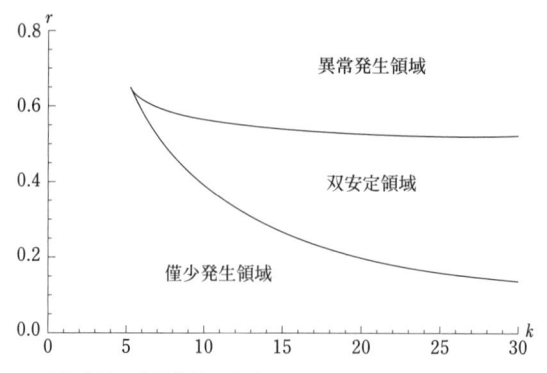

図 3.2.6 (3.2.1) の分岐曲線：分岐曲線で挟まれた領域は双安定であり，安定平衡点の α かまたは γ に収束する．上側の分岐曲線より上は蛾の幼虫が異常発生（安定点は γ）する領域であり，下側の分岐曲線より下は僅少発生（安定点は α）の領域である．双安定の領域では初期値 $x(0)$ が $x(0) < \beta$ のとき僅少発生となり，$x(0) > \beta$ のとき異常発生を引き起こす．

$$r = \frac{2x^3}{(1+x^2)^2}, \quad k = \frac{2x^3}{x^2-1} \tag{3.2.3}$$

と求まる．r, k をそれぞれ x の関数として描画したものが図 3.2.6 である．分岐曲線で挟まれた領域は双安定であり，安定平衡点の α（僅少発生）または γ（異常発生）に収束する．上側の分岐曲線より上は蛾の幼虫が異常発生（安定点は γ）する領域であり，下側の分岐曲線より下は僅少発生（安定点は α）の領域である．双安定の領域では初期値 $x(0)$ が $x(0) < \beta$ のとき僅少発生となり，$x(0) > \beta$ のとき異常発生を引き起こす．とくに，この分岐曲線では特異点である**尖点**（cusp）[16]が現れているのが特徴である．

最後に，分岐曲線の平面上に収束値である $x(\infty)$ を 3 次元で描画し，異なった視点からみたものを図 3.2.7，図 3.2.8 に示す．双安定領域では β という不安定平衡点が存在するため，α（僅少発生）または γ（異常発生）のどちらかになるカタストロフィー的挙動が発生する．分岐曲線で挟まれた領域上でカタストロフィー的な変化の様子をみることができるであろう[17]．

---

[16] 異常発生と僅少発生の分岐曲線の接線が一致する点．一般には，曲線の特異点をいい，その点の両側からの接線の極限が一致するような点をいう．

[17] 生態学者の観察によれば [63]，若い森林では $r < \frac{1}{2}$ であり k-r 空間で双安定な領域にある．しかし，成熟した森林では r は 1 に近くなり，したがって，このような森林では蛾の幼虫の異常発生はいつ起きてもおかしくないと推測されている．

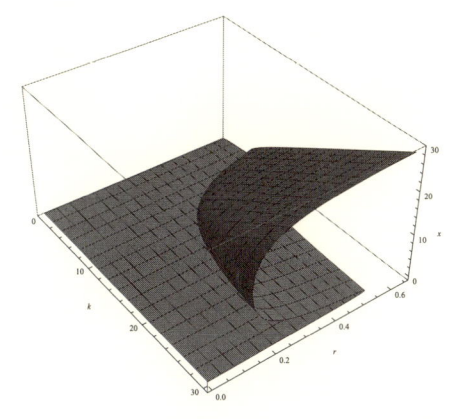

図 3.2.7　分岐曲線の平面上に収束値である $x(\infty)$ を 3 次元で描画：視点その 1.

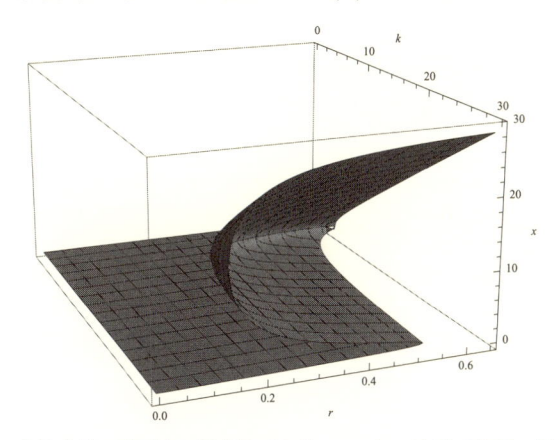

図 3.2.8　分岐曲線の平面上に収束値である $x(\infty)$ を 3 次元で描画：視点その 2.

3.2.4　シミュレーション

この節の最後に分岐後の解の時系列をシミュレーションしよう．図 3.2.9 は $r = 0.5, k = 9.0$ に設定したときのいろいろな初期値に対する解の時系列を示している．

3.2　蛾の幼虫の異常発生モデル

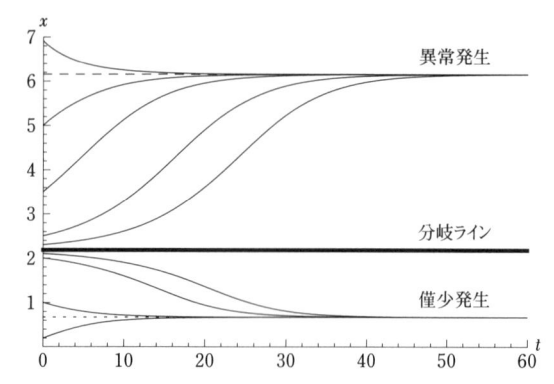

図 3.2.9　分岐後の解の時系列シミュレーション：$r = 0.5, k = 9.0$ としたとき．分岐ラインの上側の初期値では異常発生（破線）になり，下側の初期値では僅少発生（点線）となる．

演習問題

問題 3.2.1　図 3.2.6 において尖点の位置を求めよ．

問題 3.2.2　r, k の適当なパラメータをみつけ，分岐前の解の時系列をシミュレーションせよ．

問題 3.2.3　つぎの微分方程式でサドル・ノード分岐が発生するパラメータ r の値を求め，平衡点 x^* に対する r の分岐曲線を描け．また，分岐後のパラメータ r の値を適当に決め，解の時系列をシミュレーションせよ．
(1) $\dot{x} = 1 + rx + x^2$
(2) $\dot{x} = r - \cosh x$

問題 3.2.4　(3.2.2) において，

$$h(x) = \frac{\sin^2 x}{1 + x^2}$$

とする．本節で行った手法にならい分岐現象を調べ，異常発生，僅少発生の様子を考察せよ．

問題 3.2.5　もっとも簡単な漁業モデルは魚の個体数を N として

$$\dot{N} = rN\left(1 - \frac{N}{k}\right) - H$$

で表すことができる．右辺第 1 項はロジスティックモデルであり，H は漁獲量を表し正定数とする．$x = \dfrac{N}{k}, \tau = rt$ と変数変換し，さらに $h = \dfrac{H}{kr}$ とおくと

$$x' = x(1-x) - h$$

という無次元化した方程式を得る．ただし，$'$ は τ に関する微分を表す．
(1) h を変化させ無次元化方程式のベクトル場を描け．
(2) 分岐が起きる h_c の値を求め，分岐の種類を答えよ．
(3) $h < h_c$ および $h > h_c$ のとき，十分時間が経過した後の魚の個体数について考察せよ．また，この現象の生態学的な説明を与えよ．

3.3 Lotka-Volterra の 2 種間競合モデル

3.3.1 平衡点

本節と次節では歴史上もっとも著名なものの 1 つである Lotka-Volterra（ロトカ‐ボルテラ）のモデルを扱う．

複数の種が限られた食糧を競争して獲得するモデルを考えよう．あるいは，別の言い方をすれば異なる種間で互いの成長を抑制するようなモデルである．たとえば，競争は食糧に直結する領土（縄張り）の拡大であり，その敗北は縄張りを失い，食糧が調達できず種の保存が困難となり，結果的に絶滅することになる．異なる 2 種が限定された資源を奪いあうと自然界では，片方の種は絶滅することがよく観察される．

本節では，**2 種間競合モデル** [62] を解説しよう．生物種 2 種（たとえば，ウサギとキツネ）の総数をそれぞれ $x(t), y(t)$ と表す．ともに変数 t の時間関数であり，$x(t): \mathbb{R}^+ \to \mathbb{R}^+, y(t): \mathbb{R}^+ \to \mathbb{R}^+$ である．この節では断りのない限り関数の定義域と値域はこのように定める．

さて，Lotka-Volterra の 2 種間競合モデルはつぎのように定式化される [93]．

$$\begin{cases} \dot{x} = (\varepsilon_1 - \lambda_1 x - \mu_{12} y)x, \\ \dot{y} = (\varepsilon_2 - \lambda_2 y - \mu_{21} x)y. \end{cases} \quad (3.3.1)$$

ここで，$\cdot = \dfrac{d}{dt}$ であり，ε_i は i 種の自然増加率，λ_i は i 種の種内競争係数，μ_{ij} は競争相手 j 種による i 種の増加率の低下を表す種間競争係数である ($i, j = 1, 2$). これらのパラメータはすべて正の定数とする．(3.3.1) を $\xi = \dfrac{\lambda_1}{\varepsilon_1} x, \eta = \dfrac{\lambda_2}{\varepsilon_2} y$ とスケール変換し，$a = \varepsilon_1, b = \dfrac{\varepsilon_2}{\lambda_2}\mu_{12}, c = \varepsilon_2, d = \dfrac{\varepsilon_1}{\lambda_1}\mu_{21}$ とおき，ξ, η を改めて x, y に書き直すと次式を得る．

$$\begin{cases} \dot{x} = ax(1-x) - bxy, \\ \dot{y} = cy(1-y) - dxy. \end{cases} \quad (3.3.2)$$

ここで，$a, b, c, d (>0)$ は定数とする．(3.3.2) では環境収容力を 1 としたロジスティックモデルが組み込まれていると解釈できる．

注意 3.3.1 (3.3.1) で $\varepsilon_i, \lambda_i, \mu_{ij} > 0$ としたが，(3.3.2) を考える上では $\varepsilon_i > 0, \lambda_i \mu_{*i} > 0$ であればよい．

注意 3.3.2 (3.3.2) は $v = \begin{pmatrix} x \\ y \end{pmatrix}$ とし

$$\dot{v} = f(v), f = \begin{pmatrix} f_1 \\ f_2 \end{pmatrix}, f_1 = ax(1-x) - bxy, f_2 = cy(1-y) - dxy \quad (3.3.3)$$

と書くことができる．一般的な力学系の理論では $v \in \mathbb{R}^n$ で扱うが，この節では 2 次元方程式系を扱うので $n = 2$ と思えばよい．

定義 3.3.3 $\dot{v} = f(v)$ の平衡点を $\bar{v}$ とする．すなわち，$f(\bar{v}) = 0$．平衡点に関する Jacobi 行列 $Df(\bar{v})$ の固有値実部がどれも 0 をもたないとき，平衡点 $\bar{v}$ を**双曲型** (hyperbolic) であるという．

注意 3.3.4 Jacobi 行列 $Df(\bar{v})$ は $\dot{v} = f(v)$ の線形部分であるが，$\bar{v}$ が双曲型であるときは $\bar{v}$ の安定性を完全に決定する．すなわち，線形で安定なら元の

非線形でも安定である．線形で不安定なら非線形でも不安定である．しかし，平衡点が線形で渦心点になるときには非線形系の安定性は Jacobi 行列の固有値だけではわからない．

注意 3.3.5 平衡点が双曲型ならば，その相図は**構造安定** (structurally stable) である．構造安定とは直感的には，その位相がベクトル場への任意の微小摂動で変化しないことをいう．

定理 3.3.6 $\bar{v}$ を $\dot{v} = f(v)$ の平衡点とするとき，Jacobi 行列 $Df(\bar{v})$ の固有値の実部が $n = 2$ として 2 つとも負であれば，$\bar{v}$ は漸近安定である．少なくとも 1 つの固有値実部が正であれば $\bar{v}$ は不安定である．

まず (3.3.2) の平衡点を求めよう．平衡点の特性によりつぎの 2 つに場合分けしておこう．

(1) $bd - ac \neq 0$,

(2) $bd - ac = 0$.

(1) $bd - ac \neq 0$ のとき

簡単な計算により平衡点はつぎの 4 個であることがわかる．

$$\text{(i) } (0,0), \quad \text{(ii) } (0,1), \quad \text{(iii) } (1,0), \quad \text{(iv) } \left(\frac{(b-a)c}{bd-ac}, \frac{a(d-c)}{bd-ac} \right)$$

これらの平衡点における Jacobi 行列の固有値 λ を求めると (i) から (iii) については簡単につぎのように求めることができる．

$$\text{(i) } \lambda = a, c, \quad \text{(ii) } \lambda = -c, a - b, \quad \text{(iii) } \lambda = -a, c - d$$

(iv) の平衡点については各成分が正という条件から

(a) $bd - ac > 0$ かつ $b > a$ かつ $d > c$,

(b) $bd - ac < 0$ かつ $b < a$ かつ $d < c$

の 2 組に場合分けができ，これらよりつぎのことがわかる．

- 平衡点 (i) (0,0) は湧点である．

- 平衡点 (ii) (0,1) と (iii) (1,0) は (a) のとき沈点であり，(b) のとき鞍点である．

表 3.3.1 $bd - ac \neq 0$ のときの平衡点の性質.

平衡点	(a) $bd - ac > 0$	(b) $bd - ac < 0$
(0,0)	湧点	湧点
(0,1)	沈点	鞍点
(1,0)	沈点	鞍点
$\left(\frac{(b-a)c}{bd-ac}, \frac{a(d-c)}{bd-ac}\right)$	鞍点	沈点

さて,平衡点 (iv) の特性は Jacobi 行列の行列式 Det とトレース Tr にて見極めよう.以下 (iv) の平衡点 $\bar{v}$ を (iv) で略記する.

$$\mathrm{Det}(Df(\mathrm{iv})) = \frac{-ac(a-b)(c-d)}{bd-ac},$$
$$\mathrm{Tr}(Df(\mathrm{iv})) = \frac{ac(a-b+c-d)}{bd-ac}$$

となるので,

$$\mathrm{Det}(Df(\mathrm{iv})) \begin{cases} < 0, & \text{(a) の場合} \\ > 0, & \text{(b) の場合} \end{cases}$$
$$\mathrm{Tr}(Df(\mathrm{iv})) < 0, \qquad \text{(a),(b) ともに}$$

したがって,平衡点 (iv) の固有値 $\lambda^{(\mathrm{iv})}$ は

$$\lambda^{(\mathrm{iv})} \begin{cases} \lambda_1^{(\mathrm{iv})} > 0, \lambda_2^{(\mathrm{iv})} < 0, & \text{(a) の場合} \\ \lambda_1^{(\mathrm{iv})} < 0, \lambda_2^{(\mathrm{iv})} < 0, & \text{(b) の場合} \end{cases} \tag{3.3.4}$$

となる.よって,(a) の場合は平衡点 $\left(\frac{(b-a)c}{bd-ac}, \frac{a(d-c)}{bd-ac}\right)$ は鞍点となり,また,(b) の場合は沈点となる.以上まとめると表 3.3.1 となる.

(2) $bd - ac = 0$ のとき

(3.3.2) において $bd - ac = 0$ とすると,平衡点は

(i) (0,0), (ii) (0,1), (iii) (1,0)

の 3 個しか存在せず,それらの平衡点の性質は表 3.3.2 のようになる.

表 3.3.2 $bd - ac = 0$ のときの平衡点の性質. ♠: 2 本のヌルクラインが重なり, このライン全体が平衡点となる.

平衡点	(a) $a < b$ かつ $c > d$	(b) $a > b$ かつ $c < d$	$a = b$ かつ $c = d$
(0,0)	湧点	湧点	湧点
(0,1)	沈点	鞍点	♠
(1,0)	鞍点	沈点	♠

3.3.2 ヌルクラインによる解析

方程式 (3.3.2) において $\dot{x}$-ヌルクラインは第 1 式右辺=0 より $x = 0$ と $y = \dfrac{a}{b}(1 - x)$ と求まり, 同様に $\dot{y}$-ヌルクラインは第 2 式右辺=0 より $y = 0$ と $y = 1 - \dfrac{d}{c}x$ と求まる. ここで, ヌルクラインと安定多様体により形成される領域を描画しておこう. パラメータを

$$a = 1, \quad b = 2, \quad c = 1, \quad d = 3$$

としたときの領域を図 3.3.1 に示す. 以下の数値計算はこのパラメータ値で行う. ヌルクラインと安定多様体 (問題 3.3.8) とで分けられた領域を図 3.3.1 のように I から VI と 6 つに区分分けしておく.

ここで捕捉領域について説明しよう. そのためにはまず**流れ** (flow) を定義

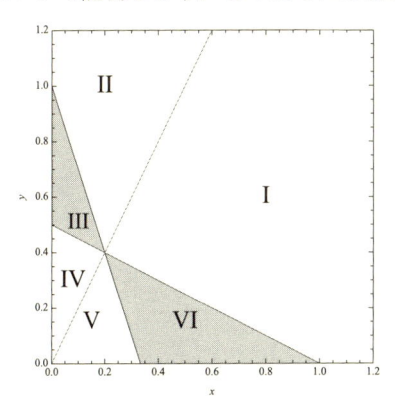

図 3.3.1 (3.3.2) において $a = 1, b = 2, c = 1, d = 3$ としたときのヌルクラインと安定多様体により形成される領域の分割: 領域 III と領域 VI が捕捉領域であり, これらを囲む線と x 軸および y 軸がヌルクラインである. 安定多様体は領域 II, III, IV と領域 I, V, VI を分割している.

しておかねばならない．いま，$\mathbb{R}^2$ 上のつぎの方程式の初期値問題を考える．

$$\dot{v} = f(v), \quad v(0) = v_0. \tag{3.3.5}$$

このとき解の一意性が成り立ち，任意の v_0 に対して大域解 $v(t)(-\infty < t < +\infty)$ が存在すると仮定する．初期値 v_0 に時刻 t における値 $v(t)$ を対応させる写像を φ_t とする．すなわち，

$$\varphi_t : v_0 \mapsto v(t) \tag{3.3.6}$$

とすると，解の一意性よりつぎの性質が成り立つ．

(a) $\varphi_0 = I$ （I：恒等写像）．
(b) 任意の $s, t \in \mathbb{R}$ に対して，$\varphi_t \varphi_s = \varphi_{t+s}$．
(c) (a), (b) より φ_t は逆写像をもち，$\varphi_t^{-1} = \varphi_{-t}$．
(d) φ_t は連続な写像である．

定義 3.3.7（流れ）　時間変数 t をパラメータとする写像の族 $\{\varphi_t | t \in \mathbb{R}\}$ が (a)–(d) を満たすとき $\{\varphi_t | t \in \mathbb{R}\}$ を**流れ**という．また，$\{\varphi_t v | v \in \mathbb{R}^2\}$ を点 v の**軌道**という．

定義 3.3.8（吸引領域）　$\bar{v}$ を $\dot{v} = f(v)$ の漸近安定な平衡点とする．このとき $\bar{v}$ の**吸引領域** (basin of attraction) $B(\bar{v})$ とは

$$\lim_{t \to \infty} \varphi_t(v_0) = \bar{v}$$

であるような初期値 v_0 の集合のことである．すなわち，

$$B(\bar{v}) = \{v_0 | v_0 \in \mathbb{R}^2, \lim_{t \to \infty} \varphi_t(v_0) = \bar{v}\}. \tag{3.3.7}$$

定義 3.3.9（前方不変集合）　集合 $U \in \mathbb{R}^2$ とする．$\dot{v} = f(v)$ において各 $v_0 \in U$ に対して前方軌道 (forward orbit) $\{\varphi_t(v_0) : t \geq 0\}$ が U に含まれるとき，集合 U を $\dot{v} = f(v)$ に対する**前方不変集合** (forward invariant set) という．

定義 3.3.10（捕捉領域）　有界な前方不変集合を**捕捉領域** (trapping region) と呼ぶ．

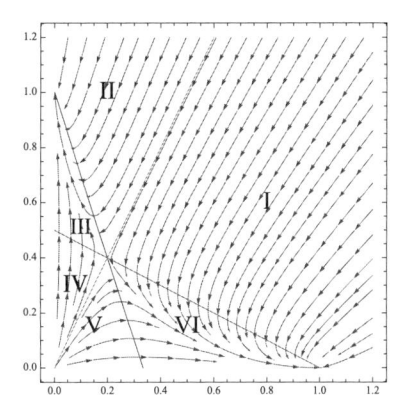

図 3.3.2 (3.3.2) において $a=1, b=2, c=1, d=3$ としたときの流れ：この図だけで解のおおよその挙動は把握できる．

注意 3.3.11 捕捉領域は吸引領域よりも少し弱い意味での閉じ込めであり，$\mathbb{R}^2$ 内の集合で解がいったんそこに入れば正の時間発展に対して2度とそこから出ることができない領域のことである．

たとえば，領域 III（境界含まず）は捕捉領域となる．これはつぎのようにして容易に証明できる．この領域では $\dot{x}<0, \dot{y}>0$ である．いま，時刻 $t=t_0$ で領域 III 内の任意の点を v_0 とする．領域 III から領域 II へ抜け出すためにはある時刻 $t^*>t_0$ で $\dot{y}$-ヌルクラインを通過しなければならない．したがって，$\dot{y}(t^*)=0$ であるので，(3.3.2) より $\ddot{y}(t^*)=-d\dot{x}y>0$ を得る．よって，$y(t)$ は $t=t^*$ で最小値をとることになる．しかるに領域 III では y はつねに増加するのでこれは矛盾である．よって，領域 III から領域 II へ抜け出すことはない．領域 III から領域 IV へも抜け出せないことは，$\dot{x}$-ヌルクラインを通過しなければならないことを使い同様に証明することができる．以上より，領域 III は前方不変集合である．また，この領域は有界であるから捕捉領域となる．

流れを図示すると図 3.3.2 となる．このようにこの場合はこの相平面の構成だけで解のおおよその挙動は把握できてしまうが，次項にて詳細に調べよう．

3.3.3　解軌跡の計算——その 1（$bd-ac>0$ の場合）

パラメータ $a=1, b=2, c=1, d=3$ はこの場合に相当する．

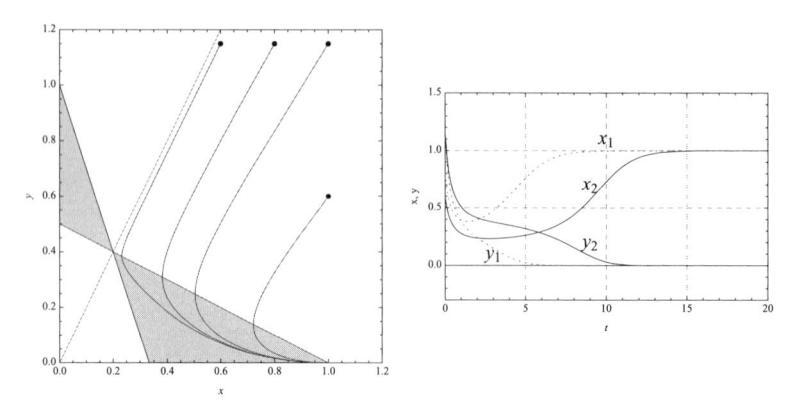

図 **3.3.3**　初期条件を領域 I にとったときの解軌跡（左）：初期値が領域 I にあるときには捕捉領域 VI を通り沈点 (1,0) に収束する．初期位置を・で示してある．右図は 2 カ所の初期値に対する時系列を示す．

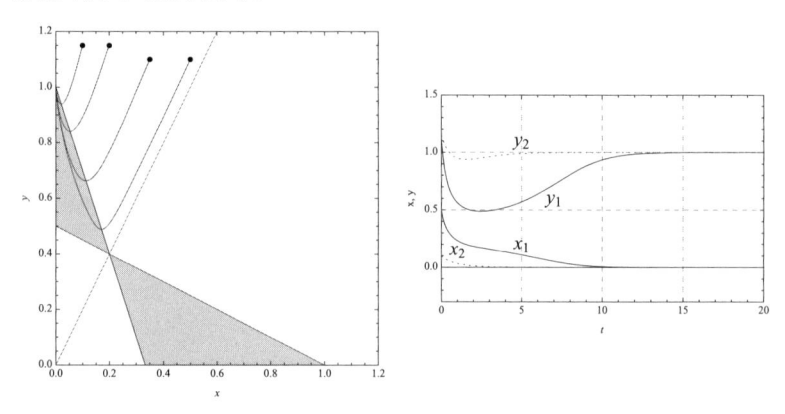

図 **3.3.4**　初期条件を領域 II にとったときの解軌跡（左）：初期値が領域 II にあるときには捕捉領域 III を通り沈点 (0,1) に収束する．初期位置を・で示してある．右図は 2 カ所の初期値に対する時系列を示す．

(1) 初期値が領域 I にあるときの解軌跡

まず初期値が領域 I のときから始めよう．図 3.3.3 に結果を示す．初期値が領域 I にあるときにはすべての解は領域 VI に捕捉されその後平衡点 (1,0)（ここが沈点となる）に収束することがわかる．すなわち，種 y は絶滅する．

(2) 初期値が領域 II にあるときの解軌跡

つぎに初期値が領域 II にあるときを実行しよう．図 3.3.4 に結果を示す．初

期値が領域 II にあるときにはすべての解は領域 III に捕捉されその後平衡点 $(0, 1)$（ここが沈点となる）に収束することがわかる．すなわち，この場合は種 x が絶滅する．

3.3.4　解軌跡の計算——その 2（$bd - ac < 0$ の場合）

パラメータを $a = 2, b = 1, c = 3, d = 1$ とする．図 3.3.5 に流れ図と解軌跡を示す．軸を含まない第 1 象限全体が平衡点 $\left(\dfrac{3}{5}, \dfrac{4}{5}\right)$ の吸引領域となる．この場合種 x，種 y の共存状態が成立する．

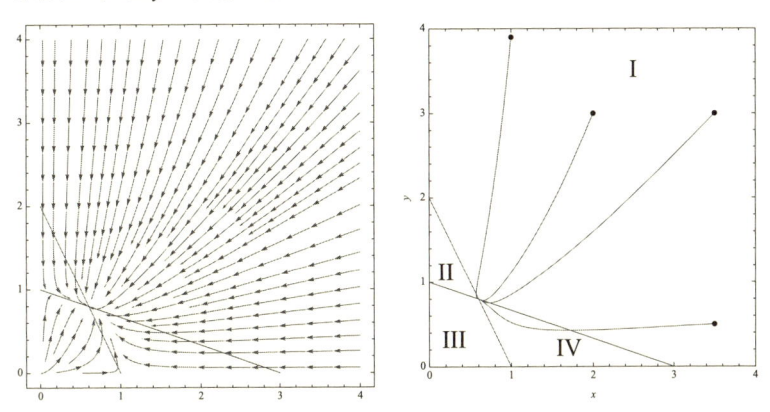

図 3.3.5　(3.3.2) において $a = 2, b = 1, c = 3, d = 1$ としたときの流れ図（左）と初期値が領域 I にあるときの解軌跡（右）．

3.3.5　解軌跡の計算——その 3（$bd - ac = 0, a < b, c > d$ の場合）

パラメータを $a = 1$, $b = 2$, $c = 2$, $d = 1$ とする．図 3.3.6 にヌルクラ イン，安定多様体および捕捉領域を示す．平衡点 $(0, 1)$ は沈点，平衡点 $(1, 0)$ は鞍点となる．図 3.3.7 に流れ図と解軌跡を示す．

実は，方程式 (3.3.2) は周期解をもたないことが Dulac（デュラック）評価（§3.5.4, 定理 3.5.15）を使うことにより容易にわかる．(3.3.2) を再度書くと

$$\begin{cases} \dot{x} = f(x, y), \\ \dot{y} = g(x, y). \end{cases}$$

3.3　Lotka-Volterra の 2 種間競合モデル

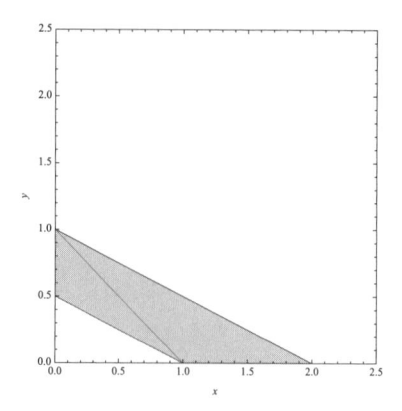

図 **3.3.6** (3.3.2) において $a=1, b=2, c=2, d=1$ としたときのヌルクライン（$(1.0, 0.0)$ と $(0.0, 0.5)$, $(2.0, 0.0)$ と $(0.0, 1.0)$ をそれぞれ結んだ直線），安定多様体（$(1.0, 0.0)$ と $(0.0, 1.0)$ を結んだ直線）および捕捉領域（網かけしたところ）．

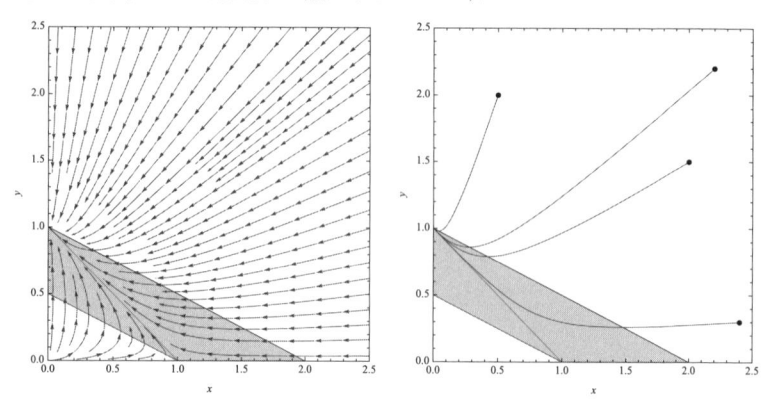

図 **3.3.7** (3.3.2) において $a=1, b=2, c=2, d=1$ としたときの流れ図（左）とその解軌跡（右）．

ここに，

$$f(x, y) = ax(1-x) - bxy, \quad g(x, y) = cy(1-y) - dxy$$

であり，$a, b, c, d > 0$ で $x, y > 0$ の領域を考えている．Dulac 関数（§3.5.4, 注意 3.5.16）を $B = \dfrac{1}{xy}$ とする．$x, y > 0$ の領域で B は連続微分可能であるから Dulac 関数の条件を満たしている．このとき

$$\mathrm{div}(Bf, Bg) \equiv \frac{\partial (Bf)}{\partial x} + \frac{\partial (Bg)}{\partial y} = -\left(\frac{c}{x} + \frac{a}{y}\right) < 0$$

となり §3.5.4 定理 3.5.15 により周期解は存在しないことがわかる.

3.3.6 他分野への応用

この節の最後に Lotka-Volterra の 2 種間競合モデルが 2 国間の貿易に関する経済統合分析に応用されつつあることを紹介しよう [9]. X 国の貿易量を x, 同様に Y 国のそれを y で表し, (3.3.2) をつぎのように書く.

$$\begin{cases} \dot{x} = \left(b_x - b_x(\frac{1}{k_x}x + \frac{\alpha}{k_x}y)\right)x, \\ \dot{y} = \left(b_y - b_y(\frac{1}{k_y}y + \frac{\beta}{k_y}y)\right)y. \end{cases}$$

$\dot{x}, \dot{y}$ はそれぞれの国の貿易増加率を表すことになる. そのほかの係数の意味は

- α, β: 貿易における平均単価あるいは競争力指数
- b_x, b_y: X 国, Y 国それぞれにおける比較優位, 特化, 技術などを含んだ潜在的増加要因
- k_x, k_y: X 国, Y 国それぞれの貿易総量

である. このような解析からは, たとえば,

1. 両国が貿易に関して共存できるか.
2. 両国の貿易をともに増加させるにはどうしたらいいか.

というような政策立案に貢献できることが期待できる.

演習問題

問題 3.3.1 平衡点 $\left(\frac{(b-a)c}{bd-ac}, \frac{a(d-c)}{bd-ac}\right)$ の Jacobi 行列の固有値 λ は表 3.3.1 で示した場合しかあり得ないことを示せ.

以下の問題 3.3.2–3.3.8 は (3.3.2) において $a = 1$, $b = 2$, $c = 1$, $d = 3$ とする.

問題 3.3.2 (3.3.2) の平衡点を 4 個求め, それらの Jacobi 行列を計算し, それらが湧点, 沈点, 鞍点になることを確かめよ.

問題 3.3.3 図 3.3.1 で定められた各領域が

(i) $\dot{x} > 0 \wedge \dot{y} > 0$, (ii) $\dot{x} > 0 \wedge \dot{y} < 0$, (iii) $\dot{x} < 0 \wedge \dot{y} > 0$, (iv) $\dot{x} < 0 \wedge \dot{y} < 0$

のどれに相当するかを調べ相平面を構成せよ．

問題 3.3.4 図 3.3.1 において領域 VI が捕捉領域となることを証明せよ．

問題 3.3.5 図 3.3.1 において領域 IV と領域 V を初期値としてシミュレーションせよ．

問題 3.3.6 図 3.3.1 において不安定多様体のおおよその軌跡をみつけよ．

問題 3.3.7 このモデルではほとんどの場合どちらか片方の種は絶滅することがわかる．では，2 種とも絶滅しない初期値はどこにあるか考察せよ．

問題 3.3.8 この場合安定多様体は $y = 2x$ （原点と 2 つのヌルクラインの交点を結んだ直線）となる．(3.3.2) に $y = 2x$ を使い $x(t), y(t)$ を求めよ．$y = 2x$ 上の任意の初期値からの解軌跡が鞍点 $\left(\dfrac{1}{5}, \dfrac{2}{5}\right)$ に収束することを確かめよ．

問題 3.3.9 §3.3.4 で初期値が領域 II, III, IV においても解軌跡はすべて沈点 $\left(\dfrac{3}{5}, \dfrac{4}{5}\right)$ に収束することをシミュレーションで確認せよ．

問題 3.3.10 §3.3.5 において初期値がほかの領域においても解軌跡はすべて捕捉領域を経て沈点 $(0, 1)$ に収束することをシミュレーションで確認せよ．

問題 3.3.11 §3.3.5 において $bd - ac = 0, a > b, c < d$ の場合と $bd - ac = 0, a = b, c = d$ の場合をシミュレーションし，解の挙動を考察せよ．

問題 3.3.12 2 国間の貿易において両国が共存できる条件を導け．また，両国の貿易をともに増加させる政策を立案せよ．

3.4 捕食者–被捕食者モデル（その 1）：Lotka-Volterra モデル

3.4.1 標準モデル

まず本節では Lotka-Volterra の捕食者–被捕食者モデル (predator-prey model) の標準形である

$$\begin{cases} \dot{x} = ax - bxy, \\ \dot{y} = -cy + dxy \end{cases} \qquad (3.4.1)$$

を扱おう．変数 x が被捕食者（たとえばヒラメ，アジ，イワシなど），変数 y が捕食者（たとえばサメ，エイなど）を表し，$a, b, c, d > 0$ を定数とする．

このモデルは次の (i)–(iv) を仮定している．

(i) 捕食者が存在しない状態では，被捕食者は指数関数的に増殖する（第 1 式の ax の項）．

(ii) 被捕食者が捕食された結果，被捕食者の増殖率は 2 者の人口に比例した量で減少する（第 1 式の $-bxy$ の項）．

(iii) 捕食者の生命維持のための被捕食者が存在しない状況では，捕食者の死亡率は指数関数的に増大する（第 2 式の $-cy$ の項）．

(iv) 捕食者の増殖率は 2 者の人口に比例する（第 2 式の dxy の項）．

(3.4.1) は生物学者 D'Ancona（ダンコナ）[18] が第 1 次世界大戦中のアドリア海に水揚げされる軟骨魚類（サメ，エイなど）の漁獲量が全漁獲量に占める割合が異常に大きいのを不思議に思い，イタリアの数学者 Volterra[19] に相談した結果生み出された歴史的なモデルである [51][20][104]．同時期に米国の数理生物学者の Lotka[21] も同じ結果 [60] を出していたので 2 人の名前を冠したモデル名となっている．

注意 3.4.1 (3.4.1) は前節の 2 種間競合モデル (3.3.1) とはつぎのような関係がある．(3.3.1) を書き直すと

---

18) Umberto D'Ancona (1896–1964)：イタリアの生物学者，Volterra の娘婿でもある．
19) Vito Volterra (1860–1940)：1900 年ローマ大学 La Sapienza の数理物理学教室教授であったが，1905 年イタリア議会上院議員に選出される．数理生物学を研究しながら時のファシズムと戦うが，ファシズムへの忠誠心の宣誓を拒否したためその後ローマ大学を離任せざるを得なかった．
20) この文献は Volterra の伝記でもあり，Lotka-Volterra 方程式の歴史的な記述もある．
21) Alfred Lotka (1880–1949)：Johns Hopkins 大学研究員の頃数理生物学の主著を表した．その後，ニューヨークの生命保険会社に勤務．人口学を中心に研究活動をし傑出した業績を残した．Volterra と Lotka が数理生態学や数理生物学の白眉であろう．

$$\begin{cases} \dot{x} = \varepsilon_1 x\left(1 - \dfrac{x}{k_1}\right) - \mu_{12} xy, \\ \dot{y} = \varepsilon_2 y\left(1 - \dfrac{y}{k_2}\right) - \mu_{21} xy \end{cases} \tag{3.4.2}$$

となる．ここに，$k_i = \dfrac{\varepsilon_i}{\lambda_i}$ ($i = 1, 2$) とおいた．x, y ともに第 1 項は環境収容力が k_i のロジスティックモデルである．ここで，ε_i を固定して $\lambda_i \to 0$ とすることにより x, y の環境収容力はともに無限大となり，個体数増加は Malthus 係数 (ε_i) のみに依存するようになる．さらに，種 y の時間を $\tau = -t$ として τ の時間に変換すると (3.4.1) の形となる．

ここで，先に (3.4.1) の平衡点を求めよう．簡単な計算により平衡点は

(i) $(0, 0)$, (ii) $\left(\dfrac{c}{d}, \dfrac{a}{b}\right)$

と求まる．さらに，(i) は鞍点であり，(ii) は渦心点になることが若干の計算によりわかる．平衡点 $(0, 0)$ については x 軸，y 軸がそれぞれ不安定多様体，安定多様体になる．しかし，渦心点の安定性については双曲型でないため，他の手段を使わないと判断できない．幸いこの場合 Lyapunov 関数が定義でき，これにより渦心点の安定性を判定することができる．Lyapunov 関数の定義を $v(t) = \begin{pmatrix} x(t) \\ y(t) \end{pmatrix}, f(v) = \begin{pmatrix} f_1(x, y) \\ f_2(x, y) \end{pmatrix}$ として与えておこう．いま，v に関する実数値関数 $E(v)$ が存在すると仮定する．

定義 3.4.2 （Lyapunov 関数）$\bar{v}$ を $\dot{v} = f(v)$ の平衡点とする．関数 $E : \mathbb{R}^2 \to \mathbb{R}$ は $\bar{v}$ の近傍 W に対して

(1) $E(\bar{v}) = 0$ でありかつ W 内の任意の $v \neq \bar{v}$ に対して $E(v) > 0$ である．

(2) W 内の任意の v に対して $\dot{E}(v) \leq 0$ である[22]．

の 2 つの条件が満たされるとき，関数 E を $\bar{v}$ に対する **Lyapunov 関数**と呼ぶ．また，より強い条件である

---

[22] $\dot{E}(v)$ は t に関する E の微分であるが，つぎのように計算できる．

$$\dot{E}(v) = \dot{E}(x, y) = \frac{\partial E}{\partial x}\dot{x} + \frac{\partial E}{\partial y}\dot{y} = \frac{\partial E}{\partial x}f_1(x, y) + \frac{\partial E}{\partial y}f_2(x, y) \tag{3.4.3}$$

すなわち，解軌道に沿った E の時間に対する変化の割合を示している．

(2)′ W 内の任意の $v \neq \bar{v}$ に対して $\dot{E}(v) < 0$ である.

が満たされるとき，関数 E を狭義の Lyapunov 関数と呼ぶ.

定理 3.4.3 $\bar{v}$ を $\dot{v} = f(v)$ の平衡点とする. $\bar{v}$ に対して Lyapunov 関数が存在するならば $\bar{v}$ は安定である. また, $\bar{v}$ に対して狭義の Lyapunov 関数が存在するならば $\bar{v}$ は漸近安定である.

証明 たとえば [45] をみよ. ∎

さて，(3.4.1) の平衡点 $\left(\dfrac{c}{d}, \dfrac{a}{b}\right)$ に対する Lyapunov 関数はつぎのようにして求めることができる. (3.4.1) より $x \neq 0, y \neq 0$ では

$$\frac{dy}{dx} = \frac{y(-c + d \cdot x)}{x(a - by)}$$

が得られ[23]，変数分離系にして積分することにより

$$c \log x - d \cdot x + a \log y - by = k \tag{3.4.4}$$

となる. ここに, k は積分定数である. k を

$$k = c \log \frac{c}{d} - c + a \log \frac{a}{b} - a \tag{3.4.5}$$

とおくことにより Lyapunov 関数

$$E(x, y) = d\left(x - \frac{c}{d}\right) - c\left(\log x - \log \frac{c}{d}\right) + b\left(y - \frac{a}{b}\right) - a\left(\log y - \log \frac{a}{b}\right) \tag{3.4.6}$$

を得る（これが Lyapunov 関数になっていることを確かめよ（問題 3.4.1）). この場合, $\dot{E} = 0$ となるので平衡点 $\left(\dfrac{c}{d}, \dfrac{a}{b}\right)$ は中立安定であることがわかる.

さて，(3.4.1) の $\dot{x}$-ヌルクラインは同式第 1 式右辺 $= 0$ より $x = 0$ と $y = \dfrac{a}{b}$ となり，同様に $\dot{y}$-ヌルクラインは第 2 式右辺 $= 0$ より $y = 0$ と $x = \dfrac{c}{d}$ と求まる. ここで, ヌルクラインにより領域が分割されるが，分けられた領域を

---

[23] 微分の意味の dx と, パラメータの d と関数 x との積 dx（右辺分子）が同じ記号になり紛らわしいので, ここでは後者を $d \cdot x$ で表した.

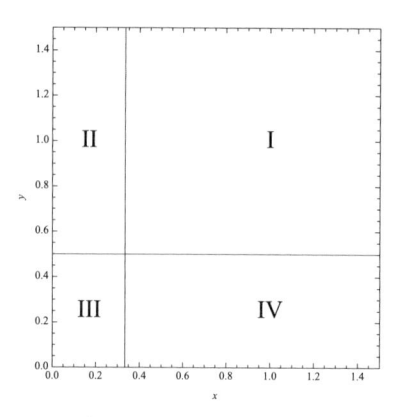

図 3.4.1 ヌルクラインによる領域の分割：(3.4.1) のパラメータを $a = 1$, $b = 2$, $c = 1$, $d = 3$ としたとき．

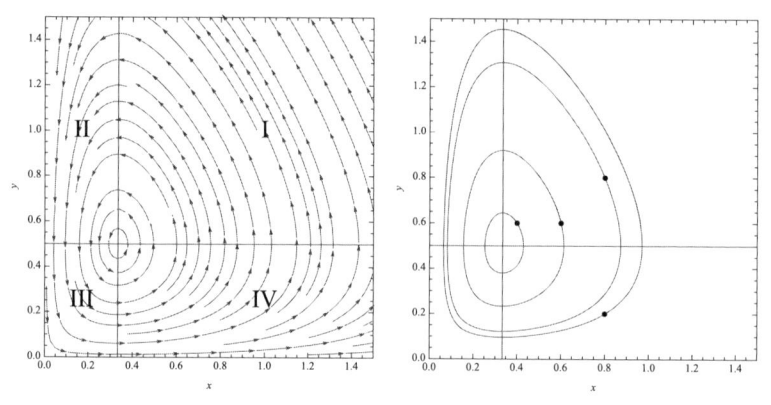

図 3.4.2 流れ図（左）と異なる初期条件に対する解軌跡（右）：平衡点以外の初期値に対する解軌跡は周期解となる．

図 3.4.1 のように領域 I から領域 IV としておく．パラメータを $a = 1$, $b = 2$, $c = 1$, $d = 3$ としシミュレーションを実施しよう．相平面全体の流れ図と 4 個の初期値に対する解軌跡を重ねて描画すると図 3.4.2 のようになる．ともに初期値を通る周期解になることがわかるであろう．

3.4.2 周期解であることの証明

前項で x, y 軸上を除く任意の初期値に対して渦心点周りの周期解が得られ

ることがほぼわかった．本項ではこの周期性を基本的な事実から証明していこう．まず，(3.4.4) より K を定数として

$$\frac{x^c}{e^{d \cdot x}} \frac{y^a}{e^{by}} = K \tag{3.4.7}$$

を得るが，(3.4.1) の軌道は (3.4.7) により定義される曲線群である．

補題 3.4.4 方程式 (3.4.7) は $x > 0, y > 0$ において閉曲線群を定義する．

証明 $x > 0, y > 0$ のとき (3.4.7) を 2 つの関数

$$f(x) = x^c e^{-d \cdot x}, \quad g(y) = y^a e^{-by} \tag{3.4.8}$$

に分けて考える．まず，$f(0) = 0, \lim_{x \to \infty} f(x) = 0$ であり，$x > 0$ のとき $f(x) > 0$ となる．また，

$$\frac{df}{dx} = \frac{x^{c-1}(c - d \cdot x)}{e^{d \cdot x}} \tag{3.4.9}$$

より，$f(x)$ は $x = \frac{c}{d}$ において最大値 $M_x = \left(\frac{c}{d}\right)^c / e^c$ をとる．同様に，$y > 0$ のとき $g(y) > 0$ で，$y = \frac{a}{b}$ において最大値 $M_y = \left(\frac{a}{b}\right)^a / e^a$ をとる．よって，(3.4.7) は $K > M_x M_y$ のとき $x, y > 0$ を満たす解をもたない．また，$K = M_x M_y$ のとき，ただ 1 つの解 $x = \frac{c}{d}, y = \frac{a}{b}$ をもつ．

ここで，まず y を x の関数と考えて証明を進める．λ を $0 < \lambda < M_x$ とし，$K = \lambda M_y$ とする．$f(x) = \lambda$ は，$x = x_m < \frac{c}{d}$ と $x = x_M > \frac{c}{d}$ をもつので方程式 $g(y) = \frac{\lambda}{f(x)} M_y$ は，$x < x_m$ または $x > x_M$ のとき解 y をもたない．$x = x_m$ または $x = x_M$ のとき 1 つの解 $y = \frac{a}{b}$ をもち，$x_m < x < x_M$ のときは 2 つの解 $y_m(x) \left(< \frac{a}{b}\right), y_M(x) \left(> \frac{a}{b}\right)$ をもつ．x を x_m または x_M のいずれかに近づけると $y_m(x)$ と $y_M(x)$ の両方が $\frac{a}{b}$ に近づく．

つぎに，x を y の関数と考える．β を $0 < \beta < M_y$ とし，$K = \beta M_x$ とする．$g(y) = \beta$ は，$y = y_m < \frac{a}{b}$ と $y = y_M > \frac{a}{b}$ をもつので方程式 $f(x) = \frac{\beta}{g(y)} M_x$ は，$y < y_m$ または $y > y_M$ のとき解 x をもたない．$y = y_m$ または $y = y_M$ の

とき 1 つの解 $x = \dfrac{c}{d}$ をもち，$y_m < y < y_M$ のときは 2 つの解 $x_m(y)\left(< \dfrac{c}{d}\right)$, $x_M(y)\left(> \dfrac{c}{d}\right)$ をもつ．y を y_m または y_M のいずれかに近づけると $x_m(y)$ と $x_M(y)$ の両方が $\dfrac{c}{d}$ に近づく．

したがって，(3.4.7) で定義された曲線は $x > 0, y > 0$ において閉じている．■

定理 3.4.5 方程式 (3.4.1) において x, y 軸を除く第 1 象限を初期値とする解は周期解である [23]．

証明 $(\bar{x}, \bar{y}) = \left(\dfrac{c}{d}, \dfrac{a}{b}\right)$ とおき，(3.4.1) を極座標系に書き換えると

$$\begin{cases} r(t)\cos\theta(t) = x - \bar{x}, \\ r(t)\sin\theta(t) = y - \bar{y} \end{cases}$$

となり，これより

$$\theta(t) = \arctan\frac{y-\bar{y}}{x-\bar{x}} \qquad (3.4.10)$$

から

$$\dot{\theta} = \frac{\dot{y}(x-\bar{x}) - \dot{x}(y-\bar{y})}{(x-\bar{x})^2 + (y-\bar{y})^2} = \frac{\frac{y}{d^3}(x-\bar{x})^2 + \frac{x}{b^3}(y-\bar{y})^2}{(x-\bar{x})^2 + (y-\bar{y})^2} > 0 \qquad (3.4.11)$$

を得る．これより，解は $x = \bar{x}, y = \bar{y}$ を除いてつねに反時計方向に回転していることがわかる．さらに，補題 3.4.4 により解は閉曲線上を動くので，$x_m \leq x \leq x_M, y_m \leq y \leq y_M$ であり，したがって，$0 < v_\theta \leq \dot{\theta} \leq V_\theta$ の関係を得る．要するに回転速度は有限であるので初期時刻 $t = 0$ から回転し，初期位置に戻る時刻を $t = T$ とすれば解の一意性よりつぎの回転で再び初期位置に戻る時刻は $t = 2T$ となる．すなわち，解は周期 T をもつ周期関数である．■

以上のように基礎的な事実だけから (3.4.1) は周期解をもつことを証明した．実は Poincaré-Bendixson の 3 分割法定理（§3.5.3，定理 3.5.10）を使えばこのことはすぐいえる．すなわち，任意の $v_0 \left(= \begin{pmatrix} x_0 \\ y_0 \end{pmatrix}, x_0 > 0, y_0 > 0\right)$ に対して (3.4.1) の正軌道（定義 3.5.4 参照）$\Gamma^+(v_0, t)$ は第 1 象限内の有界閉領域にあ

り，この有界閉領域は 1 つの平衡点（原点）を含んでいる．このとき，ω-極限集合（定義 3.5.6 参照）$\omega(v_0)$ は平衡点にはなり得ず（平衡点は沈点ではない），また，軌道は平衡点を含んでいないので周期軌道しかないことがいえるのである．

3.4.3　$a = b = c = d$ の場合

ここでは $a = b = c = d$ の特別な場合を考察してみよう．方程式は

$$\begin{cases} \dot{x} = ax(1-y), \\ \dot{y} = ay(x-1) \end{cases}$$

となり，初期値を $x(0) = y(0)$ とすれば，解は $x = \varphi(t)$ として $y = \varphi(-t)$ と書くことができる．$a = 2$ として計算した相図と時系列を図 3.4.3 に示す．

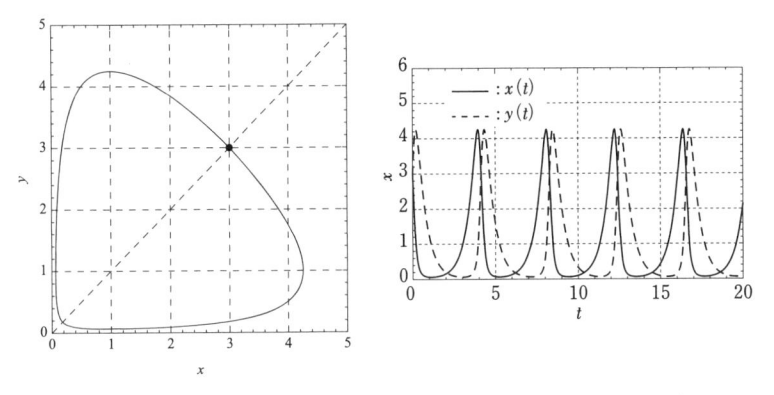

図 3.4.3　$a = b = c = d$ の場合の相図（左）と時系列（右）：初期値は $(3, 3)$．相図は $y = x$ で対称となる．

3.4.4　操業度の付加

つぎに (3.4.1) に対して漁業操業がなされた場合を考えよう．操業度強度を表す定数パラメータ $\varepsilon \geq 0$ を導入する．操業とは漁民が漁をすれば，すなわち，x（ヒラメ，アジなど）を獲れば同時に y（サメなど）も獲れてしまうことであるので方程式は下記のように修正される．

$$\begin{cases} \dot{x} = ax - bxy - \varepsilon x, \\ \dot{y} = -cy + dxy - \varepsilon y. \end{cases} \quad (3.4.12)$$

この場合，(3.4.1) の平衡点 $\left(\dfrac{c}{d}, \dfrac{a}{b}\right)$ が $\left(\dfrac{c+\varepsilon}{d}, \dfrac{a-\varepsilon}{b}\right)$ と変化する．以下 ε を変化させて系の様子をみてみよう．図 3.4.4 は操業度強度 ε を $0, 0.2, 0.3$ と変化させたときの周期解の変化の様子を示す．操業度を上げれば被捕食者 (x) の数は平均して増加することがわかる．

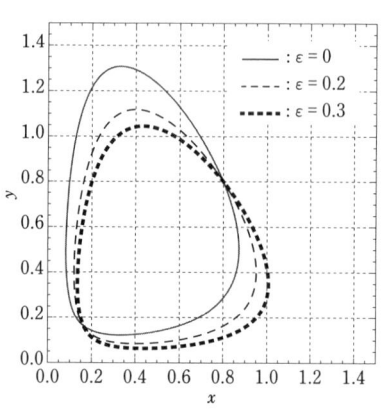

図 **3.4.4** 操業度を変化させたときの相図：$\varepsilon = 0, 0.2, 0.3$ としたときの周期解の変化の様子を示す．$a = 1, b = 2, c = 1, d = 3$ とし初期条件はすべて $(0.8, 0.8)$ とした．

注意 3.4.6 食用魚は少しは捕獲した方がよいことが種の保存の意味でも理解できるであろう．ただし，モデルが正しければという仮定のもとであるが．

注意 3.4.7 (3.4.1) あるいは (3.4.12) の平衡点は渦心点であるのでその相図は構造安定（注意 3.3.5）ではない．このモデルでは中立安定な周期軌道の連続的な族が得られる．しかし，現実的には周期軌道は 1 つ，あっても有限個であろうと予測され現在では多くの数理生物学者はこのモデルから離れ次節にて議論する Rosenzweig-MacArthur（ローゼンツヴァイク–マッカーサ）モデルに研究対象を発展させている．これらの議論は文献 [33][66][73] でみられる．しかし，このモデルが他分野までにも影響を与えたことは特筆に値する．その一端をつぎに紹介しよう．

3.4.5　Goodwinの景気循環モデル

Goodwin（グッドウィン）は捕食者–被捕食者モデルを資本家と労働者との階級闘争に適用して敵対的分配関係に焦点をあてたつぎのような景気循環モデルを提案した [39]．すなわち，x, y をそれぞれ雇用率，賃金シェア（労働分配率）とし

$$\begin{cases} \dot{x} = \left(\dfrac{1}{\sigma} - (\alpha + \beta)\right)x - \dfrac{1}{\sigma}xy, \\ \dot{y} = -(\alpha + \gamma)y + \rho xy, \end{cases} \quad (3.4.13)$$

で表した．各パラメータの意味は

　α：労働生産性における増加率

　β：労働力の成長率

　γ：雇用率を0としたときの実質賃金率の値（Goodwinの仮定によるPhillips（フィリップス）曲線[24]）が縦軸と交わる交点の値）

　ρ：実質賃金率の雇用率に対する増加率（Goodwinの仮定によるPhillips曲線の傾き）

　σ：資本–産出比率

である．(3.4.13) は $\dfrac{1}{\sigma} - (\alpha + \beta) > 0$ と仮定すればまさしくLotka-Volterraの捕食者–被捕食者モデルと等価である．このモデルの解軌跡は渦心点 $\left(\dfrac{\alpha + \gamma}{\rho}, 1 - \sigma(\alpha + \beta)\right)$ 周りに閉曲線（周期解）を描くが，経済学的な説明はつぎのようになる．すなわち，

- $\dot{x} > 0, \dot{y} > 0$ の領域：好況末期．雇用率増大により賃金シェアも増加する．その半面，利潤率は減少し投資率は下降する時期である．

- $\dot{x} < 0, \dot{y} > 0$ の領域：不況初期．利潤圧縮が資本蓄財に負の効果を与え，その結果雇用率が減少し始める時期である．

---

[24] Phillips曲線とは，元来実質賃金率（縦軸）は失業率（横軸）の増加により経験的に低下する傾向にあることを表した（平面上の非線形な）曲線をさす．Goodwinは横軸の失業率を雇用率に変換し，実質賃金率と雇用率の関係に改め，さらにこの関係は雇用率が100%に近いときには線形であると仮定した．すなわち，実質賃金率を ω とすると，$\dfrac{\dot{\omega}}{\omega} = -\gamma + \rho x$ という仮定をおいた．

- $\dot{x} < 0, \dot{y} < 0$ の領域：不況末期．雇用率の低下により賃金シェアも減少する．その結果，利潤率が回復してくる時期である．

- $\dot{x} > 0, \dot{y} < 0$ の領域：好況初期．利潤率の回復により，資本蓄財が増大し，雇用率が増大してくる時期である．

Goodwin モデル (3.4.13) も構造安定ではないことに変わりはないので，いまではこれを改良した Goodwin-Medio（グッドウィン–メディオ）モデル [15][68] が提案されている．

演習問題

問題 3.4.1　(3.4.6) が Lyapunov 関数になっていることを確認せよ．

問題 3.4.2　図 3.4.2 において初期値をどの領域に設定しても周期解が得られることを確かめよ．

問題 3.4.3　図 3.4.2 において計算時間を操作することにより初期値に対する周期の長さの関係を考察せよ．

問題 3.4.4　捕食者–被捕食者モデル (3.4.12) において操業度をさらに上げるとどうなるかシミュレーションして考察せよ．操業度を必要以上に上げる（乱獲するということ）と種が絶滅することが理解できるはずである．

3.5　捕食者–被捕食者モデル（その 2）：Rosenzweig-MacArthur モデル

Lotka-Volterra の捕食者–被捕食者モデルは各分野に圧倒的な影響を与え，その後の発展に寄与した．一方，その解は前節で解説したように，初期値に依存した無限通りの周期解になり，これは必ずしも現実に即していないのも事実である．Rosenzweig-MacArthur モデルはこれを改良し，現実の生態系をより忠実に反映し，洗練されたモデルとなった．

本節ではこの Rosenzweig-MacArthur モデル [66][89][90] を扱う．文献 [95] にならいモデルをつぎのように設定する．

$$\begin{cases} \dot{x} = x\left(1 - \dfrac{x}{k}\right) - \dfrac{mxy}{1+x}, \\ \dot{y} = -cy + \dfrac{mxy}{1+x}. \end{cases} \qquad (3.5.1)$$

これは一般化 Lotka-Volterra モデルとも呼ばれており，第 1 式右辺第 1 項には被捕食者 (x) の増加密度に独立な安定化定数 (k) を含むロジスティックモデルが組み込まれ，さらに，第 2 項には捕食者 (y) が単位時間当たりに被捕食者にどのような影響を与えるか（捕まえる，食べる，寝るなどの行為を考えており，捕食率 (predator rate) と呼ばれる）が考慮されているモデルであり，この項は x が小さいときには x に比例し，大きな x のところでは m に飽和する Holling（ホーリング）の II 型応答といわれるものである [47]．

3.5.1 解は正であり有界

(3.5.1) は第 1 象限 $Q = \{(x,y)|x, y \geq 0\}$ の近傍において連続的に微分可能であるので，非負の初期値問題の解は存在しかつ唯一である．ここでは，まず Q が不変 (Q-invariance) であることを示そう．すなわち，初期値が $x(0) \geq 0$, $y(0) \geq 0$ を満たすなら，すべての t で $x(t)$, $y(t) \geq 0$ である．さらに解は有界であり，したがってすべての $t \geq 0$ で定義される．

さて Q が不変であることはつぎのようにして容易に示すことができる．(3.5.1) は

$$\begin{cases} \dot{x} = xP(x,y), \\ \dot{y} = yQ(x,y) \end{cases} \qquad (3.5.2)$$

の形をしているので，$(x(t), y(t))$ が解ならば，$\dot{x} = x(t)p(t)$ と書くことができる．ここに，$p(t) = P((x(t), y(t))$. これより，

$$\frac{d}{dt}\left(e^{-\int_0^t p(s)ds} x(t)\right) = 0.$$

したがって

$$x(t) = x(0)e^{\int_0^t p(s)ds}$$

を得る．これより $x(0) = 0$ ならばすべての t に対して $x(t) = 0$ となり，また

$x(0) > 0$ ならばすべての t に対して $x(t) > 0$ となる．y についても同様であり，Q の内部と境界についても不変性があることをいっている．

さて，解の有界性を示そう．

補題 3.5.1 $R > R_0 = \dfrac{k(1+c)^2}{4c}$ とする．$t = t_0$ で $x(t_0) + y(t_0) = R$ のとき，$t > t_0$ では $x(t) + y(t) < R$ が成立する．

証明 $\dot{x} + \dot{y}$ を計算すると

$$\dot{x} + \dot{y} = x\left(1 - \frac{x}{k}\right) - cy$$

となるので，$\dot{x} + \dot{y}$ の正負は x–y 平面の放物線 $h : y = \dfrac{x}{c}\left(1 - \dfrac{x}{k}\right)$ の上側で負，下側で正となり h 上ではもちろん 0 である．直線 $x + y = r$ と放物線 h が接するのは方程式

$$\frac{x}{c}\left(1 - \frac{x}{k}\right) = r - x$$

の判別式が 0 になるときである．判別式を $D(r)$ とし，$D(R_0) = 0$ となる R_0 を求めると補題の R_0 を得る．よって，$R > R_0$ となる R を選び，初期時刻 $t = t_0$ で $x(t_0) + y(t_0) = R$ となる初期位置からの時間発展を考えると，この位置では $\dot{x} + \dot{y} < 0$ であるから，$x + y$ は減少関数であることがわかる．したがって，$t > t_0$ では

$$x(t) + y(t) < x(t_0) + y(t_0) = R$$

となり，補題が証明された．■

任意の初期条件 $(x(t_0), y(t_0)) \in Q$ はある $R > R_0$ に対して $(x(t_0), y(t_0)) \in T(R)$ を満たす．ここで，$T(R)$ は辺が $x = 0, y = 0, x + y = R$ の右三角形のことである．補題 3.5.1 より Q 内を初期値にとるすべての解は $t > t_0$ に対して有界であることを示している．

3.5.2 平衡点と安定性

平衡点を与える方程式は

$$\begin{cases} 0 = x\left(1 - \dfrac{x}{k}\right) - \dfrac{mxy}{1+x}, \\ 0 = -cy + \dfrac{mxy}{1+x} \end{cases} \tag{3.5.3}$$

であり，これより平衡点 $(0,0), (k,0)$ はつねに存在し，また平衡点 $(\bar{x}, \bar{y})$ は必要十分条件

$$\frac{mk}{1+k} > c \tag{3.5.4}$$

のもとで正の値をもつ．ただし，$(\bar{x}, \bar{y})$ はつぎを満たす．

$$\frac{m\bar{x}}{1+\bar{x}} = c, \quad c\bar{y} = \bar{x}\left(1 - \frac{\bar{x}}{k}\right). \tag{3.5.5}$$

したがってここから先は (3.5.4) を仮定して話を進めよう．平衡点 $(k,0)$ での Jacobi 行列は

$$Df(k,0) = \begin{pmatrix} -1 & -\dfrac{mk}{1+k} \\ 0 & \dfrac{mk}{1+k} - c \end{pmatrix}$$

と計算できるので，(3.5.4) より $(k,0)$ は鞍点であることがわかる．後のため，正の固有値 $\lambda = \dfrac{mk}{1+k} - c$ の固有ベクトル V は，$V = \left(-\dfrac{mk}{1+k}, 1+\lambda\right)$ であることに注意しておこう．不安定多様体 $W^u(k,0)$ は点 $(k,0)$ でこのベクトルに接する．言い換えれば，$W^u(k,0)$ は $y = M(x-k)$ に接する．ここで，$M = -(1+\lambda)\dfrac{1+k}{mk}$ である．

さて，平衡点 $(\bar{x}, \bar{y})$ の安定性についてはつぎの補題が成立する．

補題 3.5.2 平衡点 $(\bar{x}, \bar{y})$ は $\bar{x} > \dfrac{k-1}{2}$ のとき沈点であり，$\bar{x} < \dfrac{k-1}{2}$ のとき湧点となる．

証明 平衡点 $(\bar{x}, \bar{y})$ での Jacobi 行列は (3.5.5) を使って

$$Df(\bar{x}, \bar{y}) = \begin{pmatrix} 1 - 2\dfrac{\bar{x}}{k} - \dfrac{m\bar{y}}{(1+\bar{x})^2} & -c \\ \dfrac{m\bar{y}}{(1+\bar{x})^2} & 0 \end{pmatrix}$$

と求まる．この行列式は正であるので安定性はトレースのみに依存することがわかる．(3.5.5) を使ってトレースは

$$\mathrm{Tr}(Df(\bar{x}, \bar{y})) = 1 - 2\frac{\bar{x}}{k} - \frac{1}{1+\bar{x}}\left(1 - \frac{\bar{x}}{k}\right)$$

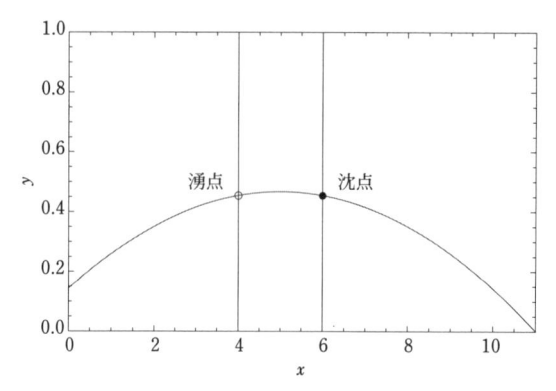

図 **3.5.1** 平衡点の位置と安定性の関係：平衡点は $\dot{x}$-ヌルクラインの頂点を境に沈点と湧点にわかれる．

と書くことができ，したがって

$$(1+\bar{x})\mathrm{Tr}(D\boldsymbol{f}(\bar{x},\bar{y})) = \Big(1-2\frac{\bar{x}}{k}\Big)(1+\bar{x}) - \Big(1-\frac{\bar{x}}{k}\Big) = \frac{2\bar{x}}{k}\Big(\frac{k-1}{2}-\bar{x}\Big)$$

を得，補題が従う．■

注意 3.5.3 補題 3.5.2 は $\bar{x} = \dfrac{c}{m-c}$ を使えば陽に証明ができる．分岐パラメータ k で補題を言い換えると $k < \dfrac{m+c}{m-c}$ のとき沈点であり，$k > \dfrac{m+c}{m-c}$ のとき湧点である．平衡点 $(\bar{x},\bar{y})$ の安定性は Jacobi 行列の複素共役の固有値の実部の正負で判定できるが，分岐パラメータ k が大きくなるにつれ，この実部は負から正に変わり，その結果平衡点は沈点から湧点に変化することになる．Hopf 分岐（§3.5.7 で述べる）が $k = \dfrac{m+c}{m-c}$ のとき起きているのである．

図 3.5.1 に平衡点の位置と安定性の関係を示す．$k-1$ は負かもしれないことに注意せよ．

最後に，不安定多様体 $W^u(k,0)$ がどこにあるのか調べよう．$\dot{x}$-ヌルクライン：$m\Big(1-\dfrac{x}{k}\Big)(1+x)$ の $(k,0)$ での微係数は，$\left.\dfrac{dy}{dx}\right|_{x=k} = -\dfrac{k+1}{mk}$ と求まる．一方，先に $W^u(k,0)$ の接線の傾きは $M = -(1+\lambda)\dfrac{k+1}{mk}$ と求めてあるので，これらを比較すると，$\lambda > 0$ に注意して M の方が $\dot{x}$-ヌルクラインの微係数より負の傾きが強いことがわかる．すなわち，$y > 0$ での不安定多様体 $W^u(k,0)$ は $\dot{x}$-ヌルクラインより上にあることがわかる．

3.5.3 Poincaré-Bendixson の定理

以後の議論では Poincaré-Bendixson（ポアンカレ–ベンディクソン）の定理が主役となるので，ここで定理をまとめておく．その証明は他に譲り省略することにする．本節では証明自体よりこの定理を使って得られる新しい発見や事実を述べることに力を入れたいからである．ただし，読者は1度はたとえば，[30] などの文献により証明を読んでおくのが肝要である．

Poincaré-Bendixson の定理を述べる前にまず，いくつかの言葉の定義を述べておく必要がある．扱うのは2次元自励系であるが，ここではつぎのように書いておく．

$$\begin{cases} \dot{x} = f(x, y), \\ \dot{y} = g(x, y). \end{cases} \quad (3.5.6)$$

定義 3.3.7 に書いたように $\varphi_t(v_0)$ は初期値 $v_0 = \begin{pmatrix} x(0) \\ y(0) \end{pmatrix}$ に対する (3.5.6) の (t の関数としての) 軌道を表すのであった．ここで改めてこの軌道を $\Gamma(v_0, t)$ と書くことにする．

定義 3.5.4 （正軌道） 集合 $\{\varphi_t(v_0) \mid t \geq 0\}$ を v_0 を通る**正軌道**といい $\Gamma^+(v_0, t)$ と書く．

定義 3.5.5 （負軌道） 集合 $\{\varphi_t(v_0) \mid t \leq 0\}$ を v_0 を通る**負軌道**といい $\Gamma^-(v_0, t)$ と書く．

(3.5.6) の解が有界であるならばその正軌道は $t \to +\infty$ で極限集合に近づく．また，同様に負軌道は $t \to -\infty$ で極限集合に近づく．

定義 3.5.6 （ω-極限集合） 正軌道 $\Gamma^+(v_0, t)$ が $t \to +\infty$ で近づく集合を ω-**極限集合** (ω-limit set) といい $\omega(v_0)$ と書く．

すなわち，$(x_p, y_p) \in \omega(v_0)$ である必要十分条件は $i \to \infty$ で $t \to +\infty$ となる

$$\lim_{i \to \infty} (x(t_i), y(t_i)) = (x_p, y_p)$$

なる数列 $\{t_i\}_{i=1}^{\infty}$ が存在することである．

同様に α-極限集合もつぎのように定義する．

定義 3.5.7 （α-極限集合） 負軌道 $\Gamma^-(\mathbf{v}_0, t)$ が $t \to -\infty$ で近づく集合を α-極限集合 (α-limit set) といい $\alpha(\mathbf{v}_0)$ と書く．

定理 3.5.8 （Poincaré-Bendixson の定理） (3.5.6) の正軌道 $\Gamma^+(\mathbf{v}_0, t)$ が有界閉集合でその ω-極限集合 $\omega(\mathbf{v}_0)$ は平衡点を含んでいないとする．そのとき

(1) $\Gamma^+(\mathbf{v}_0, t)$ は周期軌道，すなわち $\Gamma^+(\mathbf{v}_0, t) = \omega(\mathbf{v}_0)$．

であるか，あるいは

(2) ω-極限集合 $\omega(\mathbf{v}_0)$ は周期軌道である．

のうちどちらかである．

注意 3.5.9 定理 3.5.8(2) はリミットサイクルと呼ばれる．

Poincaré-Bendixson の定理はつぎの 3 分割法定理でより明確になる．定理 3.5.8 は定理 3.5.10 と比較して 2 分割法定理ともいわれる．

定理 3.5.10 （Poincaré-Bendixson の 3 分割法定理） (3.5.6) の正軌道 $\Gamma^+(\mathbf{v}_0, t)$ が有界閉領域 B にあり B は有限個の平衡点を含んでいるとする．そのとき，ω-極限集合 $\omega(\mathbf{v}_0)$ はつぎのいずれかである．

(1) $\omega(\mathbf{v}_0)$ は 1 つの平衡点である．

(2) $\omega(\mathbf{v}_0)$ は 1 つの周期軌道である．

(3) $\omega(\mathbf{v}_0)$ は有限個の平衡点と軌道 Γ_i の集合を含んでいる．その軌道 Γ_i の ω-極限集合と α-極限集合はそれぞれの軌道 Γ_i の 1 つの平衡点からなる．

注意 3.5.11 定理 3.5.10(3) の極限集合はサイクルグラフ (cycle graph) と呼ばれる．サイクルグラフは平衡点と軌道から構成されつぎのいずれかである．

(1) 1 つの平衡点とその平衡点から出て同じ平衡点に戻ってくるホモクリニック軌道．

(2) 複数の平衡点と 2 つの異なった平衡点を結ぶヘテロクリニック軌道．

注意 3.5.12 Poincaré-Bendixson の 2 分割法定理，3 分割法定理とも解が有界であるという仮定が重要である．

3.5.4 平衡点の位置による周期軌道の発生

以上で Poincaré-Bendixson の定理を述べたので，(3.5.1) の解析に戻ろう．補題 3.5.2 に示したように平衡点の x 座標の位置 $(\bar{x})$ により解の様子が変わってくるので，解析を $\bar{x} < \dfrac{k-1}{2}, \bar{x} > \dfrac{k-1}{2}, \bar{x} = \dfrac{k-1}{2}$ と場合分けして行う．

定理 3.5.13 $\bar{x} < \dfrac{k-1}{2}$ と仮定する．このとき，(3.5.1) は 1 つの周期解をもつ．事実平衡点 $(\bar{x}, \bar{y})$ を除いた Q の内部の初期値に対するすべての解はその極限集合として周期軌道を有する．

証明 領域 Q を図 3.5.2 のように分割する．すなわち，$\dot{x}$-ヌルクライン，$\dot{y}$-ヌルクラインおよび x 軸，y 軸により分割された領域を図のように Q_i ($i = 1, 2, 3, 4$) と反時計方向に番号付けする．鞍点 $(k, 0)$ から出た $y > 0$ の不安定多様体は先に調べたようにその接線の傾きはヌルクラインの微係数より負の傾きが強く，したがって必ず Q_1 の中に入る．Q_1 のベクトル場を考えると $\dot{y}$-ヌルクラインを横断し Q_2 に入らねばならない．同様に，Q_2 のベクトル場により $\dot{x}$-ヌルクラインを横断し Q_3 に入り，さらに $\dot{y}$-ヌルクラインの下の部分を横切り Q_4 に入り，その後 $\dot{x}$-ヌルクラインに出合うところまでくる．

さて，不安定多様体 W^u が順に各領域を離れなければならないのは以下の理由による．どこの領域でも議論は同じであるので $(k, 0)$ を出て最初に $\dot{y}$-ヌルクラインを横断する場合についてのみ考えよう．もし，解軌跡がすべての

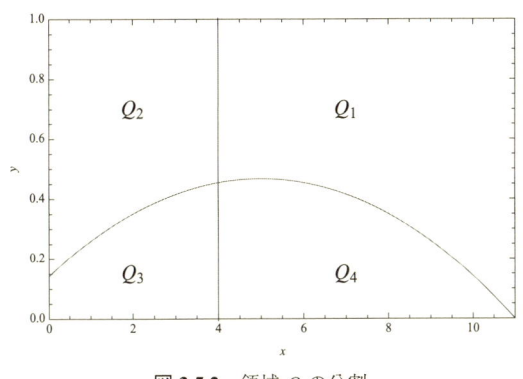

図 3.5.2　領域 Q の分割．

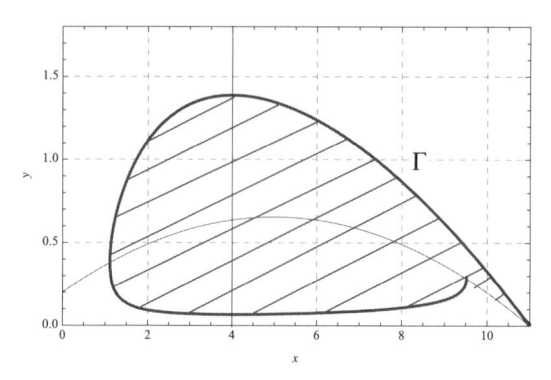

図 3.5.3 不安定多様体 W^u と Jordan 曲線 Γ：Γ_i は Γ の内部であり斜線で示した.

$t \geq 0$ で Q_1 にい続けるとしたら，補題 3.5.1 により解は有界であり，その成分は t の単調関数であるので，Q_1 の閉包にある平衡点に収束せねばならない．しかるにこの平衡点は湧点であるのでその極限にはなり得ない．したがって解軌跡は $\dot{y}$-ヌルクラインを横断せざるを得ないことがわかる．

ここで，Γ を $(k, 0)$ を出た W^u が $\dot{x}$-ヌルクラインと 2 回目に出合うまでの部分と，そこから $\dot{x}$-ヌルクラインに沿って $(k, 0)$ まで延ばした部分を合わせた Jordan 曲線とする．また，Γ_i を Γ の内部とする（図 3.5.3 参照のこと）．すると Γ_i はコンパクトで正不変 (positively invariant)[25]であり，1 つの平衡点 $(\bar{x}, \bar{y})$ のみを含んでいる．したがって，Poincaré-Bendixson の定理により $(\bar{x}, \bar{y})$ とは異なったいかなる $p \in \Gamma_i$ に対しても，p を通る解軌跡の ω-極限集合は Γ_i 内の周期軌道でなければならない．

残る問題は，Q 内の任意の点から出発した解軌跡が Γ_i に入ることができるかいなかである．その解軌跡は W^u が 2 回目に出合う $\dot{x}$-ヌルクライン上の点から $(k, 0)$ まで延ばした部分の Γ と必ず出合うので，Γ_i に入ることができる．■

定理 3.5.13 のように方程式の解が有界なときに周期解が存在するかどうかを判定するのに Poincaré-Bendixson の定理が有効な手段となるが，解が有界でないときにはこの定理は適用できない．一方，方程式が周期解をもたない十分条件が Dulac 評価により与えられる．まず，つぎの **Bendixson 評価**に関

---

[25] 正不変とは，この場合 $S(t)\Gamma_i \subset \Gamma_i$ $(t \geq 0)$ となることである．$S(t)$ は (3.5.1) の初期値を u_0，解を $u(t)$ としたときの解作用素 $S(t)u_0 = u(t)$ である．

する定理が成立する．

定理 3.5.14 （Bendixson 評価） D を $\mathbb{R}^2$ の単純連結開集合とする．もし，
$$\mathrm{div}(f, g) \equiv \frac{\partial f}{\partial x} + \frac{\partial g}{\partial y}$$
が恒等的に 0 でなく D 内において符号を変えないならば，(3.5.6) は D 内で周期軌道をもたない．

証明 対偶を使って証明する．すなわち，周期軌道をもつなら $\mathrm{div}(f, g)$ はその符号を変化させるかあるいは恒等的に 0 であることを証明する．いま単純連結領域 D で周期軌道 C（Jordan 曲線）が存在すると仮定する．周期軌道 C の内部を S と書き，C を反時計方向とすると，Green（グリーン）の定理より
$$\iint_S \left(\frac{\partial f}{\partial x} + \frac{\partial g}{\partial y} \right) dxdy = \int_C f(x, y) dy - g(x, y) dx.$$
また，(3.5.6) より $f(x, y)dy = g(x, y)dx$ であるので上式右辺は 0 となり，したがって定理の結果が従う．■

Bendixson 評価を一般化したものがつぎの **Dulac 評価**である．

定理 3.5.15 （Dulac 評価） D を $\mathbb{R}^2$ の単純連結開集合とし，$B(x, y)$ を D の実数値 C^1 関数とする．もし，
$$\mathrm{div}(Bf, Bg) \equiv \frac{\partial (Bf)}{\partial x} + \frac{\partial (Bg)}{\partial y}$$
が恒等的に 0 でなく D 内において符号を変えないならば，(3.5.6) は D 内で周期軌道をもたない．

注意 3.5.16 定理 3.5.15 の条件を満たす関数 B は **Dulac 関数**と呼ばれる．$B(x, y) \equiv 1$ のときが Bendixson 評価になる．Dulac 評価は確かに有用な手段であるが，その Dulac 関数をみつける一般的な方法がないところに困難さがある．

さて，つぎに $\bar{x} > \dfrac{k-1}{2}$ の場合を調べよう．

定理 3.5.17 $\bar{x} > \dfrac{k-1}{2}$ と仮定する．このとき，(3.5.1) は周期解をもたない．事実 Q の内部の初期値に対するすべての解は平衡点 $(\bar{x}, \bar{y})$ に収束する．

証明 まず，周期解やホモクリニック軌道が存在しないことを Dulac 関数を用いて証明しよう．その後 Poincaré-Bendixson の定理によって平衡点に収束することを示す．文献 [49] に従い Dulac 関数 $B(x, y)$ を

$$B(x, y) = \left(\frac{1+x}{x}\right) y^{\alpha - 1}$$

と設定する．ここで，α は求めるべき係数である．Dulac 判別式 $\mathrm{div}\left(\dfrac{\partial}{\partial x}(B\dot{x}) + \dfrac{\partial}{\partial y}(B\dot{y})\right)$ を計算すると

$$\mathrm{div}\left(\frac{\partial}{\partial x}(B\dot{x}) + \frac{\partial}{\partial y}(B\dot{y})\right) = y^{\alpha-1}\left(\frac{k-1}{k} - \frac{2x}{k} + \alpha\left(-c\frac{1+x}{x} + m\right)\right)$$

$$= \frac{y^{\alpha-1}}{x}\left(\frac{2x}{k}\left(\frac{k-1}{2} - x\right) + \alpha(m-c)(x - \bar{x})\right) \quad (3.5.7)$$

となるが，$\dfrac{y^{\alpha-1}}{x}$ は正であるので，( ) 内の正負を判定すればよい．簡単な計算により

$$\frac{2x}{k}\left(\frac{k-1}{2} - x\right) + \alpha(m-c)(x-\bar{x})$$
$$= -\frac{2}{k}\left\{x - \left(\frac{k-1}{4} + \frac{\alpha k(m-c)}{4}\right)\right\}^2 + \frac{1}{8k}\left((k-1) + \alpha k(m-c)\right)^2 - \alpha(m-c)\bar{x}$$
$$(3.5.8)$$

を得るが，ここで

$$F(\alpha) = \frac{1}{8k}\left((k-1) + \alpha k(m-c)\right)^2 - \alpha(m-c)\bar{x} < 0 \quad (3.5.9)$$

であるなら $\mathrm{div}\left(\dfrac{\partial}{\partial x}(B\dot{x}) + \dfrac{\partial}{\partial y}(B\dot{y})\right) < 0$ とできる．したがって，(3.5.9) を満足する α を求めればよい．(3.5.9) を α の 2 次式として整理すると

$$F(\alpha) = \frac{1}{8k}\left(k^2(m-c)^2\alpha^2 + 2k(m-c)(k-1-4\bar{x})\alpha + (k-1)^2\right)$$

となり，この判別式は仮定 $\bar{x} > \dfrac{k-1}{2}$ により

$$D = 16k^2(m-c)^2\bar{x}\left(\bar{x} - \dfrac{k-1}{2}\right) > 0$$

となり $F(\alpha) = 0$ は 2 実根 α_1, α_2 ($\alpha_1 < \alpha_2$) をもつ．したがって，$\alpha_1 < \alpha < \alpha_2$ の範囲で $F(\alpha) < 0$ とできる．以上より α を $\alpha_1 < \alpha < \alpha_2$ と選ぶことにより，Dulac 判別式を 0 でなくつねに負とすることが可能になり，よって周期解やホモクリニック軌道は存在しない．

以上で周期解やホモクリニック軌道が存在しないことがいえた．したがって，Poincaré-Bendixson の定理より第 1 象限のいかなる点 p に対しても ω-極限集合 $\omega(p)$ は 1 つの平衡点を含まなければならないことになる．可能性としてつぎの 2 つが考えられる．

(1) ω-極限集合が沈点 $(\bar{x}, \bar{y})$ を含んでいる（鞍点 $(k, 0)$ は同時に含み得ない）．
(2) ω-極限集合が鞍点 $(k, 0)$ を含んでいる（沈点 $(\bar{x}, \bar{y})$ は同時に含み得ない）．

Poincaré-Bendixson の 3 分割法定理により ω-極限集合は鞍点でもあり，また，α-極限集合と ω-極限集合が鞍点になるホモクリニック軌道でもある．しかし，鞍点 $(k, 0)$ の安定多様体は x 軸であるので $t \to \infty$ で $\Gamma^+(p, t) \to (k, 0)$ となり p は x 軸上になければならず，したがって，鞍点は ω-極限集合にはなり得ない．また，ω-極限集合は α-極限集合と ω-極限集合が鞍点になるホモクリニック軌道を含むことはできない．なぜなら，その軌跡は閉じた Jordan 曲線を構成しなければならず，これは Dulac 評価と矛盾する．このようにして，第 1 象限のいかなる点 p に対しても ω-極限集合 $\omega(p)$ は沈点 $(\bar{x}, \bar{y})$ でなければならない．■

最後に Hopf 分岐点である $\bar{x} = \dfrac{k-1}{2}$ のときどうなるかをつぎの定理で述べよう．

定理 3.5.18 $\bar{x} = \dfrac{k-1}{2}$ と仮定する．このとき，(3.5.1) は周期解をもたない．Q の内部の初期値に対するすべての解は平衡点 $(\bar{x}, \bar{y})$ に収束する．

証明 証明は Dulac 関数の α の選定の仕方が異なるのみでほとんど定理 3.5.17 と同様にできる．$\bar{x} = \dfrac{k-1}{2}$ とすると (3.5.7) の ( ) 内は

$$\frac{2x}{k}\Big(\frac{k-1}{2} - x\Big) + \alpha(m-c)(x - \bar{x})$$
$$= \frac{2x}{k}\Big(\frac{k-1}{2} - x\Big) + \alpha(m-c)\Big(x - \frac{k-1}{2}\Big)$$
$$= -\frac{2}{k}\Big\{x - \frac{k}{4}\Big(\frac{k-1}{4} + \alpha(m-c)\Big)\Big\}^2 + \frac{k}{8}\Big(\alpha(m-c) - \frac{k-1}{k}\Big)^2$$

となり，$\alpha = \dfrac{k-1}{k(m-c)}$ と選べば $x \neq \dfrac{k-1}{2}$ に対し

$$= -\frac{2}{k}\Big(x - \frac{k-1}{2}\Big)^2 < 0 \tag{3.5.10}$$

となり，Dulac 判別式を $x = \dfrac{k-1}{2}$ 以外で，すなわち平衡点以外ではつねに負とすることができ，周期解やホモクリニック軌道の存在はないことがいえる．■

3.5.5 $\dfrac{mk}{1+k} < c$ のときの解析

最後に (3.5.4) が成立しない場合を考察しよう．この条件は同じことであるが，$\dfrac{c}{m-c} > k$ である．すなわち，$\dot{y}$-ヌルクラインが $\dot{x}$-ヌルクラインと交わらないときである．このとき平衡点は $(0,0)$ と $(k,0)$ の 2 点のみとなる．これらの Jacobi 行列の固有値を計算すると原点については $\lambda_1 = 1, \lambda_2 = -c < 0$ となり，したがって原点は鞍点であることがわかる．一方，平衡点 $(k,0)$ は $\lambda_1 = -1, \lambda_2 < 0$ となり沈点である．よって，$x > 0, y > 0$ のいかなる初期値からでも解は沈点 $(k,0)$ に収束する．種 y は絶滅し，種 x の個体数は k に収束する．初期値が y 軸上にあるときには y 軸が安定多様体であるので，原点に収束する．すなわち，両種とも絶滅することになる．

3.5.6 $\dfrac{mk}{1+k} > c$ のときのシミュレーション

(1) $\dot{y}$-ヌルクラインが $\dot{x}$-ヌルクラインの頂点の右側にある場合

まずパラメータの設定をしよう．(3.5.1) において，$m = 7, c = 6, k = 11$ とすれば $\dot{y}$-ヌルクラインが $\dot{x}$-ヌルクラインの頂点の右側にあることが容易に確認できるであろう．つぎに微分方程式系 (3.5.1) を数値解析するが，初期値を

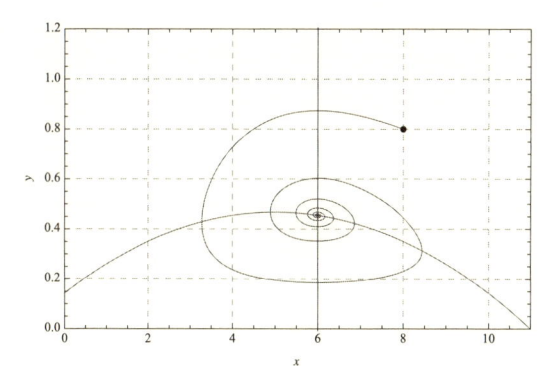

図 3.5.4 $\dot{y}$-ヌルクラインが $\dot{x}$-ヌルクラインの頂点の右側にある場合の解軌跡:初期値は $x(0) = 8, y(0) = 0.8$. 解軌跡は漸近的に沈点に引き込まれる.

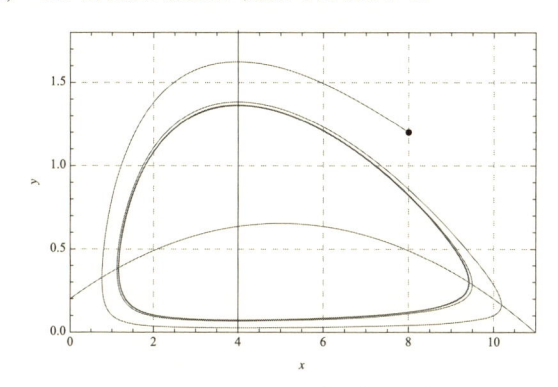

図 3.5.5 $\dot{y}$-ヌルクラインが $\dot{x}$-ヌルクラインの頂点の左側にある場合の解軌跡:初期値は $x(0) = 8, y(0) = 1.2$. ω-極限集合はリミットサイクルを形成する.

$x(0) = 8, y(0) = 0.8$ とすると,図 3.5.4 のような解軌跡が得られる.解軌跡は漸近的に沈点である平衡点に引き込まれていることがわかる.

(2) $\dot{y}$-ヌルクラインが $\dot{x}$-ヌルクラインの頂点の左側にある場合

つぎに,$\dot{y}$-ヌルクラインが $\dot{x}$-ヌルクラインの頂点の左側にあるときリミットサイクルが出現することをみてみよう.このときのパラメータとして $m = 7, c = 4, k = 11$ としよう.このとき平衡点は湧点となる.初期値を $x(0) = 8, y(0) = 1.2$ とすると,図 3.5.5 のような解軌跡であるリミットサイクルを得る.

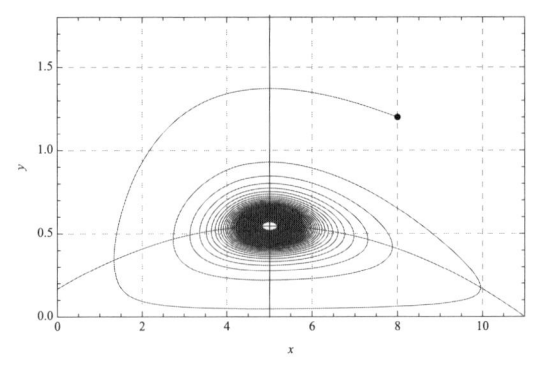

図 **3.5.6** $\dot{y}$-ヌルクラインが $\dot{x}$-ヌルクラインの頂点を通る場合の解軌跡：初期値は $x(0) = 8, y(0) = 1.2$. 解軌跡は平衡点である沈点に引き込まれる.

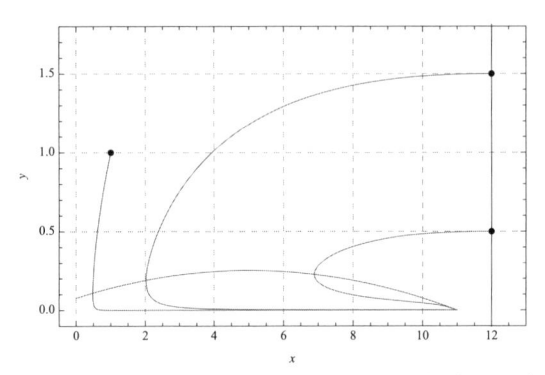

図 **3.5.7** $\dot{y}$-ヌルクラインと $\dot{x}$-ヌルクラインが交わらない場合：初期値を第1象限 $(x > 0, y > 0)$ としたときの解軌跡は平衡点である沈点へ収束する.

(3) $\dot{y}$-ヌルクラインが $\dot{x}$-ヌルクラインの頂点を通る場合

　パラメータを $m = 6, c = 5, k = 11$ とする．このとき，$\dot{y}$-ヌルクラインは $\dot{x}$-ヌルクラインの頂点を通る．図 3.5.6 は初期値を $x(0) = 8, y(0) = 1.2$ としたときの解軌跡である．平衡点に引き込まれるのがわかる．すなわち，平衡点は沈点となる．収束に時間がかかるのでシミュレーションでは計算時間の設定を長くとる必要がある．

(4) $\dot{y}$-ヌルクラインと $\dot{x}$-ヌルクラインが交わらない場合

　最後にパラメータを $m = 13, c = 12, k = 11$ とする．このとき，$\dot{y}$-ヌルクラインと $\dot{x}$-ヌルクラインは交わらない．図 3.5.7 は初期値を $x > 0, y > 0$ とす

るすべての解軌跡は沈点 $(k, 0) = (11, 0)$ へ収束することを示している．

3.5.7　Hopf 分岐

前項で述べたように Rosenzweig-MacArthur モデルでは $\dot{y}$-ヌルクラインが $\dot{x}$-ヌルクラインとどこで交わるかにより解は平衡点（沈点）に引き込まれるかあるいは周期解になるかに分かれる．すなわち，平衡点の Jacobi 行列の固有値が実部の負側から虚軸上を同時に横切り正に変わるとき安定なリミットサイクルが出現する**超臨界型 Hopf**（ホップ）**分岐** (supercritical Hopf bifurcation)[26]を起こしている．Hopf 分岐の例としては

$$\begin{cases} \dot{x} = -y + x(a - x^2 - y^2), \\ \dot{y} = x + y(a - x^2 - y^2) \end{cases} \quad (3.5.11)$$

などがよく扱われている [20]．ここで，$x(t), y(t): \mathbb{R} \to \mathbb{R}, a \in \mathbb{R}$．原点が平衡点である．$a < 0$ のとき原点は漸近安定でありすべての解は原点に収束する．一方，$a > 0$ のとき原点は不安定になり解は $(x(t), y(t)) = (\sqrt{a}\cos t, \sqrt{a}\sin t)$ に収束する．$a = 0$ で周期解が分岐している．

注意 3.5.19　Rosenzweig-MacArthur モデルと van der Pol 方程式 (§2.2) は超臨界型 Hopf 分岐の実例である．一般に微分方程式には分岐の種類は数多く存在し研究者の仲間内では分岐動物園などといわれることもある [16]．Rosenzweig-MacArthur モデルのような生態学における世界をかなり忠実に表現した有意なモデルで Hopf 分岐が出現するという事実が重要なことである．

演習問題

問題 3.5.1　$\bar{x} = \dfrac{c}{m-c}$ を使い (3.5.4) と (3.5.5) を求めよ．

問題 3.5.2　もし (3.5.4) が成立しなければ捕食者は絶滅することを確かめよ．

---

[26]　亜臨界型 Hopf 分岐 (subcritical Hopf bifurcation) は超臨界型とは異なり，平衡点の Jacobi 行列の固有値が実部の正側から虚軸上を同時に横切り負に変わるとき不安定なリミットサイクルが出現する現象をいう．

問題 3.5.3 §3.5.7 の例において方程式系を極座標に変換して Hopf 分岐が起きていることを確かめよ．また，Jacobi 行列の固有値の変化を a に対して求めよ．

問題 3.5.4 (3.5.11) について $a > 0$ で安定な周期解が存在することを確かめよ（ヒント：極座標系に変換して考えよ）．

問題 3.5.5 [97]（発展的問題） バクテリアを発酵させてヨーグルトなどをつくるモデルとして
$$\begin{cases} \dot{x} = B - x - \dfrac{xy}{1+qx^2}, \\ \dot{y} = A - \dfrac{xy}{1+qx^2} \end{cases}$$
がある．ここに，x は栄養分，y は酸素のレベルを示し，$A, B, q > 0$ はパラメータである．この系が安定なリミットサイクルを形成する A, B, q の条件をみつけよ．

第4章

生物や生態系に現れる微分方程式 発展編

4.1 感染症の数理モデル：Kermack-McKendrick モデル

4.1.1 Kermack-McKendrick モデル（SIR モデル）

この節では感染症の数理モデルである Kermack-McKendrick（ケルマック–マッケンドリック）モデル [55] を扱う．

このモデルは古典的であるが，今日なお社会的に有用性がある．大きな人口を擁する都市における感染症流行[1]についてわれわれがもっとも知りたいのは，ごくわずかの初期感染者が人から人への感染をなして，結果的に大流行に発展するかどうか，あるいは，大流行に発展しなくても感染者人口の時間経過の様子である．

つぎは感染症が流行する動態を表した方程式である．

---

 1) 感染症の流行，大流行は正確には適切な邦訳がないが，エピデミック (epidemic)，パンデミック (pandemic)，エンデミック (endemic) の 3 種類に分類される．エピデミックは「ある疾病が限られた地域，期間で過去の経験以上に流行」することをいう．最近ではわが国の風疹 (rubella) の流行がエピデミックの例であろう．これに対して，パンデミックは，「地理的に広い範囲の世界的流行および非常に多くの数の感染者や患者を発生する流行」をさす（国立感染症研究所）．天然痘 (smallpox) や結核 (tuberculosis) が歴史的なパンデミックの例であり，最近ではエイズ (AIDS, acquired immune deficiency syndrome) や H1N1 などの鳥インフルエンザの例がある．エンデミックは，マラリアなどの熱帯感染症のように，媒介動物の生態などにより容易に拡散せず疾患の常在地が限定される流行をさす．

$$\begin{cases} \dot{S} = -\alpha SI, \\ \dot{I} = \alpha SI - \beta I, \\ \dot{R} = \beta I. \end{cases} \tag{4.1.1}$$

ここで，$\cdot = \dfrac{d}{dt}$ は今までと同様であり，S, I, R はそれぞれつぎのような意味をもつ時間 t の正の実数値関数である．

- S: 感受性人口 (susceptible individuals, susceptibles). 未感染である個体数を表す．

- I: 感染人口 (infective individuals, infecteds). 感染した個体数を表す．

- R: 回復人口 (removed individuals). いったん感染した後，疾病から回復した個体数を表す．

また，$\alpha, \beta > 0$ は疾病への感染率と疾病からの回復率をそれぞれ表している．方程式 (4.1.1) は各個人の感染症についての経過が $S \to I \to R$ となるので，SIR モデルとも呼ばれており，つぎのような仮定で成立している．

- 仮定 1：$S + I + R = $ const.，すなわち全個体数は一定である．罹患しても死に至るような重篤な疾病は考えていない．

- 仮定 2：感染後疾病から回復した後は 2 度と罹患しない[2]．

- 仮定 3：感染拡大のスピードは感受性人口と感染人口の遭遇数に比例する（第 1 式）．

- 仮定 4：感染人口は一定の率で回復する（第 3 式）．

ところで (4.1.1) の第 1, 2 式より S, I を求めれば R は $S + I + R = $ const.（仮定 1）より自動的に求まる．したがって問題をつぎのように定式化しよう．

---

[2] 麻疹 (measles)，風疹など．これらの疾病は 1 度罹患すると病原菌（抗原）により免疫（抗体）ができ 2 度と同じ疾病には罹患しないという人体の仕組みを想定している．しかし，最近のこの分野の知見ではこれらの免疫も完全な生涯免疫ではないと考えられている．

4.1.2 問題の定式化

領域 Ω を $\Omega = \{(S, I) | S \geq 0, I \geq 0\}$ とし，初期条件を $S_0 = S(0) \geq 0, I_0 = I(0) \geq 0$ とする．このときつぎの微分方程式

$$\begin{cases} \dot{S} = -\alpha S I, \\ \dot{I} = \alpha S I - \beta I \end{cases} \tag{4.1.2}$$

において，つぎを調べる．
(1) 疾病の流行が発生するかどうか（感染人口が増大するか）．その条件は何か．
(2) 疾病の流行が沈静化した後の最終状態（$S_\infty = \lim_{t \to \infty} S(t)$ と S_0 の比）はいくらか（どのくらいの人数が罹患したか）．

4.1.3 ヌルクラインによる解析

(4.1.2) の $\dot{S}$-ヌルクラインは $S = 0$ と $I = 0$ であり，$\dot{I}$-ヌルクラインは $I = 0$ と $S = \dfrac{\beta}{\alpha}$ である．平衡点は $I = 0$，すなわち S 軸全体（ただし S 軸の 0 を含んだ正の部分）であり，$(S, 0), S \geq 0$ と書ける．平衡点 $(S, 0)$ における (4.1.2) の Jacobi 行列を計算すると

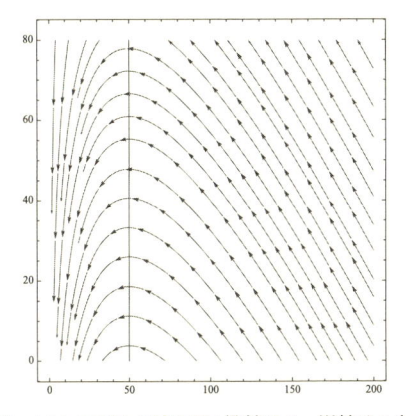

図 **4.1.1** Kermack-McKendrick モデルの流れ図：横軸が S，縦軸が I を表す．$\alpha = 1.0, \beta = 50.0$ としたとき．縦の直線は $\dot{I}$-ヌルクラインの $S = \dfrac{\beta}{\alpha}$ である．

$$Df(S,0) = \begin{pmatrix} 0 & -\alpha S \\ 0 & \alpha S - \beta \end{pmatrix}$$

となり，したがって $S > \dfrac{\beta}{\alpha}$ のときは平衡点 $(S,0)$ は不安定となり，逆に $S < \dfrac{\beta}{\alpha}$ のときは安定となる．また，I 軸の正の部分は安定多様体となる．図 4.1.1 にヌルクラインと流れを示す．これより $\dot{I}$-ヌルクラインである直線 $S = \dfrac{\beta}{\alpha}$ の右側にある初期値からは感受性人口は単調に減少するが，感染人口はいったん増加しその後減少することになる．また，直線 $S = \dfrac{\beta}{\alpha}$ の左側にある初期値からは感受性人口，感染人口ともに単調に減少することがわかる．$\dfrac{\beta}{\alpha}$ を疾病の閾水準という．つぎの項にて定量的にこれらの関係を求めることにする．

4.1.4 感染・回復相対比数と最終状態

(4.1.2) の 2 式の両辺を足すとつぎの方程式

$$\dot{S} + \dot{I} = -\beta I$$

を得るが，さらに，この式の右辺の I に (4.1.2) 第 1 式の $I = -\dfrac{1}{\alpha}\dfrac{d(\log S)}{dt}$ を代入し初期条件 $(S_0, I_0) = (S(0), I(0))$ を考慮すると

$$I(t) = \frac{\beta}{\alpha} \log \frac{S(t)}{S_0} - S(t) + S_0 + I_0 \tag{4.1.3}$$

を得る．この式は疾病の流行を記述しており「流行動態式」といわれるものである．$I_0 = 0$ としたときのいくつかの S_0 に対する「流行動態曲線」を図 4.1.2 に示す．

命題 4.1.1 感染人口 $I(t)$ は次を満たす．
 (1) $S_0 > \dfrac{\beta}{\alpha}$ のときいったん増加し，$S(\tilde{t}) = \dfrac{\beta}{\alpha}$ となる $\tilde{t}$ で最大値をとりその後減少する．
 (2) $S_0 \leq \dfrac{\beta}{\alpha}$ のときは単調に減少する．
 (3) $\lim_{t \to \infty} I(t) = 0$.

証明 まず仮定 1 より $\dot{S} + \dot{I} + \dot{R} = 0$ であり，また，$\dot{I} + \dot{R} = \alpha S I > 0$ である

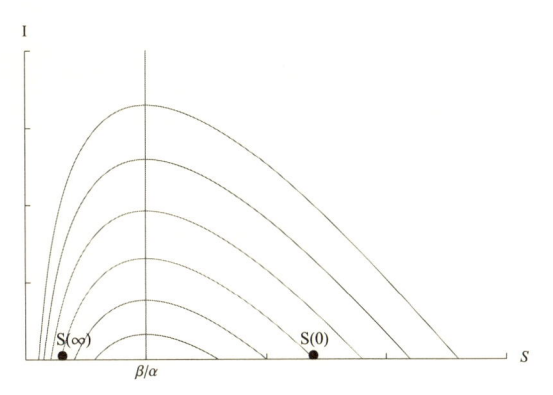

図 4.1.2 流行動態曲線と $\dot{S}$-ヌルクラインの直線 $S = \frac{\beta}{\alpha}$.

ので, これらより $\dot{S} < 0$, すなわち感受性人口 S は単調減少関数であることがわかる.

さて (4.1.3) の両辺を時間で微分すると

$$\dot{I} = \frac{\dot{S}}{S}\left(\frac{\beta}{\alpha} - S\right)$$

を得る. $\dot{S} < 0$ であるので命題の結果が従う. ■

注意 4.1.2 $\gamma = \frac{\alpha}{\beta}S_0$ とおき[3]), 命題 4.1.1 を言い換えればつぎのようにいえる.

(1) $\gamma > 1$ のとき疾病の流行が発生する.
(2) $\gamma \leq 1$ のときは疾病の流行は発生せず疾病は自然消滅する.

さて, (4.1.3) において両辺の $t \to \infty$ の極限を計算しよう. $I_\infty = \lim_{t\to\infty} I(t)$, $S_\infty = \lim_{t\to\infty} S(t)$ とおき命題 4.1.1(3) の $I_\infty = 0$ を使うと

$$S_0 - S_\infty = \frac{\beta}{\alpha} \log \frac{S_0}{S_\infty} - I_0 \tag{4.1.4}$$

の関係を得る. ここで, 初期感受性人口と時刻 t の感受性人口の差と初期感受性人口の比を e とする. すなわち, $e(t) = \dfrac{S_0 - S(t)}{S_0}$ とする. このとき $t \to \infty$

---

3) この γ を「感染・回復相対比数」あるいは「初期再生産比(数)」[99] という.

の極限を考え，$e_\infty = \lim_{t\to\infty} \dfrac{S_0 - S(t)}{S_0} = \dfrac{S_0 - S_\infty}{S_0}$ $(0 \leq e_\infty \leq 1)$ に (4.1.4) の関係を使うと

$$1 - e_\infty = e^{-\gamma\left(e_\infty + \frac{I_0}{S_0}\right)} \tag{4.1.5}$$

を得る．これを「最終規模方程式」といい疾病の流行の有無にかかわらず最終段階での感染者の割合を与えているものである．すなわち，(4.1.5) より e_∞ を求めれば $S_0 - S_\infty = e_\infty S_0$ として最終規模の感染者の割合がわかる．(4.1.5) において e_∞ を求めるには左辺と右辺の交点を求めればよい．図 4.1.3 に模式的に示す．

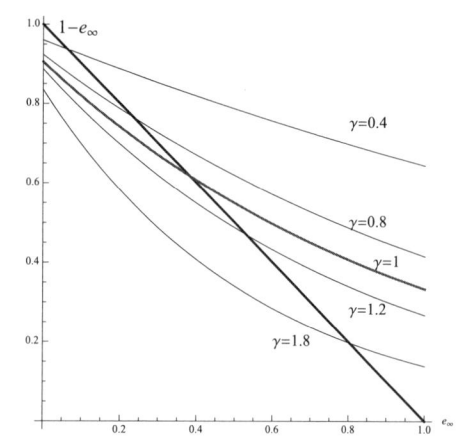

図 4.1.3 最終規模方程式における e_∞ の求め方：(4.1.5) の左辺と右辺の交点の横軸座標が求める e_∞ となる．γ の値が大きくなると右辺の曲線は下の方へ下がる．$\dfrac{I_0}{S_0} = \dfrac{1}{10}$，すなわち，初期の感染人口を感受性人口の 10%とし，$\gamma = 0.4, 0.8, 1, 1.2, 1.8$ と変化させたときの様子を示す．

演習問題

問題 4.1.1 流行動態曲線では時間がみえないので感受性人口 $S(t)$ と感染人口 $I(t)$ の時間の相対的な関係を知ることはできない．それを知るためには SIR モデルの時間発展シミュレーションをする必要がある．つぎのそれぞれの場合について $I(0)$ を適当に設定し SIR モデルの時間発展をシミュレーションせよ．その結果に基づき公衆衛生の観点から予防策を立案せよ．
(i) $S(0) > \dfrac{\beta}{\alpha}$, (ii) $S(0) < \dfrac{\beta}{\alpha}$．

問題 4.1.2 回復した個体が免疫性を失い，再度疾病感染するという仮定でのモデルは

$$\begin{cases} \dot{S} = -\alpha SI + \gamma R, \\ \dot{I} = \alpha SI - \beta I, \\ \dot{R} = \beta I - \gamma R \end{cases}$$

となる．これを SIRS モデルという．ここで，$\gamma\,(> 0)$ は回復個体が感受性人口に戻る率を表している．全個数体は一定（δ とする）であることは $\dot{S} + \dot{I} + \dot{R} = 0$ より容易にわかる．$R = \delta - S - I$ として系を書き直すと

$$\Sigma_{SI\delta} \begin{cases} \dot{S} = -\alpha SI + \gamma(\delta - S - I), \\ \dot{I} = \alpha SI - \beta I \end{cases}$$

となる．
(1) 系 $\Sigma_{SI\delta}$ の平衡点を (i) $\delta < \frac{\beta}{\alpha}$, (ii) $\delta \geq \frac{\beta}{\alpha}$ とに場合分けしてすべて求めよ．
(2) 求めた平衡点に対する Jacobi 行列の固有値を求めて，平衡点の性質を調べよ．
(3) 領域 U を $U = \{(S,I) | S \geq 0, I \geq 0, S + I \leq \delta\}$ とする．この領域 U は正不変（p.130 脚注参照）であることを証明せよ．
(4) $\delta < \frac{\beta}{\alpha}$ のとき，初期値が領域 U 内にある解の挙動を相図を用いて解析せよ．
(5) $\delta \geq \frac{\beta}{\alpha}$ のとき，初期値が同じく領域 U 内にあるとき，その解の挙動を相図を用いて解析せよ．

問題 4.1.3 エイズ (AIDS) などの性感染症を解析するモデルとして「× 印 SI モデル」（または，「十字形交差モデル」，criss-cross SI model）が提案されている．そのモデルはつぎのようなものである．
　男性の人口を感受性人口 S_m と感染人口 I_m に分けて，その合計は一定 N_m とする．同様に女性も感受性人口 S_f と感染人口 I_f に分けて，その合計は一定 N_f とする．すなわち，

$$S_m + I_m = N_m, S_f + I_f = N_f.$$

さらに，男女とも疾病の回復後は感受性人口に再度戻るという仮定を入れて

$$\Sigma_{\text{AIDS}} \begin{cases} \dot{S}_m = -\alpha_m S_m I_f + \beta_m I_m, & \dot{S}_f = -\alpha_f S_f I_m + \beta_f I_f, \\ \dot{I}_m = \alpha_m S_m I_f - \beta_m I_m, & \dot{I}_f = \alpha_f S_f I_m - \beta_f I_f \end{cases}$$

とする．ここで，$\alpha_*, \beta_* > 0\ (* = m, f)$ はそれぞれ男女の AIDS への感染率と回復率を表している．
(1) 系 Σ_{AIDS} を $S_m + I_m = N_m, S_f + I_f = N_f$ を使って I_m と I_f の 2 次系に変換せよ．
(2) 変換された I_m と I_f の 2 次系ですべての平衡点を求めよ（ヒント：閾水準によ

り第 2 の平衡点の存在が左右される).
(3) 平衡点に対する Jacobi 行列の固有値を求めて，その性質を調べよ．
(4) 以上の解析により AIDS 疾病の特性をまとめよ．

4.2　神経細胞の数理モデル：FitzHugh-Nagumo モデル

4.2.1　FitzHugh-Nagumo 方程式

この節では興奮性細胞（心臓細胞，平滑筋細胞，ほとんどの神経細胞など）の活動電位を表現した数理モデルである FitzHugh-Nagumo（フィッツヒュー–南雲）モデル（南雲モデルともいう）[37] を扱う．FitzHugh-Nagumo モデルは 4 次元の Hodgkin-Huxley（ホジキン–ハックスレイ）方程式 [46][4] から速い変数と遅い変数のみを取り出し簡単化した 2 次元モデルであるが，Hodgkin-Huxley モデルの本質的な挙動を表している．また，FitzHugh-Nagumo モデルは 3 極真空管の van der Pol 方程式 (§2.2) とも強い関係があり興味深い．実際，工学者南雲仁一はそのモデルを「パルス伝送能動線路」として電子回路的に構成 [74] し，その名前を方程式に冠されている．

FitzHugh-Nagumo モデルはつぎの方程式で表される．神経細胞の膜電位を $u = u(t)$，不活性化を表す変数として $w = w(t)$ とすると

$$\begin{cases} \mu \dot{u} = w - \dfrac{u^3}{3} + u + I, \\ \dot{w} = a - u - bw \end{cases} \quad (4.2.1)$$

と表せる．ここで，I は外部刺激電流（実際は細胞内のナトリウム電流 Na^+ やカリウム電流 K^+）であり，解が漸近安定になるか周期解をもつか重要な役割をはたすパラメータである．また，a, b, μ は定数であり

---

[4]　生理学において細胞の電気活動はもっとも重要であり，Alan L. Hodgkin と Andrew F. Huxley はイカの巨大軸索 (giant axon) を使って神経細胞の電気信号伝搬に関する定量的モデルを最初に構成した．それ以来このモデルは，興奮性細胞に適用されており，生理学のみならず応用数学にも多大な影響を与えている．両者のこの分野の貢献に対して 1963 年ノーベル医学生理学賞が贈呈されている．

$$0 < \frac{3}{2}(1-a) < b < 1, \ 0 < b\mu < 1 \tag{4.2.2}$$

とする．I は系を励起させる方向に働き，w は系を静止状態に向ける役割をはたす．u は系の可励性を表している．(4.2.1) において $I = a = b = 0$ とすれば van der Pol 方程式 (2.2.13) の一種となる．

4.2.2 外部刺激電流 $I = 0$ のとき：興奮性軌道

まず，外部刺激電流 $I = 0$ とすると系は励起されず膜電位 u と不活性化変数 w はある値（系の平衡点）に落ち着く．すなわち，数学の言葉で表現するとつぎの命題が成り立つ．

命題 4.2.1 条件 (4.2.2) のもとでつぎの方程式の平衡点はただ 1 つであり，それは沈点である．

$$\begin{cases} \mu \dot{u} = w - \dfrac{u^3}{3} + u, \\ \dot{w} = a - u - bw. \end{cases} \tag{4.2.3}$$

証明 平衡点は $\dot{u}$-ヌルクラインと $\dot{w}$-ヌルクラインの交点であるからつぎの方程式

$$h(u) = bu^3 + 3(1-b)u - 3a = 0 \tag{4.2.4}$$

が 1 実根をもてばよい．条件 (4.2.2) より $0 < b < 1$ であるので，$\dfrac{dh}{du} = 3(bu^2 + 1 - b) > 0$ となり h は u に関して単調増加関数であり，さらに $h(1) = 2\left(\dfrac{3}{2}(1-a) - b\right) < 0$ であるので $h(u) = 0$ の根 $u^*(>1)$ は 1 つだけである．したがって，平衡点は $\left(u^*, \dfrac{a-u^*}{b}\right)$ の 1 点だけとなり，また，この平衡点の固有値を求めると $Df\left(u^*, \dfrac{a-u^*}{b}\right)$ より

$$\lambda_{1,2} = \frac{1}{2}\left(\frac{1-b\mu-u^{*2}}{\mu} \pm \sqrt{\frac{(1-b\mu-u^{*2})^2}{\mu^2} - \frac{4}{\mu}(1-b+bu^{*2})}\right) \tag{4.2.5}$$

を得る．条件 $b\mu > 0$ と $u^* > 1$ より $1 - b\mu - u^{*2} < 0$ となり，さらに，$1 - b + bu^{*2} > 0$ であることを考慮すると $\lambda_{1,2}$ は，(i) $\lambda_{1,2} < 0$ となる実数，

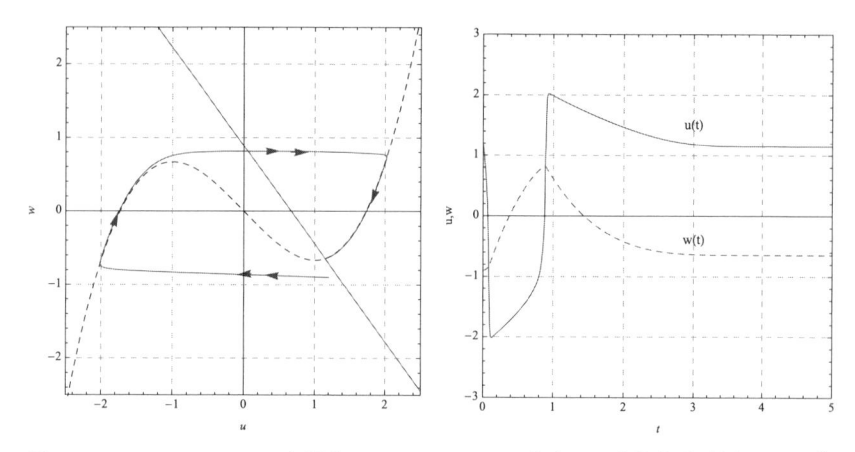

図 4.2.1 FitzHugh-Nagumo 方程式 (4.2.1) の $I = 0$ のときの興奮性軌道（左）：$a = \frac{2}{3}$, $b = \frac{3}{4}, \mu = 0.02$. 平衡点にある解（定常状態）に摂動が加わったときの興奮性軌道. 唯一の平衡点（$\dot{u}$-ヌルクライン（3次曲線）と $\dot{w}$-ヌルクライン（直線）の交点）は沈点である. 右図は時系列を示す.

または (ii) $\mathrm{Re}(\lambda_{1,2}) < 0$ となる複素数のどちらかであることが容易にわかる，よって，平衡点は沈点である. ■

命題 4.2.1 により $I = 0$ とした FitzHugh-Nagumo 方程式 (4.2.3) はその平衡点が沈点となり Hartman-Grobman 定理（§A.1.4，定理 A.1.24）により系は漸近安定となる. 図 4.2.1 はパラメータを $a = \frac{2}{3}, b = \frac{3}{4}, \mu = 0.02$ としたときの解軌跡を描画したものである. この解軌跡の直観的な説明をするとつぎのようになる. いま，$\mu \ll 1$ とし変数変換 $t = \mu\tau$ により速い時間スケール τ に変換し $\mu \to 0$ の極限をとると

$$\frac{du}{d\tau} = w - \frac{u^3}{3} + u, \quad \frac{dw}{d\tau} = 0 \tag{4.2.6}$$

となり系は速い時間スケールでは近似的に (4.2.6) に支配される. 第 2 式より $w(t) = \mathrm{const.}$ となり，これを c_w と書けば $w(t) = c_w$ 上での u の動きは $\frac{du}{d\tau} = c_w - \frac{u^3}{3} + u$ に支配される. $f(u) = c_w - \frac{u^3}{3} + u$ とおき，$f(u) = 0$ の根を u_i とする. 根 u_i の第 1 式に対する安定・不安定の関係はつぎの表のようになる.

	$c_w < -\frac{2}{3}$	$c_w = -\frac{2}{3}$	$-\frac{2}{3} < c_w < \frac{2}{3}$	$c_w = \frac{2}{3}$	$\frac{2}{3} < c_w$
根の数	1	2	3	2	1
	$u_1 < -2$	$u_1 = -2$	$u_1 < 0, 0 < u_3$	$u_1 = -1$	$2 < u_1$
		$u_2 = 1$	$u_1 < u_2 < u_3$	$u_2 = 2$	
安定・不安定	安定	u_1:安定	u_1, u_3:安定	u_1:不安定	u_1:安定
		u_2:不安定	u_2:不安定	u_2:安定	

したがって，(u,w) 平面でのベクトル場を書くと図 4.2.2 のようになる．すなわち，$\dot{u}$-ヌルクライン上の AB（B は除く）間および CD（C は除く）間では安定であり，BC 間では不安定となる．さて，(4.2.3) においてもともとの時間スケール t で $\mu \to 0$ の極限をとると u と w の関係は $w = \dfrac{u^3}{3} - u$ となり解軌跡はこの曲線上に乗らなければならない．そのときの u の挙動は

$$\dot{u} = \frac{h(u)}{3(1-u^2)} \tag{4.2.7}$$

によって支配される．(4.2.7) のベクトル場は図 4.2.3 左図となる．これより (u,w) 平面でのベクトル場を描くと同右図となる．すなわち，AB 間と BC 間では B 方向へ上り，DC 間では D 方向からは安定点の u^* へ下り，また C 方向からは u^* へ上る．したがって，u が曲線 $w - \dfrac{u^3}{3} + u = 0$ に乗るまでは w は一定で τ 時間で動作し，u が曲線 $w - \dfrac{u^3}{3} + u = 0$ に乗れば t 時間でその曲線上を動くことになる．図 4.2.1 において，平衡点からごくわずか離れた初期値に対して解はまず $w = $ 一定で西進し，曲線 $w - \dfrac{u^3}{3} + u = 0$ に到達したところでその曲線に沿って上る．B（頂上）に到達した時点で $w = $ 一定とな

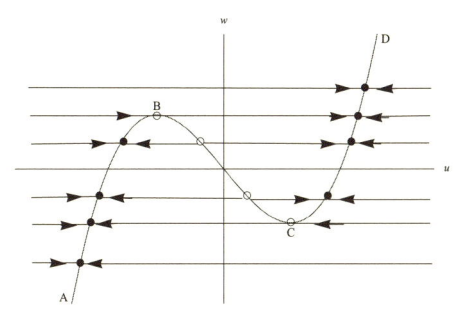

図 4.2.2 FitzHugh-Nagumo 方程式 (4.2.3) の τ 時間でのベクトル場．

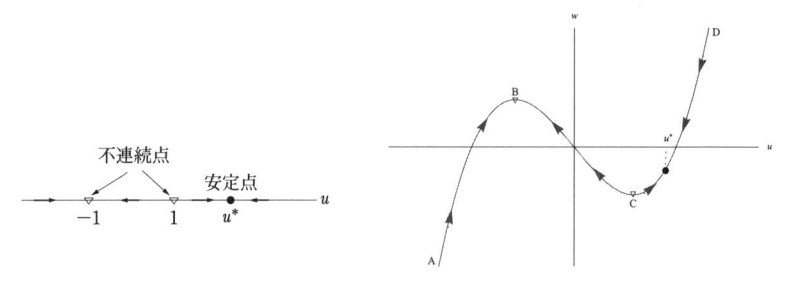

図 4.2.3 FitzHugh-Nagumo 方程式 (4.2.3) の t 時間でのベクトル場.

り東進し再び曲線に到達しこの曲線に沿って下る．u^* に相当する点は沈点であるのでここに収束する．生理学の言葉では図 4.2.1 をつぎのように説明する．平衡点にある解に摂動（外乱）が加わったとすると，図のように最終的に沈点である平衡点に戻る前にいったん平衡点から遠ざかるような軌道に乗る．このような軌道を「興奮性軌道」と呼び，系は「興奮性」であるという．

4.2.3 FitzHugh-Nagumo 方程式のリミットサイクル

FitzHugh-Nagumo 方程式 (4.2.1) は外部刺激電流が印加されたときにリミットサイクルが出現するのが際立った特徴である．この項では外部刺激電流をある値の範囲で印加するとリミットサイクルが発生することを証明する．まずつぎの定理を述べる．

定理 4.2.2 (Liénard[59]) $\Phi, \psi \in C^1$ としつぎを仮定する．
 (1) Φ と ψ は奇関数である．よって，$\Phi(0) = \psi(0) = 0$．
 (2) $x \neq 0$ で $x\psi(x) > 0$．
 (3) Φ はただ 1 つの正の根 ($\Phi(x_0) = 0$) をもち，$0 < x < x_0$ に対して $\Phi(x) < 0$．
 (4) $x_0 < x$ に対して $\Phi(x)$ は単調増加であり，$\Phi(x) \to \infty \ (x \to \infty)$．

このとき Liénard 方程式系

$$\begin{cases} \dot{x} = y - \Phi(x), \\ \dot{y} = -\psi(x) \end{cases} \tag{4.2.8}$$

はただ 1 つの安定なリミットサイクルをもつ．

注意 4.2.3 $\Phi(x) = -\varepsilon\left(x - \dfrac{x^3}{3}\right), \psi(x) = x$ とすると van der Pol 方程式 (2.2.14) となる．Liénard 方程式 $\ddot{x} + \varphi(x)\dot{x} + \psi(x) = 0, \varphi(x) = \dfrac{d\Phi}{dx}$ は van der Pol 方程式を一般化したものである．

証明 証明は van der Pol 方程式のリミットサイクルの証明 (§2.2.2) とほとんど変わらないので読者に委ねる（問題 4.2.1）．■

定理 4.2.4 FitzHugh-Nagumo 方程式 (4.2.1) は $I = -\dfrac{a}{b} \neq 0$ のときただ 1 つの安定なリミットサイクルをもつ．

証明 (4.2.1) に変数変換

$$\begin{cases} x = -u, \\ y = bx - \dfrac{w}{\mu} - \dfrac{I}{\mu} \end{cases} \tag{4.2.9}$$

を施すと

$$\begin{cases} \dot{x} = y - \dfrac{1}{\mu}\left(\dfrac{x^3}{3} - (1 - b\mu)x\right), \\ \dot{y} = -\dfrac{1}{\mu}\left(\dfrac{b}{3}x^3 - (b - 1)x\right) - \dfrac{1}{\mu}(a + bI) \end{cases}$$

を得る．関数 $\dfrac{1}{\mu}\left(\dfrac{x^3}{3} - (1 - b\mu)x\right)$ と $\dfrac{1}{\mu}\left(\dfrac{b}{3}x^3 - (b - 1)x\right)$ はそれぞれ定理 4.2.2 の Φ, ψ の条件をすべて満足するので定理の結果が従う．■

図 4.2.4 は a, b, μ のパラメータ値を図 4.2.1 と同じにして，$I = -\dfrac{a}{b} = -\dfrac{8}{9}$ としたときのリミットサイクルの発生の様子を示したものである．リミットサイクルの外側にある初期値からも内側からもリミットサイクルに巻き付いている解軌跡が描かれている．右図はその時系列を示す．

実は $I = -\dfrac{8}{9}$ 以外でも，すなわち，$I_n < I < I_m$ $(I_{m,n} < 0)$ の範囲でリミットサイクルが発生する．この事実を証明するには再び Poincaré-Bendixson の定理の登場を願う必要がある．まずつぎの補題を準備する．

補題 4.2.5 条件 (4.2.2) のもとで FitzHugh-Nagumo 方程式 (4.2.1) はただ 1

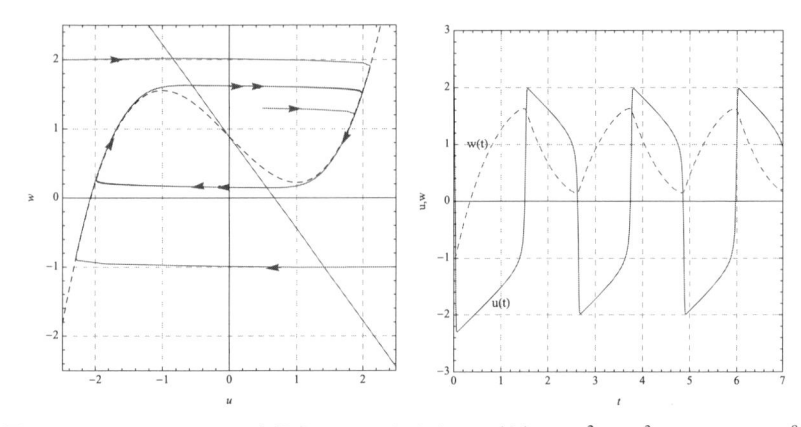

図 4.2.4 FitzHugh-Nagumo 方程式のリミットサイクル（左）: $a = \frac{2}{3}, b = \frac{3}{4}, \mu = 0.02, I = -\frac{8}{9}$. 唯一の平衡点（$\dot{u}$-ヌルクライン（3 次曲線）と $\dot{w}$-ヌルクライン（直線）の交点）は湧点である．右図は時系列を示す．

つの平衡点 (u_I^*, w_I^*) をもち，u_I^* は I に関して単調増加関数である．

証明 証明は命題 4.2.1 と同様であるので読者に委ねる（問題 4.2.2）．■

$I \neq 0$ のときの平衡点 (u_I^*, w_I^*) の固有値 $\lambda_{1,2}^I$ は (4.2.5) の u^* を u_I^* に変えたものである．$I = 0$ では $\mathrm{Re}(\lambda_{1,2}^I) < 0$ であるから I を 0 より大きくしても $\mathrm{Re}(\lambda_{1,2}^I) < 0$ である．よって I を負側へ大きくしていくことを考える．補題 4.2.5 により u_I^* は I に関して単調増加であるので，I を負側へ大きくしていけば $\mathrm{Re}(\lambda_{1,2}^I)$ は負から正に変わる．すなわち，平衡点は沈点から湧点へと変わる．さらに，負側へ大きくしていけば $\mathrm{Re}(\lambda_{1,2}^I)$ は再び負に変わる．すなわち，湧点から沈点へ変わる．沈点となるのは $|u_I^*| > \sqrt{1 - b\mu}$ のときであり，湧点となるのは $|u_I^*| < \sqrt{1 - b\mu}$ のときである．(I, u_I^*) 平面に平衡点の特性を模式的に描いたものが図 4.2.5 である．

定理 4.2.6 I_m, I_n を

$$I_m = \frac{1}{3b}\left(b(\sqrt{1-b\mu})^3 + 3(1-b)\sqrt{1-b\mu} - 3a\right), \tag{4.2.10}$$

$$I_n = -\frac{1}{3b}\left(b(\sqrt{1-b\mu})^3 + 3(1-b)\sqrt{1-b\mu} + 3a\right) \tag{4.2.11}$$

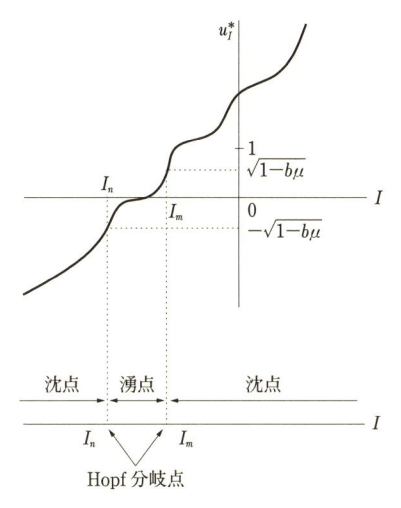

図 4.2.5 平衡点の (I, u_I^*) 平面における模式図：u_I^* は I について単調増加．平衡点は $|u_I^*| > \sqrt{1-b\mu}$ のとき沈点であり，$|u_I^*| < \sqrt{1-b\mu}$ のとき湧点となる．

とおく．外部刺激電流が $I_n < I < I_m$ のとき FitzHugh-Nagumo 方程式 (4.2.1) はただ 1 つの安定なリミットサイクルをもつ．

証明の直観的な説明 u_I^* はつぎの方程式

$$bu_I^3 + 3(1-b)u_I - 3a - 3bI = 0 \tag{4.2.12}$$

のただ 1 つの実根であるから $u_I^* = \sqrt{1-b\mu}$ のときの I_m は (4.2.10) と求まり，同様に $u_I^* = -\sqrt{1-b\mu}$ のときの I_n は (4.2.11) と求まる．いま平衡点が湧点である $I_n < I < I_m$ の区間をとり，平衡点より十分離れた $\dot{w}$-ヌルクライン上の点 P_0 を初期値とする解軌跡を考える（図 4.2.6 参照）．理解しやすくするために $\mu \ll 1$ として説明する（厳密な証明ではない）．このとき速い時間スケール $t = \mu\tau$ に変換した近似方程式は $\dfrac{du}{d\tau} = w - \dfrac{u^3}{3} + u + I, \dfrac{dw}{d\tau} = 0$ となるので，解が $\dot{u}$-ヌルクラインの近傍にあるときには $w =$ 一定であることがわかる．また時間 t のスケールで $\mu \to 0$ の極限をとると解が $\dot{u}$-ヌルクライン上にあるときは時間 t のスケールで移動することがわかる．

さてこれらの事実より P_0 を初期値とした解はベクトル場より $w =$ 一定で

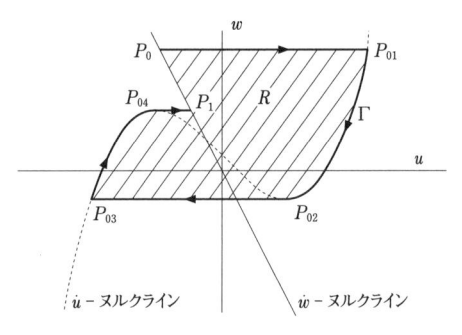

図 4.2.6 FitzHugh-Nagumo 方程式のリミットサイクルの証明.

すばやく東に進み $\dot{u}$-ヌルクラインである $w - \dfrac{u^3}{3} + u + I = 0$ の曲線上の点 P_{01} と交わる．P_{01} と交わった後は $\dot{u}$-ヌルクラインに沿ってゆっくり南西に下り点 P_{02}（$\dot{u}$-ヌルクラインのひざにあたるところ）に至る．その後，$\dot{u}$-ヌルクラインから離れすばやく西進する．点 P_{02} に到達したのちこのヌルクラインに沿ってさかのぼれないのはこの部分のベクトル場を考えれば明らかである．西進後再びヌルクラインと交わり点 P_{03} に到達しこのヌルクラインに沿ってゆっくり北東に上る．ヌルクラインの頂上 P_{04} に到達後は同じ理由でヌルクラインに沿って南東に下ることはできず東進し，$\dot{w}$-ヌルクラインと点 P_1 で交わる．このようにしてできた $P_0 P_{01} P_{02} P_{03} P_{04} P_1 P_0$ を Jordan 曲線 Γ とする．また R を Γ の内部とする（図 4.2.6 の斜線部分）．初期値を $\dot{w}$-ヌルクライン上にとり曲線 Γ の外側とすると解は同様な軌跡をたどり，この R に入る．また P_0 と P_1 の間の初期値に対しても同様に解軌跡は R に入る．さらに曲線 Γ の外側の任意の初期値に対してもその解軌跡は R に入る．その解軌跡は $P_0 P_1$ の部分と必ず出合うからである．ここまで述べた初期値に対しては，(4.2.1) の正軌道が有界閉領域 R にあり，この R 内には湧点である平衡点がただ 1 つだけ存在するので Poincaré-Bendixson の 3 分割法定理 3.5.10 (§3.5.3) によりただ 1 つのリミットサイクルが存在することがいえる．初期値が平衡点に近いところからの正軌道も有界閉領域にあることをいう必要があるがこれは読者の問題とする（問題 4.2.4）．リミットサイクルが安定であることは初期値を変化させてその解軌道をみれば容易にわかるであろう．

注意 4.2.7 FitzHugh-Nagumo 方程式は $I = I_m, I_n$ のところで平衡点の固有値が 2 つとも同時に実部の負（正）側から正（負）側に変わるのでここで Hopf 分岐が起きている．固有値は I に関して連続である．FitzHugh-Nagumo 方程式 (4.2.1) において $a = \frac{2}{3}, b = \frac{3}{4}, \mu = 0.02$ としたときの平衡点の固有値 $\lambda_{1,2}$ の I に対する変化を図 4.2.7 に示す．I_m, I_n で固有値が純虚数になっていることがわかる．

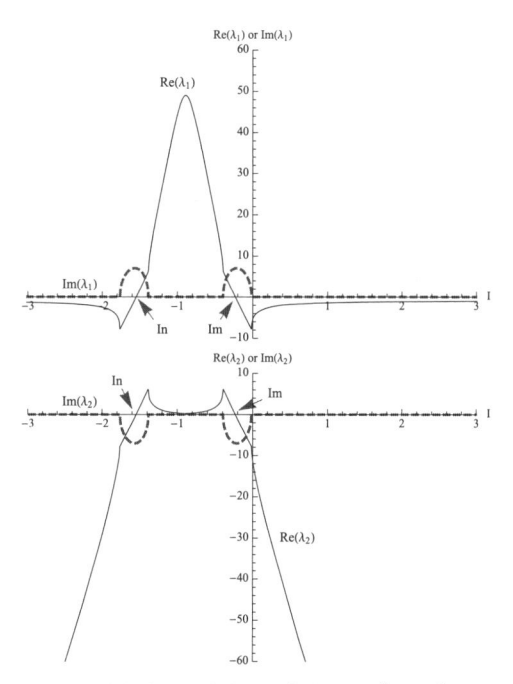

図 4.2.7 FitzHugh-Nagumo 方程式の平衡点の固有値：$a = \frac{2}{3}, b = \frac{3}{4}, \mu = 0.02$ のときの固有値 λ_1（上）と λ_2（下）の I に対する変化．

4.2.4 シミュレーション

最後に，FitzHugh-Nagumo 方程式 (4.2.1) において $a = \frac{2}{3}, b = \frac{3}{4}, \mu = 1$ としたときのシミュレーション結果を図 4.2.8 に示す．同図 (a) は $I = 0$ のときで解は沈点である平衡点（3 次曲線と直線の交点）に収束していることがわか

る．(b) は $I = -\frac{8}{9}\left(= -\frac{a}{b}\right)$ とし，このとき平衡点は湧点となりリミットサイクルが発生し，初期値がリミットサイクルの外側にあるときには，外側からリミットサイクルに巻き付く様子がわかる．(c) は (b) と同じ I の値とし，その初期値をリミットサイクルの内側に設定したときで，内側からリミットサイクルに巻き付く様子を示す．図 4.2.8 のパラメータでは，$I_m = -\frac{49}{72}, I_n = -\frac{79}{72}$ となり，この I の値のところで平衡点の固有値が 2 つとも同時に実部の負（正）側から正（負）側に変わるのでここで Hopf 分岐が起きている．Hopf 分岐を

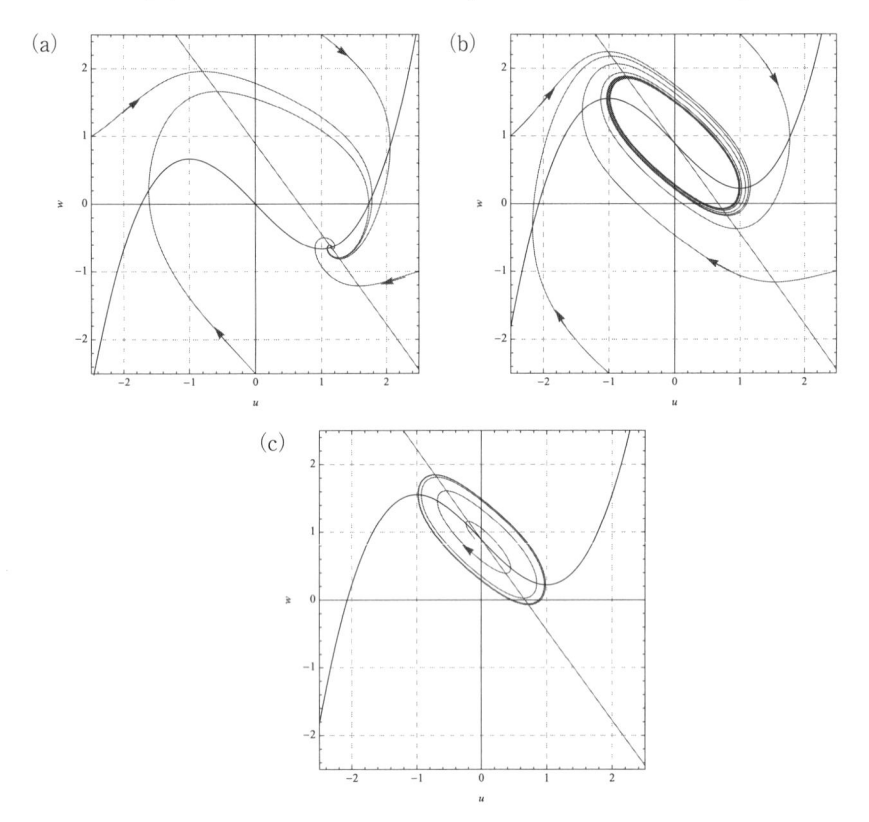

図 **4.2.8** FitzHugh-Nagumo 方程式の解軌跡：$a = \frac{2}{3}, b = \frac{3}{4}, \mu = 1$．(a) は $I = 0$ で解は沈点である平衡点に収束，(b) は $I = -\frac{a}{b}$ で平衡点は湧点となりリミットサイクルが発生し，外側から巻き付く様子を示す．(c) は (b) と同様に $I = -\frac{a}{b}$ とし，リミットサイクルの内側から巻き付く様子を示す．

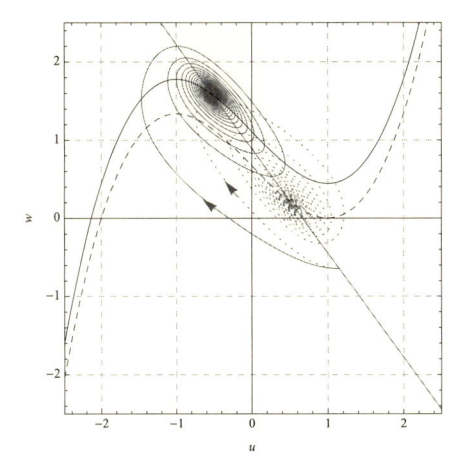

図 4.2.9 FitzHugh-Nagumo 方程式が Hopf 分岐を起こす前後の様子：平衡点は沈点となり漸近的に沈点に収束する．

起こす前後の様子を図 4.2.9 に示す．

演習問題

問題 4.2.1 定理 4.2.2 を §2.2.2 にならって証明せよ．

問題 4.2.2 補題 4.2.5 を証明せよ．

問題 4.2.3 図 4.2.3 において初期値が BC（B と C は含まず）上にあるとき (4.2.3) の解軌跡がどうなるか考察せよ．

問題 4.2.4 定理 4.2.6 で初期値が平衡点に近いところからの正軌道が有界閉領域にあることを説明せよ．

問題 4.2.5 FitzHugh-Nagumo 方程式 (4.2.1) において $a = \frac{2}{3}$, $b = \frac{3}{4}$, $\mu = 0.5$ としシミュレーションせよ．

4.3 ロジスティック方程式からの発展

§3.1–§4.2 では対象とする現象の動態を時間関数として表現した常微分方

程式モデルを解析した．しかし，自然現象においてはその動態は一般には時間と場所によることが普通であり，その結果，扱うモデルは時間と場所を変数とする偏微分方程式となる．偏微分方程式の解析は常微分方程式より必ずしも難易度が増すとは限らないが常微分方程式のそれと比べて別の道具立てがかなり必要になる．本書では 2, 3 の生態系の偏微分方程式モデルの紹介にとどめる．

さて，ロジスティック方程式は §3.1 で扱ったように

$$\dot{x} = rx\left(1 - \frac{x}{k}\right)$$

であった．ここで $x = x(t)$ は生物個体群総数を表し，それは時間 t の関数であり，また，成長率 r と環境収容力 k は定数であった．この節では環境収容力が空間によって変化すると仮定しよう．実際生物にとっては空間（場所）により住みやすさが異なるのでこの仮定は自然界の条件と適合している．

さて記号を新たにつぎのように定義する．

- u：新たに u を生物個体群総数とする．$u = u(t, x) : \mathbb{R}^2 \to \mathbb{R}$.
- x：1 次元空間である場所を表す．$-m \leq x \leq M$, m, M は正の定数．
- k：$k = k(x)$ とする．すなわち，環境収容力は場所によって変化する．$k(x) \geq 0$.

t が時間を表すことに変わりはない．この記号のもとにロジスティック方程式は

$$u_t = ru\left(1 - \frac{u}{k(x)}\right) \qquad (4.3.1)$$

と表現できる．ここで，$u_t = \dfrac{\partial u}{\partial t}$ である．

(4.3.1) のベクトル場は座標軸を (u, x, u_t) とした 3 次元となる．

例題 4.3.1 $k(x) = 20e^{-\frac{x^2}{100}}$ とした 3 次元ベクトル場の一例を図 4.3.1 に示す．□

例題 4.3.2 初期条件として $u(0, x) = 30e^{-\frac{x^2}{100}}$，環境収容力を

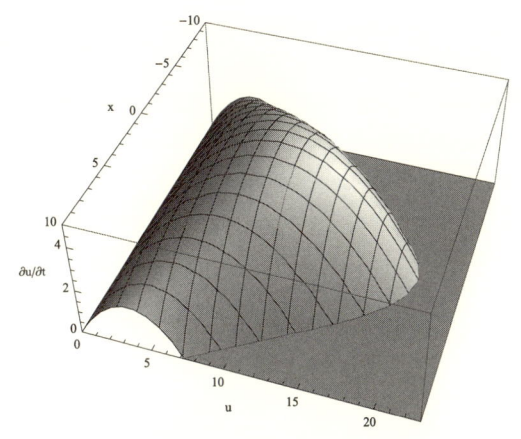

図 4.3.1 環境収容力が場所の関数であるときの 3 次元ベクトル場：$k(x) = 20e^{-\frac{x^2}{100}}$.

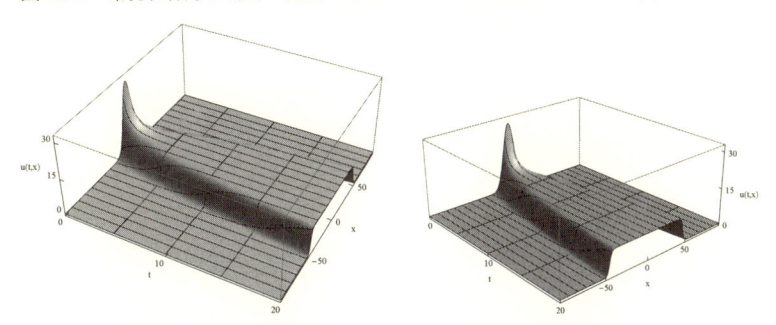

図 4.3.2 環境収容力が場所の関数であるときの個体群総数の時間場所変化：初期条件は $u(0, x) = 30e^{-\frac{x^2}{100}}$. また，環境収容力を $k(x) = 1, |x| \leq 70, k(x) = 0, |x| > 70$ とした．視点を変えて 2 図を示した．左図では t 軸に沿った格子線からロジスティック曲線がよくわかる．

$$k(x) = \begin{cases} 1, & |x| \leq 70 \\ 0, & |x| > 70 \end{cases}$$

としたときの場所による個体群総数の時間変化を図 4.3.2 に示す．□

演習問題

問題 4.3.1 (4.3.1) の解析解を導出し，x を固定して $\lim_{t \to \infty} u(t, x)$ を求め，(3.1.1) の

場合と比較せよ．

問題 4.3.2 コククジラ[5]は南は北回帰線近くバハ半島[6]の南から北は北極圏チュクチ海[7]まで約 20,000 km を季節ごとに回遊している[8]．この場合，季節回遊を表すもっとも簡単な方程式として

$$u_t = -Ac\cos(ct)u_x$$

が考えられる．c は回遊する速度を支配するパラメータである．初期プロファイル $u(0, x)$ を正規分布として時間発展を考察せよ（図 4.3.3 参照）．

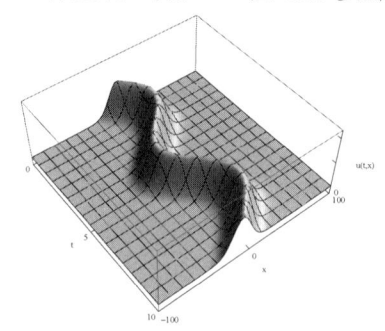

図 **4.3.3** 問題 4.3.2 の参考図：$A = 20, c = 1$ とし，初期プロファイルに平均 0，分散 10 の正規分布を与えたときの時間発展．

4.4 反応拡散モデル：Fisher-Kolmogorov 方程式

§4.3 では環境収容力 k が場所の関数であったが，方程式 (4.3.1) 自体には $\dfrac{\partial}{\partial x}$ の項がなく解く上では方程式 (3.1.1) と同様に扱えた．本節では時間によってはロジスティック成長であるが，場所については拡散する個体群動態を扱う．方程式はつぎのようになる．

$$u_t = Du_{xx} + ru\left(1 - \frac{u}{k}\right). \tag{4.4.1}$$

ここで，$u_t = \dfrac{\partial u}{\partial t}, u_{xx} = \dfrac{\partial^2 u}{\partial x^2}$ である．上式は Fisher-Kolmogorov（フィッシャー–

---

5) gray whale. 学名：*Eschrichtius robustus*.
6) Bája peninsula.
7) Chukchi Sea，ベーリング海峡の北．
8) http://www.ocean-institute.org/visitor/gray_whale.html

コルモゴロフ）方程式といわれるものであり [36][56]，D は拡散係数で正の定数である．いわゆる反応拡散方程式の一種である[9]．

4.4.1 遺伝子選択モデルと拡散

Ronald A. Fisher[36] は，生息地が海岸線のようにまっすぐ延び，一様分布している種の人口分布の変化の反応拡散モデルをつぎのように考えた．もし，どこかの場所で交配の結果優性遺伝子をもつ種が突然変異で起きたとする．この優性遺伝子種は対立劣性遺伝子種の生息地を犠牲にしてその個体数を増加させることが予想される．優性遺伝子種は突然変異の起きた近くでまず最初にその個体数を増加させるが，近接する周りの領域へ徐々に広がりつつ増加していく．優性遺伝子をもつ子孫の生息場所の領域が両親の生息場所との距離より大きくなったと仮定すると，優性遺伝子群の増加は海岸線を伝搬する波のようになる．この進行波を考えるときもっとも簡単な条件を課すとつぎのようになるであろう．

遺伝子選択モデルの基本仮定

優性遺伝子と劣性遺伝子の頻度をそれぞれ p, q ($0 \leq p \leq 1, q = 1 - p$) とし，突然変異の選択強度を m とする．優性遺伝子の 1 世代あたりの頻度変化を，$p = p(t)$ として

$$\frac{dp}{dt} = mpq \tag{4.4.2}$$

と仮定するのが遺伝子選択モデルである．(4.4.2) は $p^* = kp$ ($k > 0$) と変数変換すると

$$\frac{dp^*}{dt} = mp^*\left(1 - \frac{p^*}{k}\right) \tag{4.4.3}$$

を得，ロジスティック方程式となる．ロジスティック方程式(§3.1)で解析したように $p^* = 0$ ($p = 0$) は不安定であり $p^* = k$ ($p = 1$) は安定である．したがって，優性遺伝子の発生頻度が 0 でない限り，時間極限においてそれは 1 に収束する．すなわち，遺伝子選択モデルは対立劣性遺伝子を排除してしまう．

---

9) 反応拡散方程式の一般形は $u_t = Du_{xx} + f(u)$ で表され，$f = 0$ とし反応項をなくせば拡散方程式 $u_t = Du_{xx}$ となる．拡散方程式は熱伝導をはじめ多くの物理現象を記述する偏微分方程式でもっとも基本的なものの 1 つである．

拡散モデル

優性遺伝子の頻度 p が時刻 t と位置 x に依存しているとして $p = p(t, x)$ とし，つぎの拡散モデル

$$\frac{\partial p}{\partial t} = D\frac{\partial^2 p}{\partial x^2}, \quad -\infty < x < \infty, \quad t > 0 \tag{4.4.4}$$

を満たすとする．天下り的に

$$p(t, x) = \frac{1}{\sqrt{4\pi Dt}} e^{-\frac{x^2}{4Dt}} \tag{4.4.5}$$

とおいてみると，確かに (4.4.5) は (4.4.4) を満たしていることがわかるであろう（問題 4.4.1）．実際 (4.4.4) の一般解は初期値 $p(0, x) = f(x)$ に対してつぎのように書くことができる．

命題 4.4.1 γ をある正の定数として

$$\int_{-\infty}^{\infty} |f(x)| e^{-\gamma x^2} dx < +\infty \tag{4.4.6}$$

を仮定する．このとき

$$G_t(x) = \frac{1}{\sqrt{4\pi Dt}} e^{-\frac{x^2}{4Dt}}, \quad -\infty < x < \infty, \quad t > 0 \tag{4.4.7}$$

として[10]，(4.4.4) の一般解は

$$p(t, x) = \int_{-\infty}^{\infty} G_t(x - y) f(y) dy, \quad -\infty < x < \infty, \quad 0 < t < \frac{1}{4\gamma D} \tag{4.4.8}$$

と書くことができる．

注意 4.4.2 (4.4.8) は $\lim_{t \to 0} p(t, x) = f(x)$ という仮定で (4.4.4) を満たす解である．すなわち，p が $t \to 0$ としたとき初期値 f に収束するかどうかは f がどんな関数族に属するかにより異なってくる．詳細な議論は本書の範囲を逸脱するので文献 [3] を参照されたい[11]．

---

10) G_t を Gauss 核という．
11) 関数 f を有界かつ一様連続とすると

$$\lim_{t \to 0} \sup_x \left| \int_{-\infty}^{\infty} G_t(x - y) f(y) dy - f(x) \right| = 0 \tag{4.4.9}$$

が証明できる．すなわち，(4.4.8) は f に一様収束する．

ちなみに，(4.4.5) は平均 0, 標準偏差 $\sqrt{2Dt}$ の Gauss（ガウス）分布の確率密度を表しており，したがって，優性遺伝子の頻度 p は分散という不確実性をもち，その不確実性が時間に比例して増大する Brown（ブラウン）運動であると解することができる．

さて，海岸線に沿ってまっすぐに生息地が並び生息分布を一様分布とした仮定から γ は正の数であればよいので，(4.4.8) において解の存在時間はいくらでも延ばすことができる．したがって，つぎの命題が成立する．

命題 4.4.3　$p(t, x)$ は空間変数 x の関数として $t \to \infty$ のとき 0 に一様収束する．すなわち，
$$\lim_{t \to \infty} \sup_x |p(t, x)| = 0. \tag{4.4.10}$$

証明　$t > 0$ に対して
$$|p(t, x)| \leq \int_{-\infty}^{\infty} G_t(x - y)|f(y)|dy \leq \sup_x G_t(x - y) \int_{-\infty}^{\infty} |f(y)|dy \tag{4.4.11}$$
であり，また
$$G_t(x - y) \leq \frac{1}{\sqrt{4\pi Dt}} \tag{4.4.12}$$
であるので
$$\sup_x |p(t, x)| \leq \frac{1}{\sqrt{4\pi Dt}} \int_{-\infty}^{\infty} |f(y)|dy, \quad t > 0 \tag{4.4.13}$$
が成立する．(4.4.13) より命題の結果が従う．∎

注意 4.4.4　命題 4.4.3 は $p(t, x)$ が拡散モデル (4.4.4) を満たすとすると，優性遺伝子をもった群は生き延びることはできず，時間極限で生息するのは対立劣性遺伝子群のみとなることをいっている．

Fisher のモデル

Fisher は遺伝子選択モデルと拡散モデルを合成してつぎのような方程式を考えた．
$$\frac{\partial p}{\partial t} = D \frac{\partial^2 p}{\partial x^2} + mpq, \quad -\infty < x < \infty, \; t > 0. \tag{4.4.14}$$
(4.4.14) においては優性遺伝子の存在確率 $p(t, x)$ は時間定常解（(4.4.14) において $\frac{\partial p}{\partial t} = 0$ としたときの解）として 0 にも 1 にもなり得る．次項にて (4.4.14) の進行波解を扱う．

4.4.2 進行波解

(4.4.14) において解を

$$p(t,x) = P(z), \quad z = x - ct \tag{4.4.15}$$

と書くことができるとき，この解を**進行波解** (travelling wave solution) という[12]．ここで，c は波が伝搬する速度を表すが，(4.4.14) においては x の符号について不変であるので c は正でも負でもかまわない．よって，$c > 0$ を仮定する．(4.4.15) を (4.4.14) に代入すると

$$DP'' + cP' + mP(1-P) = 0 \tag{4.4.16}$$

を得る．$'$ は z に関する微分を表す．進行波解のうち $z \to -\infty$ で1つの定常状態となり，$z \to \infty$ でもう1つの定常状態となるものを，とくにここでは**フロント進行波解** (wavefront solution) と呼ぶことにする．

さて (4.4.16) を

$$\begin{cases} P' = Q, \\ Q' = -\dfrac{c}{D}Q - \dfrac{m}{D}P(1-P) \end{cases} \tag{4.4.17}$$

と書きなおそう．P の解軌跡は (4.4.17) の相図を描くことによりわかる．まず，(4.4.17) の平衡点は $(0,0)$ と $(1,0)$ であるので，それぞれの Jacobi 行列は $D\boldsymbol{f}(0,0) = \begin{pmatrix} 0 & 1 \\ -\frac{m}{D} & -\frac{c}{D} \end{pmatrix}$ と $D\boldsymbol{f}(1,0) = \begin{pmatrix} 0 & 1 \\ \frac{m}{D} & -\frac{c}{D} \end{pmatrix}$ となり，これより平衡点 $(0,0)$ の固有値は $\lambda_{\pm} = \dfrac{1}{2}\left(-\dfrac{c}{D} \pm \sqrt{\left(\dfrac{c}{D}\right)^2 - \dfrac{4m}{D}}\right)$ となるので，$c^2 \geq 4mD$ のとき平衡点 $(0,0)$ は安定結節点 (stable node) となり $c^2 < 4mD$ のときは安定渦状点 (stable spiral) となる．また，平衡点 $(1,0)$ の固有値は $\lambda_{\pm} = \dfrac{1}{2}\left(-\dfrac{c}{D} \pm \sqrt{\left(\dfrac{c}{D}\right)^2 + \dfrac{4m}{D}}\right)$ となるので，平衡点 $(1,0)$ は鞍点となる．以上の考察より条件 $c^2 < 4mD$ のときは原点付近で渦状になりその結果 $P < 0$ となり物理的な

---

[12] たとえば，拡散方程式 $\frac{\partial u}{\partial t} = \frac{\partial^2 u}{\partial x^2}$ で $u(t,x) = e^{-c(\pm x - ct)}$ という解が存在する．この解は形を崩さず一定の速度 $\pm c$ で進行することができるので進行波解という．

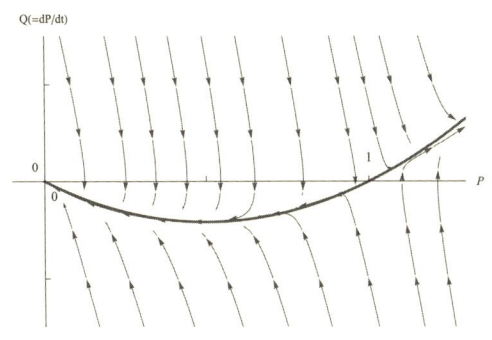

図 4.4.1 速度 $c^2 \geq 4mD$ のときの進行波解の相図：このとき平衡点 $(0,0)$ は安定結節点，平衡点 $(1,0)$ は鞍点となる．鞍点から安定結節点に伸びる太線がヘテロクリニック軌道でありフロント進行波解となる．

意味を失う．したがって，進行波の速度として $c \geq \sqrt{4mD}$ を得る．相図は図 4.4.1 となる．相図上の点 $(1,0)$ から $(0,0)$ に伸びるヘテロクリニック軌道がフロント進行波解である．

残る問題はどのような初期条件 $p(0, x)$ が進行波解を形成するのかあるいは，速度 c はいくらになるのかということである．この問題に対して Kolmogorov らは初期値に条件を与え速度が $\sqrt{4mD}$ となることを証明した [56]．

(4.4.1) において $D = 8, r = 0.8, k = 100$ と設定し初期プロファイルを $u(0, x) = 40e^{-\frac{x^2}{100}}$ としたときの時間発展を図 4.4.2 左図に示す．また，同右図は $x - u$ 断面での時間発展を示したものである．$t = 10$ 以降では進行波前面

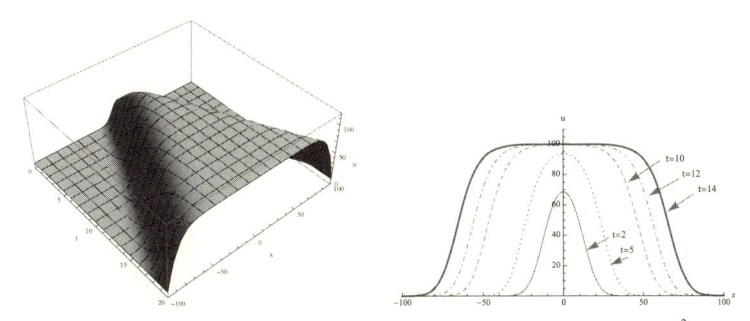

図 4.4.2 左図は $D = 8, r = 0.8, k = 100$ とし初期プロファイルを $u(0, x) = 40e^{-\frac{x^2}{100}}$ としたときの時間発展を示す．右図は $x - u$ 断面での進行波の様子を示す．$t = 10$ 以後では進行波前面 (front) の形状が保たれたまま進んでいることがわかる．

4.4 反応拡散モデル：Fisher-Kolmogorov 方程式

(front) の形状が保たれたまま進んでいることがわかる.

4.4.3 平衡解の安定性

局所的な安定性

(4.4.1) の定常解とは右辺 = 0, すなわち, $u = u(x)$ となる解を指し, さらに平衡解とは $u \equiv \text{const.}$ となるときをいう. (4.4.1) においては自明な平衡解 $u(t,x) \equiv 0$ と非自明な平衡解 $u(t,x) \equiv k$ が存在する. ここでは非自明な平衡解 $u(t,x) \equiv k$ についてその（時間）局所的な安定性について吟味しよう.

$U(t,x)$ を平衡解 $u(t,x) \equiv k$ からの微小な摂動とする. すなわち,

$$u(t,x) = k + U(t,x). \tag{4.4.18}$$

(4.4.18) を (4.4.1) に代入し線形化すると（U は微小な摂動であるから U^2 はさらに小さくなり無視すると）

$$U_t = DU_{xx} - rU \tag{4.4.19}$$

を得, また, 境界条件は $U_x(t,0) = U_x(t,L) = 0$ となる. 方程式 (4.4.19) は変数分離法により解くことができる. $U(t,x) = f(t)g(x)$ とし (4.4.19) に代入して

$$\frac{f'}{f} = D\frac{g''}{g} - r \tag{4.4.20}$$

を得る. ここで, 記号 $'$ はそれぞれの関数の独立変数での微分を示す. $\frac{f'}{f} = \lambda$（変数 t, x に関係しない定数）とすると $f(t) = ce^{\lambda t}$ (c：定数) を得, また, (4.4.20) 右辺より

$$g'' - \left(\frac{r+\lambda}{D}\right)g = 0, \quad g'(0) = g'(L) = 0 \tag{4.4.21}$$

を得る. (4.4.21) は境界条件を満たす非自明な指数関数の解はもち得ないことがわかるので, したがって, $r + \lambda \leq 0$ である. これより

$$g(x) = A\sin\omega x + B\cos\omega x \tag{4.4.22}$$

を得る.ここに,$\omega^2 = \dfrac{-(r+\lambda)}{D}$とおいた.(4.4.22) に境界条件 $g'(0) = g'(L) = 0$ を適用するとつぎの関係を得る.

$$\sin \omega L = 0 \tag{4.4.23}$$

あるいは

$$\omega L = n\pi, \quad n = 0, 1, 2, \ldots \tag{4.4.24}$$

よって,

$$\lambda = \lambda_n = -r - D\left(\frac{n\pi}{L}\right)^2, \quad n = 0, 1, 2, \ldots \tag{4.4.25}$$

以上より固有値解は

$$U_n(t, x) = e^{\lambda_n t} \cos \frac{n\pi}{L} x, \quad n = 0, 1, 2, \ldots \tag{4.4.26}$$

となり,一般解は (4.4.26) の線形結合で表すことができるので

$$U(t, x) = \sum_{n=0}^{\infty} c_n e^{\lambda_n t} \cos \frac{n\pi}{L} x, \quad n = 0, 1, 2, \ldots \tag{4.4.27}$$

となる.c_n は与えた摂動により決まる定数である.(4.4.25) より $\lambda_n < 0, n = 0, 1, 2, \ldots$ であるから上式は $t \to \infty$ で 0 となり,したがって,平衡解 $u(t, x) \equiv k$ は局所安定である.以上よりつぎの命題が成立する.

命題 4.4.5 方程式 (4.4.1) を $t > 0, 0 < x < L$ の範囲で考え境界条件は $u_x(t, 0) = u_x(t, L) = 0$ とする.このとき非自明な平衡解 $u(t, x) \equiv k$ は局所安定であり,自明な平衡解 $u(t, x) \equiv 0$ は局所不安定である.

自明な平衡解 $u(t, x) \equiv 0$ の局所不安定性については読者の問題とする(問題 4.4.3).

大域的な安定性

偏微分方程式において,その定常解や平衡解の時間大域的な安定性について議論するには関数解析 [3] などの道具が必要になる.ここでは結果のみ示す.
方程式

$$u_t = u_{xx} + f(u) \tag{4.4.28}$$

で $f(0) = f(1) = 0$ を仮定し解 $u(x, t) \in [0, 1]$ を考える.

定理 4.4.6 $u(t,x) \in [0,1]$ を $\mathbb{R} \times \mathbb{R}^+$ における (4.4.28) の解とする．また，$f(u)$ は $f(0) = f(1) = 0, f \in C^1[0,1]$ と $(0,1)$ で $f'(0) > 0, f(u) > 0$ を仮定する．このとき，解は $u(t,x) \equiv 0$ か $\lim_{t \to \infty} \inf u(t,x) = 1$ である．

証明 [25] 参照．

注意 4.4.7 平衡解 $u \equiv 1$ は時間大域的に安定であり，平衡解 $u \equiv 0$ は不安定であることをいっている．(4.4.1) は $\tau = rt, \xi = x\sqrt{\dfrac{r}{D}}$ と変数変換し，さらに $v = \dfrac{u}{k}$ とスケール変換することにより $v_\tau = v_{\xi\xi} + v(1-v)$ となる．この方程式は定理 4.4.6 の仮定を満たしており，したがって，(4.4.1) の平衡解 $u(t,x) \equiv k$ は大域的に安定であり，平衡解 $u(t,x) \equiv 0$ は大域的に不安定である．

4.4.4　テータロジスティックモデル付き Fisher-Kolmogorov 方程式と分岐現象

この項では問題 3.1.4 のテータロジスティックモデルにおいて，$\theta = 2$ として，(4.4.1) に適用し

$$u_t = Du_{xx} + ru\left\{1 - \left(\dfrac{u}{k}\right)^2\right\}, \quad t > 0, \quad 0 < x < L \tag{4.4.29}$$

を考えよう．境界条件は $u(t,0) = u(t,L) = 0$ とする．ここで，環境収容力 k は成長率 r に比べ十分大きいと仮定して，$\varepsilon = \dfrac{r}{k^2}(> 0)$ とおく．(4.4.29) を改めて

$$u_t = Du_{xx} + ru - \varepsilon u^3 \tag{4.4.30}$$

と書こう[13]．個体群総数 u は本来 $u \geq 0$ であるがまず $-\infty < u < \infty$ として議論を進める（ステップ I）．その後得られた結果より $u \geq 0$ に対する結論を導く（ステップ II）．

(1) ステップ I

(4.4.30) において $\varepsilon = 0$ とすると方程式は線形となり与えられた境界条件

---

[13] (4.4.30) は Allen-Cahn（アレン–カーン）方程式ともいわれるものであり，結晶成長の相遷移を記述する反応拡散方程式の一種でこの方程式のもつ進行波解の研究が盛んになされている [19]．

を満たす解は

$$u(t,x)|_{\varepsilon=0} = \sum_{n=0}^{\infty} c_n \sin\frac{n\pi x}{L} e^{\sigma t}, \quad \sigma = r - D\left(\frac{n\pi}{L}\right)^2 \quad (4.4.31)$$

と得られる（問題 4.4.4）．c_n を適当に選べば初期条件 $u(0,x) = u_0$ を満たすことができる[14]．したがって，n が十分大きいモードに対しては指数関数的に減衰することがわかる．いま，拡散係数 D の値を固定し，成長率 r を可変パラメータとし，$u = 0$ という解が最初に不安定を起こすときをつぎのように考える．すなわち，$n = 1$ のとき $\sigma > 0$, $n \geq 2$ のとき $\sigma < 0$ と仮定する．よって，

$$r = D\left(\frac{\pi}{L}\right)^2 + \varepsilon r_1, \quad r_1 > 0 \quad (4.4.32)$$

と書くことができる．(4.4.32) を (4.4.30) に代入すると

$$u_t = Du_{xx} + \left\{D\left(\frac{\pi}{L}\right)^2 + \varepsilon r_1\right\}u - \varepsilon u^3 \quad (4.4.33)$$

を得る．(4.4.33) に対して**多重尺度法** [82] を適用しよう．多重尺度法は，近似解を求める代表的な手法であり工学の問題によく適用され，[75][76][77] などの例がある．

いま，$T_0 = t, T_1 = \varepsilon t$ とおき，T_1 という長時間スケール変数を導入する．すると時間に関する偏微分は

$$\frac{\partial}{\partial t} = \frac{\partial}{\partial T_0} + \varepsilon\frac{\partial}{\partial T_1} + O(\varepsilon^2) \quad (4.4.34)$$

となる．また，u を

$$u(t,x) = u_0(T_0, T_1, x) + \varepsilon u_1(T_0, T_1, x) + O(\varepsilon^2) \quad (4.4.35)$$

と展開し，(4.4.34) と (4.4.35) を (4.4.33) に適用し ε のベキでまとめるとつぎの関係を得る．

$$O(\varepsilon^0) : \frac{\partial u_0}{\partial T_0} = D\frac{\partial^2 u_0}{\partial x^2} + D\left(\frac{\pi}{L}\right)^2 u_0, \quad (4.4.36)$$

---

14) たとえば [14] をみよ．

$$O(\varepsilon): \frac{\partial u_1}{\partial T_0} = D\frac{\partial^2 u_1}{\partial x^2} + D\Big(\frac{\pi}{L}\Big)^2 u_1 - \frac{\partial u_0}{\partial T_1} + r_1 u_0 - u_0^3, \qquad (4.4.37)$$

$$O(\varepsilon^2): \cdots\cdots\cdots.$$

ε^0 の項をまとめた (4.4.36) を ε^0 次方程式というが，これは線形であり，(4.4.31) と同様に解はつぎのように明示的に求めることができる．

$$u_0(T_0, T_1, x) = \sum_{m=0}^{\infty} c_m e^{\lambda_m T_0} \sin \frac{m\pi}{L} x. \qquad (4.4.38)$$

ただし，

$$\lambda_m = \begin{cases} D\Big(\frac{\pi}{L}\Big)^2, & m = 0 \\ 0, & m = 1 \end{cases}$$
$$\lambda_m < 0, \qquad m \geq 2$$

であり，$c_m = c_m(T_1)$ である．いま問題にしているのは，解の時間大域的挙動であるから，(4.4.38) において $m = 0$ のときは $u_0 = 0$ となり，また，$m \geq 2$ では解は指数関数的に減衰するので減衰しないモードのみ $A(T_1) \sin \frac{\pi}{L} x$ を扱えば十分である．よって，解を

$$u_0(T_0, T_1, x) = A(T_1) \sin \frac{\pi}{L} x \qquad (4.4.39)$$

とおく．この段階では $A(T_1)$ は未知の関数である．この $A(T_1)$ の性質によりもともとの非線形方程式の解の挙動を把握しようというのが多重尺度法である．さて，(4.4.39) を ε^1 次方程式 (4.4.37) に代入すると

$$\frac{\partial u_1}{\partial T_0} = D\frac{\partial^2 u_1}{\partial x^2} + D\Big(\frac{\pi}{L}\Big)^2 u_1 - \frac{dA}{dT_1} \sin \frac{\pi}{L} x + r_1 A \sin \frac{\pi}{L} x - A^3 \sin^3 \frac{\pi}{L} x \qquad (4.4.40)$$

となり，境界条件 $u_1(T_0, T_1, 0) = u_1(T_0, T_1, L) = 0$ で (4.4.40) を解けば u_1 を求めることができる．しかし，われわれの興味のある対象は u_1 自身ではなく A の性質であるので，この方程式を解くことはしない．(4.4.40) より可解条件を求めそれにより目的を達成しよう．

$$\sin^3 \frac{\pi}{L}x = \frac{3}{4}\sin\frac{\pi}{L}x - \frac{1}{4}\sin\frac{3\pi}{L}x$$

であるので，(4.4.40) の右辺は 1 次調波と 3 次調波のみ含んでいることがわかり，よって固有関数展開法（たとえば [34]）により u_1 は

$$u_1(T_0, T_1, x) = B_1(T_0, T_1)\sin\frac{\pi}{L}x + B_3(T_0, T_1)\sin\frac{3\pi}{L}x \tag{4.4.41}$$

と書くことができる．(4.4.41) を (4.4.40) に代入すると，係数 B_1, B_3 に関してつぎの関係を得る．

$$\frac{\partial B_1}{\partial T_0} = -\frac{dA}{dT_1} + r_1 A - \frac{3}{4}A^3, \tag{4.4.42}$$

$$\frac{\partial B_3}{\partial T_0} = -8D\left(\frac{\pi}{L}\right)^2 B_3 + \frac{1}{4}A^3. \tag{4.4.43}$$

(4.4.43) の解は $B_3 = c_3(T_1)e^{-8D(\frac{\pi}{L})^2 T_0} + \frac{A^3}{32D}\left(\frac{L}{\pi}\right)^2$ となり永年項は誘起しないので可解条件には不要である．(4.4.42) については，右辺は長時間スケール T_1 の関数であるからこの事実より $B_1(T_0, T_1) = c(T_1)T_0$ となるがこれは永年項となるため $c(T_1) = 0$ でなければならない．よって，A の条件として

$$\frac{dA}{dT_1} = r_1 A - \frac{3}{4}A^3 \tag{4.4.44}$$

を得る[15]．図 4.4.3 に示すように，もし $r_1 \leq 0$ のときには平衡点 $A = 0$ は安定であるが，$r_1 > 0$ になると平衡点 $A = 0$ は不安定となり新たに安定な平衡点

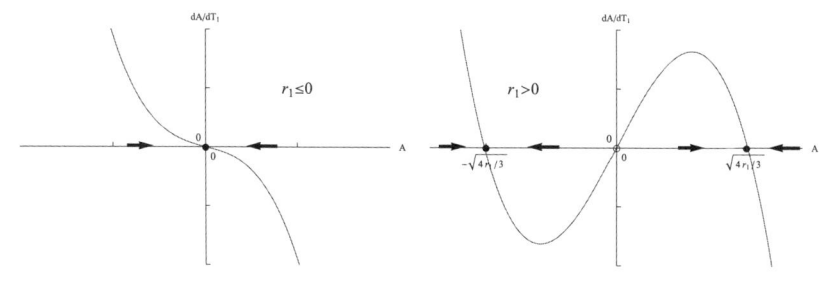

図 **4.4.3** (4.4.44) のベクトル図：左図は $r_1 \leq 0$ で右図は $r_1 > 0$ の場合である．$r_1 \leq 0$ のときには平衡点 $A = 0$ は安定であるが，$r_1 > 0$ になると平衡点 $A = 0$ は不安定となり新たに安定な平衡点 $A = \pm\sqrt{\frac{4r_1}{3}}$ が発生する．

---

15) (4.4.44) は Landau（ランダウ）方程式といわれるものである．

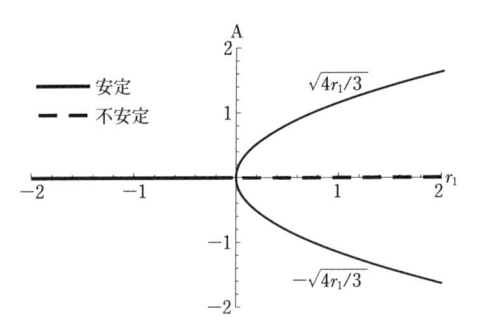

図 4.4.4 超臨界型ピッチフォーク分岐図：(4.4.44) における $r_1 - A$ 平面での分岐図を示す．

$A = \pm\sqrt{\dfrac{4r_1}{3}}$ が発生する．このように r_1 が負から正に変わるとき，平衡点の分岐が生ずるが，このような分岐を**超臨界型ピッチフォーク分岐** (supercritical pitchfork bifurcation) [16]という．分岐図を図 4.4.4 に示す．

また，図 4.4.5 と図 4.4.6 は (4.4.30) の数値計算結果である．前者は初期条

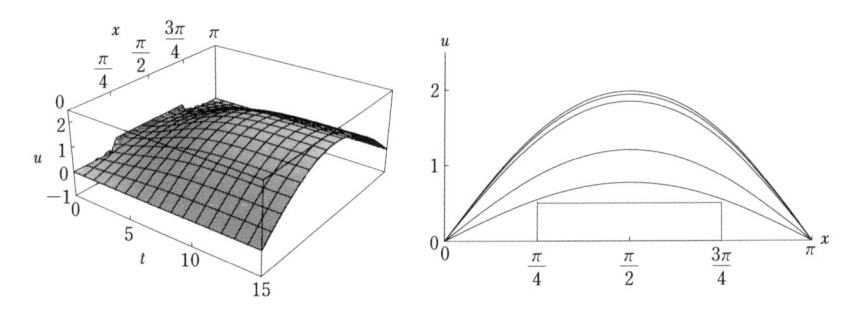

図 4.4.5 (4.4.30) の数値計算（初期条件がプラス側にある場合）：$D = 1, r = 1.3, \varepsilon = 0.1$，境界条件は $u(t,0) = u(t,\pi) = 0$, 初期条件は $u(0,x) = 0.5$ ($\frac{\pi}{4} \leq x \leq \frac{3\pi}{4}$), $u(0,x) = 0$ ($0 \leq x < \frac{\pi}{4}, \frac{3\pi}{4} < x \leq \pi$). 初期条件はプラス側にあるので，解はプラス側の安定点に収束する．左図は u の時間発展を $x-t$ 平面上に描いたもの．右図は u の x 軸に対するプロファイルを時刻の経過とともに描いたものである．1 番下のプロファイルは初期プロファイルであり，その上が $t = 2$, 以後 $t = 4, 8, 10$ となりもっとも上のプロファイルが $t = 15$ のものであり，この時点でほぼ収束している．

---

16) 超臨界型ピッチフォーク分岐に対して亜臨界型 (subcritical) ピッチフォーク分岐とは，たとえば (4.4.44) で A^3 の係数をマイナスとすると図 4.4.4 の分岐図は A 軸に対し左右に折り返したものとなり，r_1 が正から負に変わるとき，平衡点の分岐が生ずるような現象をいう．

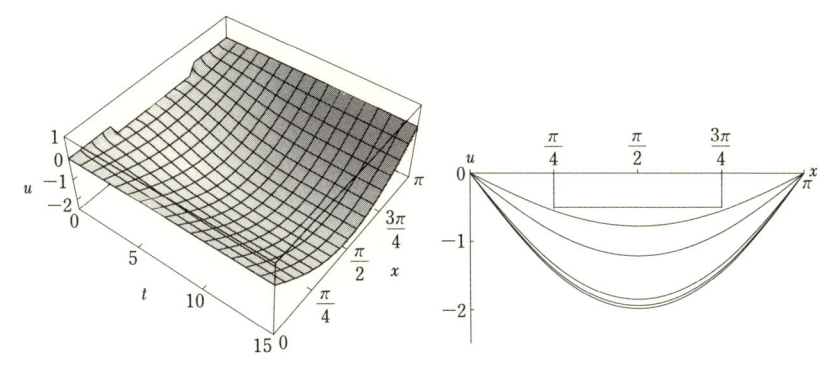

図 4.4.6 (4.4.30) の数値計算（初期条件がマイナス側にある場合）：パラメータや境界条件は図 4.4.5 と同じである．この図では初期条件を図 4.4.5 と絶対値を同じにし符号を変えた．したがって，初期条件はマイナス側にあるので，解はマイナス側の安定点に収束する．左図は u の時間発展を $x-t$ 平面上に描いたもの．右図は u の x 軸に対するプロファイルを時刻の経過とともに描いたものである．1 番下のプロファイルは初期プロファイルであり，その上が $t = 2$，以後 $t = 4, 8, 10$ となりもっとも上のプロファイルが $t = 15$ のものであり，この時点でほぼ収束している．

件がプラス側にあるので，解はプラス側の安定点に収束し，後者は初期条件がマイナス側にあるので，解はマイナス側の安定点に収束しているのがわかる．

(2) ステップ II

ステップ I では $-\infty < u < \infty$ として議論を展開したが，方程式 (4.4.30) はテータロジスティックモデルを組み込んだ Fisher-Kolmogorov 方程式 (4.4.29) を書き直したものであるので $u < 0$ は無意味となる．$u \geq 0$ に対する結論はつぎのようになる．

命題 4.4.8 テータロジスティックモデルを組み込んだ Fisher-Kolmogorov 方程式 (4.4.29) においてつぎを仮定する．

$$\text{仮定 1}: 0 < \varepsilon = \frac{r}{k^2} \ll 1,$$

$$\text{仮定 2}: r - D\left(\frac{n\pi}{L}\right)^2 \begin{cases} > 0, \ n = 0, 1, \\ < 0, \ n \geq 2. \end{cases}$$

また，$r = D\left(\frac{\pi}{L}\right)^2 + \varepsilon r_1$, $r_1 > 0$ とおく．さらに (4.4.29) の解を

$$u(t,x) = u_0(T_0, T_1, x) + \varepsilon u_1(T_0, T_1, x) + O(\varepsilon^2)$$

と展開する．ただし，$T_0 = t, T_1 = \varepsilon T_0$ である．このとき解の主成分 u_0 の時間大域的性質は初期値が正である限り

$$\lim_{T_0, T_1 \to \infty} u_0(T_0, T_1, x) = \sqrt{\frac{4r_1}{3}} \sin \frac{\pi}{L} x \qquad (4.4.45)$$

である．また，$u_0 = 0$ は不安定である．

4.4.5 テータロジスティックモデル付き Fisher-Kolmogorov 方程式の時間定常解

ここでは (4.4.29) の時間定常解について解析しよう．境界条件を $u(t,0) = u(t,L) = 0$ とする．(4.4.29) において $u_t = 0$ とすると

$$u_{xx} + au - bu^3 = 0 \qquad (4.4.46)$$

を得る．ただし，$a = \dfrac{r}{D} > 0, b = \dfrac{r}{k^2 D} > 0$ である．(4.4.46) は減衰項なしの Duffing 方程式であり，バネの非線形特性を考慮したバネ–マス系の軟性バネに対する方程式 (1.1.16) (§1.1.2) と同じである．したがって，相図は図 1.1.7 右図における右半面 ($u \geq 0$) となり，図 4.4.7 のようになる．この図において破線で示した解軌跡は非有界であり方程式の対象としている個体数という量を考えると有意な解ではない．また，図中に示した太線は $u < 0$ 側も考えるとヘテロクリニック解であり，これも境界条件を満たさないので解にはなり得ない．結局，実線で示した部分だけが実際の解となり得る．以上まとめると (4.4.29) の有意な時間定常解はつぎのように表すことができる．

事実 4.4.9 (4.4.29) において $a = \dfrac{r}{D}, b = \dfrac{r}{k^2 D}$ とおき，その境界条件を $u(t,0) = u(t,L) = 0$ とする．このとき，(4.4.29) の有意な ($u \geq 0$) 時間定常解が存在する必要十分条件は

$$L\sqrt{a} > \pi \qquad (4.4.47)$$

であり，その時間定常解 $\bar{u}(x)$ は

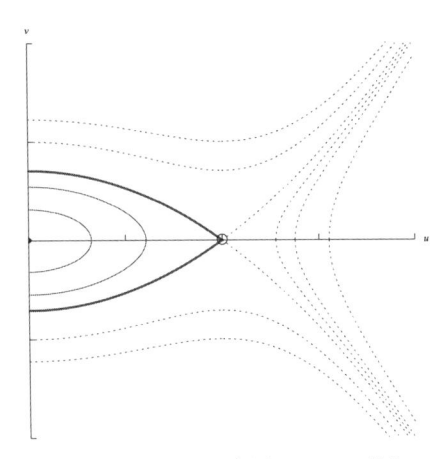

図 **4.4.7** (4.4.46) の相図：$u \geq 0$ の部分.

$$\bar{u}(x) = \sqrt{\frac{a - \sqrt{a^2 - \tilde{E}b}}{b}} \operatorname{sn}\left(\sqrt{\frac{a + \sqrt{a^2 - \tilde{E}b}}{2}}\, x, \kappa\right), \quad 0 \leq x \leq L \quad (4.4.48)$$

である．ただし，

$$\kappa^2 = \frac{a - \sqrt{a^2 - \tilde{E}b}}{a + \sqrt{a^2 - \tilde{E}b}} \quad (4.4.49)$$

であり，$\tilde{E}$ は

$$\sqrt{\frac{a + \sqrt{a^2 - \tilde{E}b}}{2}}\, L = 2K(\kappa) \quad (4.4.50)$$

の根である．

4.4.6　Fisher-Kolmogorov 方程式の具体例

Fisher-Kolmogorov 方程式は [21][22][83] などでシロチョウチョウ[17]，マスクラット[18]，ハイイロリス[19]などが地域へ侵食する経過具合や，また新石器時代の農業生活者の移動における空間的場所の拡大の予測に使われている．あるいは近年では米国ウィスコンシン州の西端に位置するミシシッピ川から

---
17)　cabbage butterflies. 学名：*Pieris rapae*.
18)　muskrats. 学名：*Ondatra zibethicus*.
19)　grey squirrels. 学名：*Sciurus carolinensis*.

東端ミシガン湖まで約 290 km に渡って発生したマイマイガ[20] の 10 年間の分布記録が Fisher-Kolmogorov 方程式でよく表されることが報告されている [100].

演習問題

問題 4.4.1 (4.4.5) は (4.4.4) を満たしていることを確認せよ．

問題 4.4.2 (4.4.8) が (4.4.4) の解になっていることを確認せよ．

問題 4.4.3 命題 4.4.5 で自明な平衡解である $u(t, x) = 0$ が局所不安定であることを吟味せよ．

問題 4.4.4 (4.4.31) を導け．

問題 4.4.5 事実 4.4.9 において (4.4.50) は $\tilde{E}$ についての方程式であり，この方程式は条件 (4.4.47) のもとでただ 1 つの根をもつことを証明せよ．

問題 4.4.6 事実 4.4.9 において解として $u < 0$ も許す．すなわち，$-\infty < u < \infty$ としたときの解の特性について調べよ（ヒント：$\sqrt{\dfrac{a + \sqrt{a^2 - \tilde{E}b}}{2}} L = 2mK(\kappa),\ m \in \mathbb{Z}$）．

問題 4.4.7 問題 4.4.6 において $k = 10, r = 1, D = 1, L = 10$ としたとき，時間定常解のプロファイルを求めよ．

問題 4.4.8 速度と拡散係数を c, D で表し，それぞれ定数とする．このとき，$u = u(t, x) : \mathbb{R}^2 \longrightarrow \mathbb{R}$ とし

$$u_t = D u_{xx} - c u_x$$

を（1 次元の）移動拡散方程式という．また，成長率を r（定数）として

$$u_t = D u_{xx} - c u_x + r u$$

を移動拡散成長方程式という．それぞれの方程式において $0 \leq x \leq L$ とし，境界条件を $u(t, 0) = u_0, u(t, L) = u_L$ としたときの時間定常解を求め，事実 4.4.9 の結果と比較せよ．

---

[20] gypsy moths. 学名：*Lymantria dispar*. 北米，欧州など広範囲に生息する代表的な森林害虫である．

補遺

A.1 用語の定義と基礎

A.1.1 時間発展の常微分方程式

本書はいわゆる微分方程式論の解説書ではないが，第1章から第4章の本文で必要になる最低限の用語の定義と基礎的な事実や定理の解説を本章にてまとめておく．

大学の初学年で学ぶ微分方程式は，解が初等解法[1]により求めることができる対象を扱っている場合がほとんどである．あるいは初等解法ではなくともLaplace（ラプラス）変換を用いる手法は電気工学などでは常套手段になっているが，いずれにせよ解を明示的に表すことに工学部などでは注力し，また，そのような物理対象を扱うことを主眼にしている．しかし，現実の現象を対象としてそれをモデル化し，微分方程式として表すと，そのモデル方程式は非線形となり，解を具体的に求められない[2]場合が大部分である．本書で扱う微分方程式の多くは一般的に書けば

---

[1] 有限回の不定積分と適当な式変形を行うことにより解を求めること．求積法という．
[2] 非線形微分方程式でもその解を明示的に表すことができるものもある．変数分離型の微分方程式がその典型であろう．また，§1.2で扱う振り子の減衰項なしのモデル方程式などは特殊関数を用いてその解を明示的に表すことができる．

$$\dot{x} = f(t, x) \tag{A.1.1}$$

である．ただし，$x = \mathrm{col}(x_1, x_2, \ldots, x_n)^{3)}$, $x_i = x_i(t)\,(i = 1, 2, \ldots, n)$ であり，また，$\cdot$ は $\dfrac{d}{dt}$ を表す．x_i は扱う対象によりさまざまな事象を表すが，独立変数 t は時間を表している．したがって，(A.1.1) はある対象における n 個の事象の**時間発展**を記述しているものである．さらに，(A.1.1) はその変数 x が時間のみに関する 1 変数であるので，**常微分方程式**と呼ばれる．もし，変数 x が時間と空間の関数でありかつ方程式が時間微分と空間微分を伴えば**偏微分方程式**となる．本書では主に常微分方程式を扱っているが，§4.3, §4.4 では偏微分方程式を扱っている．また，f が

$$f(t, x) = A(t)x + B(t) \tag{A.1.2}$$

と表せるとき，f は**線形**であるといい，(A.1.2) のように表せないとき**非線形**という．A は $n \times n$ 行列である．B は外力項であり，工学の分野ではこれを外部入力という．さらに，もし f が x のみの関数，つまり，$\dot{x} = f(x)$ であるならこれを**自励系** (autonomous system) という．(A.1.1) は**非自励系** (nonautonomous system) である．方程式が非線形であるとき解を明示的に求めることはほとんどの場合期待できないが，自励系の場合，**相図**（§A.1.4 参照）を用いて解の特性の把握をしばしば行う．そのためには解の存在性と一意性が重要な概念となり，その定理を §A.1.3 にて述べる[4)]．その前に本書で使われている用語について説明しておこう．

A.1.2　解の存在性と一意性定理のための準備

いくつかの用語

- $\mathbb{N}, \mathbb{Z}, \mathbb{R}, \mathbb{C}$：それぞれ自然数，整数，実数，複素数の集合を表す．
  $\mathbb{R}^+ = \{x \in \mathbb{R} | x > 0\}$.

- $\mathbb{R}^n$：n 次元 Euclid（ユークリッド）空間．

---
3)　col は column の略で縦ベクトルを表す．
4)　くわしくは文献 [5][11][30][69] などを参照のこと．[11] は微分方程式の定性理論がコンパクトにまとめられている．[69] はていねいな証明が書かれている．

- $f : E \to \mathbb{R}^n$：関数 f は定義域が Euclid 空間の部分集合 $E \subset \mathbb{R}^n$ から値域 $\mathbb{R}^n$ への写像であり，$f = (f_1, f_2, \ldots, f_n)$, $f_i(x_1, x_2, \ldots, x_n)$, $i = 1, 2, \ldots, n$ により与えられる．

- $Df(x)$:関数 $f : E \to \mathbb{R}^n$ に対し点 x での導関数を $Df(x)(:\mathbb{R}^n \to \mathbb{R}^n)$ と書き，Jacobi 行列

$$Df(x) \equiv \begin{pmatrix} \frac{\partial f_1}{\partial x_1} & \frac{\partial f_1}{\partial x_2} & \cdots & \frac{\partial f_1}{\partial x_n} \\ \frac{\partial f_2}{\partial x_1} & \frac{\partial f_2}{\partial x_2} & \cdots & \frac{\partial f_2}{\partial x_n} \\ \vdots & \vdots & \vdots & \vdots \\ \frac{\partial f_n}{\partial x_1} & \frac{\partial f_n}{\partial x_2} & \cdots & \frac{\partial f_n}{\partial x_n} \end{pmatrix} \quad (A.1.3)$$

により定義する．

- 行列ノルム：$n \times n$ 実行列 A のノルムを

$$\|A\| = \max_{i=1,2,\ldots,n} \sigma_i(A) \quad (A.1.4)$$

で定義する．ここに，

$$\sigma_i(A) = \sqrt{\lambda_i(A^T A)} \quad (A.1.5)$$

であり，λ は固有値を表し，非負の数 σ は行列 A の特異値を示す．

つぎに距離空間について簡単にまとめておく．

- 距離空間:X を集合とし，$X \times X$ で定義された実数値関数 ρ ($\rho : X \times X \to \mathbb{R}$) が任意の $x, y \in X$ についてつぎの条件 (1)–(3) を満たすとき，ρ を **距離** （あるいは距離関数）であるという．
    (1) $\rho(x, y) \geq 0$, ただし，等号が成り立つのは $x = y$ のとき，またそのときに限る．
    (2) $\rho(x, y) = \rho(y, x)$.
    (3) $\rho(x, y) + \rho(y, z) \geq \rho(x, z)$.

距離 ρ が定義されている集合を**距離空間**（(X,ρ) で表すが，ρ が明らかなときには X だけで記す）[5]という．

- 距離空間における点列の収束と Cauchy（コーシー）列：距離を ρ とする距離空間 X 内の点列 x_n が $x \in X$ として

$$\rho(x_n, x) \to 0 \quad (n \to \infty) \tag{A.1.6}$$

を満たすとき x_n を**収束列**といい，x をその**極限**という．また，

$$\rho(x_m, x_n) \to 0 \quad (m, n \to \infty)^{6)} \tag{A.1.7}$$

を満たすとき点列 x_n は **Cauchy 列**（または基本列）という．

- 完備：距離 ρ が定義された空間 X において，X における任意の Cauchy 列が収束列となるとき空間 X は**完備**であるという．

- 集積点：A を距離空間 X の部分集合 $(A \subset X)$ とし，$x \in X$ とする．点列 $\{x_n\}$

$$x_n \to x, \{x_n\} \subset A \text{ かつ } x_n \neq x \ (n \geq 1) \tag{A.1.8}$$

が存在するとき，点 x を A の**集積点**という．

- 閉包，閉集合，開集合：A に A のすべての集積点を付け加えた集合を $\overline{A}$ と書き A の**閉包**という．$A = \overline{A}$ であるとき，A は**閉集合**であるといい，A の X に対する補集合 $(X - A)$ が閉集合であるとき，A は**開集合**であるという．

- 有界：X の部分集合 A が

---

[5] たとえば，関数空間（p.182 参照）$C(E, \mathbb{R}^n)$ において非負である実数値関数 ρ がすべての $f, g, h \in C(E, \mathbb{R}^n)$ について (1) $\rho(f, g) = 0 \iff f = g$, (2) $\rho(f, g) = \rho(g, f)$, (3) $\rho(f, h) \leq \rho(f, g) + \rho(g, h)$ を満たすとき ρ を関数空間 $C(E, \mathbb{R}^n)$ 上の距離といい，この指標で $C(E, \mathbb{R}^n)$ は距離空間となる．

[6] 任意の $\varepsilon > 0$ に対し $N(\varepsilon)$ がとれ，すべての $m, n \geq N(\varepsilon)$ に対し $\rho(x_n, x_m) < \varepsilon$ が成立すること．

$$\sup_{x,y \in A} \rho(x,y) < \infty \qquad (A.1.9)$$

を満たすとき，A は**有界**であるという．

- コンパクト：A が X の閉部分集合であり，A のすべての点列が収束部分列を含むとき，A は**コンパクト**であるという[7]．

つぎにノルム空間について簡単にまとめておく．

- ノルム空間：集合 X が**ノルム空間**であるとは，X がノルムの定義されたベクトル空間[8]であるときをいう．ここで $\|\cdot\|$ が X のノルムであるとは，各 $x \in X$ に対して実数値 $\|x\|$ が定まり
  (1) $\|x\| \geq 0$. ただし，等号が成り立つのは $x = 0$ のとき，またそのときに限る．
  (2) $\|\alpha x\| = |\alpha| \|x\|$, α はスカラー，$x \in X$．
  (3) $\|x + y\| \leq \|x\| + \|y\|$, $x, y \in X$．
  が成立するときをいう．$(X, \|\cdot\|)$ でノルム空間を表すが，ノルムが明確なときには X だけで表す場合が多い．

- Banach 空間：ノルム空間 $(X, \|\cdot\|)$ に対して

$$\rho(x,y) = \|x - y\|, \quad x, y \in X \qquad (A.1.10)$$

と定めると ρ は X 上の距離になり，X は ρ に関して距離空間[9]とみなせる．X が完備距離空間となるとき，X を **Banach**（バナッハ）**空間**という．

つぎに関数空間についての表記をまとめておく．

---

[7] X が n 次元 Euclid 空間 $\mathbb{R}^n$ の場合は部分集合 A がコンパクトであることと有界閉集合であることは同値である．

[8] X が実ベクトル空間のとき実ノルム空間，X が複素ベクトル空間のとき複素ノルム空間となる．ただし，α はそれぞれ $\alpha \in \mathbb{R}, \alpha \in \mathbb{C}$ である．

[9] n 次元 Euclid 空間 $\mathbb{R}^n$ は $x \in \mathbb{R}^n$ に対し $|x| = \sqrt{x_1^2 + x_2^2 + \ldots + x_n^2}$ を（Euclid）ノルムとしたノルム空間であるので，このように距離を定めることにより距離空間とみなせる．

- $C(E, \mathbb{R}^n)$：定義域 $E \subset \mathbb{R}^n$ 上の連続である関数の集合．値域が明らかなときには，$C(E)$ と略記する．慣用的に「f は C である」という．

- 関数列の一様収束：関数列 $\{f_n(x)|n \in \mathbb{N}, x \in E\}$ において，任意の $\varepsilon > 0$ に対し x とは独立に $N(\varepsilon)$ がとれ，すべての $n > N(\varepsilon)$ に対し，$|f_n(x) - f^*(x)| < \varepsilon$ がすべての $x \in E$ で成立すれば関数列 $f_n(x)$ は関数 $f^*(x)$ に一様収束するという．

- 一様連続：すべての $x \in E$ と任意の $\varepsilon > 0$ に対し x とは独立に $\delta(\varepsilon)$ がとれ $|f(y) - f(x)| < \varepsilon$ がすべての $y \in B_\delta(x)$ で成立すれば，関数 f は E 上で一様連続という．ここに，$B_r(x_0) = \{x \in \mathbb{R}^n : |x - x_0| \leq r\}$ は閉球体を表す．任意の $r > 0$ に対して $B_r(x)$ は x の近傍となる．

- $C^1(E)$：$Df(x)$ の要素が開集合 E で連続な関数の集合．慣用的に f が C^1 関数のとき「なめらか」であるという．

- sup ノルム：D を $\mathbb{R}^n$ のコンパクトな部分集合とし，$f \in C(D)$ に対して **sup ノルム** (sup norm)[10] を

$$\|f\|_{\infty, D} = \sup_{y \in D} |f(y)| \tag{A.1.11}$$

と定める．定義域 D が明らかな場合は $\|f\|_\infty$ としばしば略記する．

重要な定義と定理

いくつかの重要な定義と定理を述べておく．

定理 A.1.1（Bolzano-Weierstrass（ボルツァノ–ワイエルシュトラス）の定理） 有界な実数（または複素数）列は収束する部分列をもつ．

証明は標準的な実解析学の教科書を参照されたい．

---

[10] 距離 ρ を $\rho(f, g) = \|f - g\|_\infty$ とすると $|f(x) - g(x)| \leq \rho(f, g)$ であるのでノルムでの関数列 f_n の収束性は点列 $f_n(x)$ の一様収束を意味している．

補題 A.1.2 連続関数の一様収束列の極限は連続である．

証明 連続関数列 $\{u_n(x) : n \in \mathbb{N}, x \in E\}$ において，この極限を $u(x)$ とする．証明すべきことは任意の $\varepsilon > 0$ に対し $\delta(\varepsilon, x)$ がとれ，$|u(y) - u(x)| < \varepsilon$ がすべての $y \in B_\delta(x)$ で成立することをいえばよい．まず，つぎの関係式が成立することは容易にわかるであろう．

$$|u(y) - u(x)| = |u(y) - u_n(y) + u_n(y) - u_n(x) + u_n(x) - u(x)|$$
$$\leq |u(y) - u_n(y)| + |u_n(y) - u_n(x)| + |u_n(x) - u(x)|.$$

ここで，u_n は一様収束の仮定から，任意の $\dfrac{\varepsilon}{3} > 0$ に対し N がとれ，すべての $n > N$ に対し $|u_n(x) - u(x)| < \dfrac{\varepsilon}{3}$ がすべての $x \in E$ で成立する．さらに，固定したすべての n に対し u_n は連続であるから $\delta(\varepsilon, x)$ がとれ，$|u_n(x) - u_n(y)| < \dfrac{\varepsilon}{3}$ がすべての $y \in B_\delta(x)$ で成立する．したがって，

$$|u(y) - u(x)| < \frac{\varepsilon}{3} + \frac{\varepsilon}{3} + \frac{\varepsilon}{3} = \varepsilon$$

となり u は連続である．■

補題 A.1.3 完備距離空間 X の閉部分集合 Y は完備である．

証明 まず，$f_j \in Y \subset X$ が完備距離空間 X の Cauchy 列ならば，$f_j \to f^* \in X$．さらに，f^* は Cauchy 列 f_j の極限点であり，閉集合 Y はすべての極限点を含むので $f^* \in Y$ が従う．■

定義 A.1.4 距離を ρ とする完備な距離空間を X とし，$T : X \to X$ とする．ある定数 c $(0 \leq c < 1)$ が存在しすべての $f, g \in X$ に対して

$$\rho(T(f), T(g)) \leq c\rho(f, g) \tag{A.1.12}$$

が成り立つとき T は**縮小写像** (contraction mapping) であるという．

定理 A.1.5 （**不動点定理**）[11] X を距離 ρ とする完備距離空間とし，$T : X \to X$ を縮小写像とする．このとき T はただ 1 つの不動点 $f^* = T(f^*) \in X$ をもつ．

---

11) Banach の不動点定理という．この他，縮小写像でないときにも不動点の存在を保証する Brouwer（ブラウアー）の不動点定理などいくつかの不動点定理がある．

証明 任意の $f_0 \in X$ をとり，関数列 $f_{n+1} = T(f_n)$ を定義する．f_n が Cauchy 列であることをまず示す．(A.1.12) をくり返して使うと

$$\rho(f_{n+1}, f_n) = \rho(T(f_n), T(f_{n-1})) \leq c\rho(f_n, f_{n-1}) \leq c^2 \rho(f_{n-1}, f_{n-2}) \leq \cdots$$
$$\leq c^n \rho(f_1, f_0)$$

を得る．したがって，すべての $m > n$ に対し三角不等式により

$$\rho(f_m, f_n) \leq \sum_{i=n}^{m-1} \rho(f_{i+1}, f_i) \leq \sum_{i=n}^{m-1} c^i \rho(f_1, f_0) = \frac{1 - c^{m-n}}{1 - c} c^n \rho(f_1, f_0) \leq Kc^n$$

が成立する．ただし，$K = \dfrac{\rho(f_1, f_0)}{1 - c}$ とおいた．$c < 1$ であるので，任意の $\varepsilon > 0$ に対し N がとれ，すべての $m, n \geq N$ に対し，$\rho(f_m, f_n) \leq Kc^N < \varepsilon$ となり，すなわち，関数列 f_n は Cauchy 列であることが示された．

つぎに，空間 X は完備であるからこの Cauchy 列は収束する．その極限を f^* とする．N を十分大きくとるとすべての $n > N$ に対し $\rho(f_n, f^*) < \varepsilon$ であるので

$$\rho(T(f^*), f^*) \leq \rho(T(f^*), f_{n+1}) + \rho(f_{n+1}, f^*) = \rho(T(f^*), T(f_n)) + \rho(f_{n+1}, f^*)$$
$$< (c + 1)\varepsilon$$

となり，上式は任意の ε に対して成り立つので $T(f^*)$ と f^* との距離は 0 となり，したがって，$T(f^*) = f^*$ を得る．

残るは不動点がただ 1 つかどうかという問題である．不動点が 2 つありそれぞれ f^*, g^* と仮定し矛盾を導きだそう．いま，$f^* \neq g^*$ とすると，$\rho(f^*, g^*) = \rho(T(f^*), T(g^*)) \leq c\rho(f^*, g^*)$ を得るが，$c < 1$ であるので，この式が成り立つには $\rho(f^*, g^*) = 0$ でなければならない．これは仮定 $f^* \neq g^*$ に矛盾する．したがって，不動点はただ 1 つである．■

例題 A.1.6 円周の長さが 1 の円上の連続な関数空間 $C(\mathbb{S})$ [12] を考えよう．すなわち，$f(x + 1) = f(x)$ であり，周期が 1 となる連続関数である．任意の $f \in C(\mathbb{S})$ に対し作用素 T をつぎのように定義する．

---
[12] $\mathbb{S} = \{(x_1, x_2) : x_1^2 + x_2^2 = \frac{1}{(2\pi)^2}\}$.

$$T(f)(x) = \sin 2\pi x + \frac{1}{2}f(2x). \tag{A.1.13}$$

$T \in C(\mathbb{S})$ であり，$\|T(f) - T(g)\|_\infty = \frac{1}{2}\|f - g\|_\infty$ となるので $C(\mathbb{S})$ 上で縮小写像である．したがって，不動点定理によりただ 1 つの不動点 $f^* \in C(\mathbb{S})$ をもつ．つぎに f^* を求めてみよう．たとえば $f_0(x) = \sin 2\pi x$ とすると

$$f_1(x) = \sin 2\pi x + \frac{1}{2}\sin 4\pi x,$$
$$f_2(x) = \sin 2\pi x + \frac{1}{2}\sin 4\pi x + \frac{1}{4}\sin 8\pi x,$$
$$\vdots$$
$$f_i(x) = \sum_{n=0}^{i-1} \frac{\sin 2^{n+1}\pi x}{2^n}.$$

不動点定理により不動点はただ 1 つであり，連続であることが保証される．この例のように単純な関数ではない不動点もある．この不動点の計算結果（近似であるが）を図 A.1.1 に示す．□

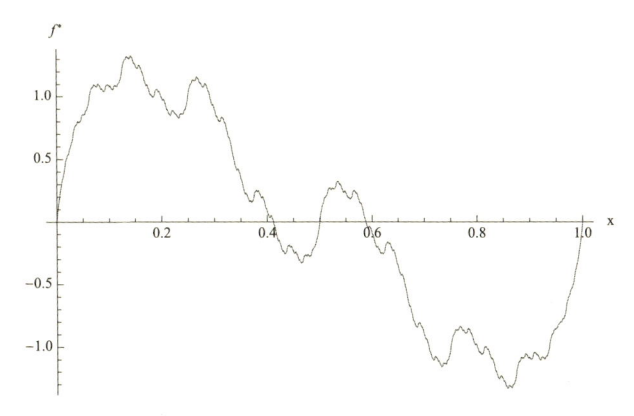

図 **A.1.1** 例題 A.1.6 の不動点.

定義 A.1.7 （**Lipschitz**（リプシッツ）条件） E を $E \subset \mathbb{R}^n$ である開集合とする．すべての $x, y \in E$ に対し関数 $f : E \to \mathbb{R}^n$ が

$$|f(x) - f(y)| \leq L|x - y| \tag{A.1.14}$$

を満たすとき，f は E 上で Lipschitz であるという．$L > 0$ は定数で，式 (A.1.14) を満たす最小の L を Lipschitz 定数という．

補題 A.1.8 Lipschitz 条件を満たす関数は一様連続である．

証明 関数 f は Lipschitz 条件を満たすとする．このとき，任意の $\varepsilon > 0$ を選び $\delta = \dfrac{\varepsilon}{L}$ とすると $|x - y| \leq \delta$ を満たすときはいつでも $|f(x) - f(y)| \leq \varepsilon$ が成り立つ．これは連続性の定義そのものであり，また，δ は x に独立に選ぶことができるので一様連続である．■

開集合 E が非有界[13]のときには Lipschitz 条件は強すぎる仮定となる．たとえば，$f = x^2$ は $\mathbb{R}$ 上で Lipschitz 条件を満たさないが有界区間 (a, b) なら Lipschitz 条件を満たす．これより局所 Lipschitz 条件の定義が必要になる．

定義 A.1.9 （局所 Lipschitz 条件） すべての点 $x \in E$ に対しその近傍 N がとれ，f が N 上で Lipschitz 条件を満たす[14]とき，f は開集合 E 上で**局所 Lipschitz** であるという．

注意 A.1.10 局所 Lipschitz 条件における Lipschitz 定数はとる点により異なり，大きな値になることもある．微分可能な関数は局所 Lipschitz である．

補題 A.1.11 $f \in C^1(A)$，ただし，A はコンパクトな凸集合[15]であるとする．このとき f は A 上で Lipschitz 条件を満たし，Lipschitz 定数は $L = \max_{x \in A} \|Df(x)\|$ となる．

証明 A は凸であるので任意の 2 点 $x, y \in A$ 間を結んだ直線上の点は A に含まれる．すなわち，$0 \leq s \leq 1$ とすると $\xi(s) = x + s(y - x) \in A$．したがって，

---

[13] $\mathbb{R}^n$ の部分集合が $\mathbb{R}^n$ のある閉球体 $B_r(x_0)$ に含まれるとき有界であり，含まれないとき非有界である．

[14] f が N 上で Lipschitz 条件を満たすとは，点 $x \in E$ の近傍を N_x とし，$y \in N_x$ に対し $|f(x) - f(y)| \leq L_x |x - y|$ を満たすときをいう．ここで，L_x は x に依存しているということに注意すべきである．

[15] 任意の 2 点を結ぶ線分が含まれる集合．

$$f(y) - f(x) = \int_0^1 \frac{d}{ds}(f(\xi(s)))ds = \int_0^1 Df(\xi(s))(y-x)ds$$

を得る．A はコンパクトであり Jacobi 行列のノルム $\|Df(x)\|$ は連続であるので，補題中に定義された最大値 L をもつ．よって

$$|f(y) - f(x)| \leq \int_0^1 \|Df(\xi(s))\| \, |y-x| ds \leq L|y-x|$$

となり，補題の結果が従う．■

この補題よりつぎの系が得られる．

系 A.1.12 f は開集合 E 上で C^1 とする．このとき f は局所 Lipschitz である．

系 A.1.13 $E \subset \mathbb{R}^n$ を開集合，$A \subset E$ をコンパクトとする．このとき，f が E 上で局所 Lipschitz ならば，A 上で Lipschitz である．

A.1.3 解の存在性と一意性定理

さて，(A.1.1) の解 $x(t)$ で，

$$x(t_0) = x_0 \tag{A.1.15}$$

という**初期条件** (initial condition) を満たす解を求める問題を**初期値問題** (initial value problem) という．

まず，つぎの自励系の初期値問題を考えよう．

$$\dot{x} = f(x), \quad x(t_0) = x_0. \tag{A.1.16}$$

(A.1.16) を積分方程式にするとつぎのようになる．

$$x(t) = x_0 + \int_{t_0}^t f(x(s))ds. \tag{A.1.17}$$

ここで，適当な時間区間 $J = [t_0 - a, t_0 + a]$ を設けこの区間での解 $x : J \to \mathbb{R}^n$ が得られるとしよう．(A.1.17) における積分は $x(s)$ の微分可能性は必要とせず連続であることだけを仮定すればよい．もし (A.1.17) の解 $x(t)$ が存在すれば，それは (A.1.16) の解でもある．

補題 A.1.14 $f \in C^k(E, \mathbb{R}^n), k > 0$ とし，$x \in C(J, E)$ を (A.1.17) の解と仮定する．このとき，$x \in C^{k+1}(J, E)$ となり，(A.1.16) の解である．

証明 $x \in C(J)$ であるから，$f(x(s))$ も連続であり (A.1.17) の右辺は連続関数の積分であるから C^1 である．したがって，(A.1.17) の左辺 $x(t)$ も微分可能である．微積分学の基本定理により右辺の微分は $f(x(t))$ となるので，$\dot{x} = f(x)$ を得る．さて，ある $0 \le j \le k$ に対して $x \in C^j(J)$ と仮定すると，$f(x(s)) \in C^j$ となり (A.1.17) の右辺は C^{j+1} となる．よって，$x \in C^{j+1}(J)$ となり補題の結果が従う．■

定理 A.1.15（解の存在性と一意性定理） $x_0 \in \mathbb{R}^n$ とし，ある $b > 0$ に対して関数 $f : B_b(x_0) \to \mathbb{R}^n$ が Lipschitz 条件を満たし，その Lipschitz 定数を L とする．このとき初期値問題 (A.1.16) は $t \in J = [t_0 - a, t_0 + a]$ の区間で唯一の解 $x(t)$ をもつ．ただし，$a < \dfrac{1}{L}$ とし

$$a = \frac{b}{M}, \quad M = \max_{x \in B_b(x_0)} |f(x)|. \tag{A.1.18}$$

証明 不動点定理 A.1.5 を使うが，まずそのための準備をする．最初に縮小写像を可能とする完備距離空間 V をつぎのように定義する．

$$V = C(J, B_b(x_0)). \tag{A.1.19}$$

すなわち，V は時間が区間 J の間にあるとき，閉球体 $B_b(x_0)$ から離れることがないすべての連続関数 $x(t)$ により構成される．V は値域が閉球体 $B_b(x_0)$ であるので閉集合である．sup ノルム (A.1.11) を使えば V は完備である空間 $C(J, \mathbb{R}^n)$ の閉部分集合になりもちろん完備である[16]．

f は仮定により $B_b(x_0)$ で Lipschitz であるので，任意の $x(t) \in V$ に対し $f(x(t))$ の積分は t の連続関数である．したがって，(A.1.17) は関数 $x(t)$ に働く作用素 T [17]とみなしてつぎのように書くことができる．

---

[16] 関数空間 $C(E)$ は E がコンパクトなら sup ノルムにより完備である．
[17] この場合は関数を関数に写す写像で積分作用素となる．

$$T(\boldsymbol{x}) = \boldsymbol{x}_0 + \int_{t_0}^{t} \boldsymbol{f}(\boldsymbol{x}(s))ds. \tag{A.1.20}$$

以上で準備が整ったので証明はつぎの方針で行えばよい．(A.1.20) の作用素 T が V から V 自身への写像であり縮小写像であれば，不動点定理 A.1.5 により T は唯一の不動点をもつことが保証される．そのような不動点は初期値問題 (A.1.16) の解であり逆に (A.1.16) のすべての解は T の不動点であることが補題 A.1.14 により従う．

作用素 T が V 自身への写像であることの証明

いま $\boldsymbol{x} \in V$ であるとき，$\boldsymbol{f}$ は連続であるので $T(\boldsymbol{x})$ は自動的に連続になる．$\boldsymbol{f} \in C(B_b(\boldsymbol{x}_0))$ であり，また，$B_b(\boldsymbol{x}_0)$ は閉集合であるので，$\boldsymbol{f}$ は $B_b(\boldsymbol{x}_0)$ で有界である．したがって，M を (A.1.18) のように定義できる．$t_0 \leq t \leq t_0 + a$ とすると

$$|T(\boldsymbol{x})(t) - \boldsymbol{x}_0| \leq \int_{t_0}^{t} |\boldsymbol{f}(\boldsymbol{x}(s))|ds \leq M|t - t_0| \leq Ma \tag{A.1.21}$$

が成り立つが同様に，$t_0 - a \leq t \leq t_0$ のときにも成り立つことがわかる．$Ma = b$ より $T(\boldsymbol{x})(t) \in B_b(\boldsymbol{x}_0)$ となり $T(\boldsymbol{x}) \in V$ を得る．

作用素 T が縮小写像であることの証明

2 つの関数 $\boldsymbol{x}, \boldsymbol{y} \in V$ に対し，$\boldsymbol{f}$ は Lipschitz であるので $t \in J$ のときつぎが成り立つ．

$$\begin{aligned}|T(\boldsymbol{x})(t) - T(\boldsymbol{y})(t)| &\leq \int_{t_0}^{t} |\boldsymbol{f}(\boldsymbol{x}(s)) - \boldsymbol{f}(\boldsymbol{y}(s))|ds \\ &\leq L\int_{t_0}^{t} |\boldsymbol{x}(s) - \boldsymbol{y}(s)|ds \leq La\|\boldsymbol{x} - \boldsymbol{y}\|_{\infty}.\end{aligned}$$

よって，

$$\|T(\boldsymbol{x}) - T(\boldsymbol{y})\|_{\infty} \leq c\|\boldsymbol{x} - \boldsymbol{y}\|_{\infty} \tag{A.1.22}$$

となるが $a < \dfrac{1}{L}$ であるから $c = La < 1$ となり，したがって，作用素 T は縮小写像となりただ 1 つの不動点をもつ．

以上により時間区間 J 上での解の存在性と一意性が証明できた．■

注意 A.1.16　上の証明は不動点定理を使ってエレガントになされた．不動点定理を使わず，Picard（ピカール）の逐次近似法を用いる証明法もあるが，これについては他の文献 [11][30] を参照されたい．

非自励系の初期値問題

$$\dot{x} = f(t, x), \quad x(t_0) = x_0 \tag{A.1.23}$$

の解の存在性と一意性についてはつぎの定理が成り立つ．

定理 A.1.17　$J = [t_0 - a, t_0 + a]$ で連続な関数 $f : J \times B_b(x_0) \to \mathbb{R}^n$ が x に関して Lipschitz（時刻 t とは独立な Lipschitz 定数 L をもつ）とする．このとき初期値問題 (A.1.23) は $a = \dfrac{b}{M}$ として $t \in J$ においてただ1つの解をもつ．ただし，

$$M = \max_{x \in B_b(x_0), t \in J} |f(t, x)|. \tag{A.1.24}$$

例題 A.1.18　関数 $f(x) = |x|$ は $\mathbb{R}$ 上で連続で Lipschitz である（問題 A.1.1）が，$f(x) = |x|^\alpha, 0 < \alpha < 1$ は，すべての $|x| < 1$ に対し $|x|^\alpha < L|x|$ を満たすには $L > |x|^{\alpha-1}$ でなければならず L は有限ではなくなるので $x = 0$ の周りで Lipschitz 条件を満たさない．したがって初期値問題

$$\dot{x} = |x|^\alpha, \quad x(0) = 0 \tag{A.1.25}$$

には解の一意性がない．任意の $t_m, t_p > 0$ として解を書けばつぎのようになる．

$$x(t) = \begin{cases} 0, & -t_m \leq t \leq t_p \\ ((1-\alpha)|t - t_p|)^{\frac{1}{1-\alpha}}, & t > t_p \\ -((1-\alpha)|t + t_m|)^{\frac{1}{1-\alpha}}, & t < -t_m \end{cases}$$

t_m, t_p は任意であるから解は無限通り存在する．$\alpha = \dfrac{1}{3}$ としたときの解の一部を図 A.1.2 に示す．□

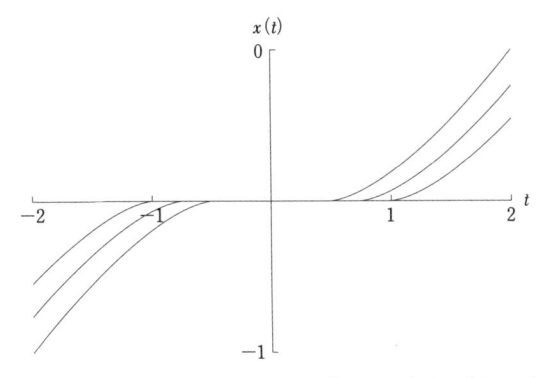

図 A.1.2 例題 A.1.18 の解の一部：(A.1.25) で $\alpha = \frac{1}{3}$ としたときの解の一部を示す．この解には一意性が存在しない．

定理 A.1.15，A.1.17 では解の存在は局所的な閉区間 $J_0 = [t_0 - a_0, t_0 + a_0]$ でのみ保証される．この閉区間は初期時刻 t_0 とそのときの初期値 x_0 により決まる．直観的には時刻 $t_1 = t_0 + a_0$ における関数値 x_1 が求まるので，t_1 と x_1 により決まる $J_1 = [t_1 - a_1, t_1 + a_1]$ を求める．このようにして解の存在する区間をつぎつぎに延長していけばよい．もうそれ以上延長できない解を**延長不能解**という．解の存在の最大区間に関する定理をこの項の最後に述べる．

定理 A.1.19 E を開集合とし局所 Lipschitz 条件を満たす関数を $\boldsymbol{f}: E \to \mathbb{R}^n$ とする．このとき初期値問題

$$\dot{\boldsymbol{x}} = \boldsymbol{f}(\boldsymbol{x}), \quad \boldsymbol{x}(t_0) = \boldsymbol{x}_0$$

はただ 1 つの解 $\boldsymbol{x}: J \to E$ をもつ．ただし，J は t_0 を含む最大開区間 $J = (\alpha, \beta)$ である．

証明 証明のスケッチを与える．まず初期値問題の局所解を初期時刻 t_0 と初期値 $\boldsymbol{x}_0$ を意識してそれらを明示的に表し $\boldsymbol{x}(t) = \boldsymbol{u}(t; t_0, \boldsymbol{x}_0)$ と書くことにする．定理 A.1.15 はある閉球体 $B_{b_0}(\boldsymbol{x}_0) \subset E$ にて区間 $J = [t_0 - a_0, t_0 + a_0]$ において解が存在することを保証しており，また $\boldsymbol{u}(t; t_0, \boldsymbol{x}_0) \in B_b(\boldsymbol{x}_0) \subset E$ であり $\boldsymbol{u}(t; t_0, \boldsymbol{x}_0)$ は C^1 であることをいっている．したがって，$\lim_{t \to t_0 + a_0} \boldsymbol{u}(t; t_0, \boldsymbol{x}_0) = \boldsymbol{x}_1 \in B_b(\boldsymbol{x}_0)$ であり，E は開集合であるので $\boldsymbol{x}_1 \in E$ となる．つぎに別の閉球体 $B_{b_1}(\boldsymbol{x}_1) \subset E$

上で $x(t_1) = x_1$ の初期条件に対する初期値問題に対して定理を再び適用すると，時刻 $t_1 = t_0 + a_0$ の周りで区間 $J = [t_1 - a_1, t_1 + a_1]$ 上で新しい解 $u(t; t_1, x_1)$ を見つけることができる．$J_0 \cap J_1$ は空ではないことに注意して，解の一意性により $J_0 \cap J_1$ においては $u(t; t_0, x_0) = u(t; t_1, x_1)$ を得る．

この操作をくり返すことにより解を延長不能解まで延長することができる．J をすべての区間の和集合とすると，$x(t)$ は J 上で構成されるただ 1 つの解となる．

最後に区間 J は開集合でなければならないことを証明する．J は端点，たとえば $J = (\alpha, \beta]$，と仮定すると $x(\beta) \subset E$ となるので解はさらに広い区間に延長できることになる．これは延長不能解に矛盾するので J は開集合でなければならない．■

初期値問題に対する解の存在性と一意性の他に解の初期値やパラメータに関する連続依存性などが重要な概念となるが，これらは紙数の関係で割愛する．読者は適宜前掲の成書などを参考にされたい．

A.1.4　相図

1 次元方程式

簡単な例をあげながら 1 次元方程式の安定性について説明していこう．

例題 A.1.20　(A.1.1) において，$n = 1, f(x) = \cos x$ とすると

$$\dot{x} = \cos x \tag{A.1.26}$$

となる．これは 1 次元非線形微分方程式で自励系である．まず，(A.1.26) が初期値を

$$x(t_0) = x_0 \tag{A.1.27}$$

として，解が存在しなおかつその解がただ 1 つかどうかを吟味する．まず

$$|\cos x - \cos y| = \left| \int_y^x \sin u\, du \right| \leq \left| \int_y^x du \right| = |x - y| \tag{A.1.28}$$

が成り立つのでLipschitz条件が成立する（定義A.1.7，Lipschitz定数は1である）．したがって，定理A.1.15により解の存在性と一意性が保証される．この場合，(A.1.18)の a は1より小さくなるが解はいくらでも延長可能であり大域的に存在することがわかる．

つぎに解のおおよその挙動を把握したい．おおよそというのは，扱う方程式が非線形の場合，解が明示的に求まらない場合がほとんどであるのでそのようないい方をした．また，求積法により解析解を求めることができたとしても解の形からその挙動を理解するには困難なことがしばしばある．(A.1.26)の例は初等的な計算により解析解を

$$x(t) = 2\mathrm{Arctan}\left(-\frac{1-ce^t}{1+ce^t}\right), \quad c = -\frac{1+\tan\frac{x_0}{2}}{(\tan\frac{x_0}{2}-1)e^{t_0}} \tag{A.1.29}$$

と求めることはできるが，これにより解の挙動を把握することはそう容易ではない．数種類の初期値に対する時間発展を計算した結果が図A.1.3である．

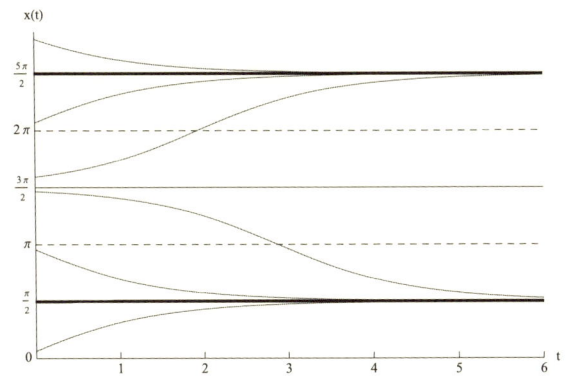

図A.1.3 (A.1.26)の時系列：安定点，不安定点および変曲点となる x の値を太実線，細実線，破線でそれぞれ示す．初期値が不安定点と変曲点との間にあるときの時系列は S 字曲線を描く．

さて，(A.1.26)は直線 x 上のベクトル場 (vector field) を表しているとも解釈できる．図A.1.4に(A.1.26)のベクトル場を示す．いま仮想粒子を x 軸上に考えると，その粒子の速度が $\dot{x}$ である．したがって，(A.1.26)はベクトル場：x に対する速度ベクトル $\dot{x}$ として表される．図中の矢印は $\dot{x} > 0$ のとき

右向き（速度が正のときには位置は増加する）であり，また，$\dot{x} < 0$ のとき左向きとなる．$\dot{x} = 0$ のところでは当然速度は 0 となり仮想粒子は $\dot{x} = 0$ に対応する x のところで停留することになる．このような点を**平衡点**，または固定点と呼ぶことにする．この例では，$x = \pm \dfrac{1+2n}{2}\pi, n = 0, 1, 2, \ldots$ が平衡点となる．初期値が平衡点にあれば解は平衡点に留まる．したがって，方程式の解という意味から $x(t) = \pm \dfrac{1+2n}{2}\pi$ を**平衡解**[18]という．

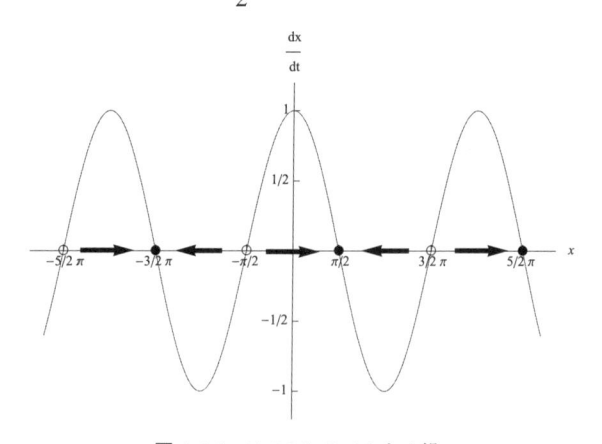

図 **A.1.4** (A.1.26) のベクトル場.

平衡解を $x = \dfrac{1 \pm 4n}{2}\pi$ と $x = \dfrac{-1 \pm 4n}{2}\pi$ の 2 つのグループに分けて考える．いま，$x = \dfrac{1 \pm 4n}{2}\pi$ から少し離れた初期値 $x = \dfrac{1 \pm 4n}{2}\pi + \varepsilon, 0 < \varepsilon < \pi$ に対する x の挙動をみよう．この点に対する速度ベクトルは負となり，速度ベクトルが 0 となるところ $\left(x = \dfrac{1 \pm 4n}{2}\pi\right)$ まで x は減少することになる．また，$-\pi < \varepsilon < 0$ の場合は対応する速度ベクトルは正となり，やはり速度ベクトルが 0 となるところ $\left(x = \dfrac{1 \pm 4n}{2}\pi\right)$ まで x は増加する．したがって，$x = \dfrac{1 \pm 4n}{2}\pi$ という点は**安定** (stable) であるといい，この平衡点を**安定平衡点**または**沈点**（シンク，sink）と呼び●で示す．もう一方の平衡点である $x = \dfrac{-1 \pm 4n}{2}\pi$ は初期値を

---

18) 解という意味からは $x(t) \equiv \pm \dfrac{1+2n}{2}\pi$ あるいは $x(t) = \pm \dfrac{1+2\mathbf{n}}{2}\pi$ などと書いた方が正確であるが，混乱をきたさない限り本書ではこのような表記法にはあまりこだわらないことにする．

$x = \dfrac{-1 \pm 4n}{2}\pi + \varepsilon, 0 < \varepsilon < \pi$ とするとこの点に対する速度ベクトルは正となり，速度ベクトルが 0 となるところ $x = \dfrac{1 \pm 4n}{2}\pi$（安定平衡点）まで増加する．また，$-\pi < \varepsilon < 0$ の場合は対応する速度ベクトルは負となり，安定平衡点 $x = \dfrac{-3 \pm 4n}{2}\pi$ まで減少する．よって，平衡点 $x = \dfrac{-1 \pm 4n}{2}\pi$ は**不安定** (unstable) であるといい，この平衡点を**不安定平衡点**また**湧点**（ソース，source）と呼び○で表す．

このように 1 次元の場合，ベクトル場を用いて解の（形そのものはわからないが）大局的なふるまいが把握できる．□

以上の説明では解の安定性の意味を直観的に説明したが，ここで平衡点の安定性に関する正確な定義を述べておく．(A.1.16) を考える．

定義 A.1.21　$D \subset \mathbb{R}^n$ とし，関数 $\boldsymbol{f} : D \to \mathbb{R}^n$ は

$$\dot{\boldsymbol{x}} = \boldsymbol{f}(\boldsymbol{x}) \tag{A.1.30}$$

を満たすものとし，その平衡点を $\boldsymbol{x}^*$ とする．すなわち，$\boldsymbol{f}(\boldsymbol{x}^*) = 0$ とする．

(1) $\boldsymbol{x}^*$ が **Lyapunov 安定**とは，どんなに小さな数 $\varepsilon > 0$ を与えても $\delta > 0$ を十分小さく選ぶと $|\boldsymbol{x}(t_0) - \boldsymbol{x}^*| < \delta$ を満たす (A.1.30) の任意の解 $\boldsymbol{x}(t)$ に対し，$|\boldsymbol{x}(t) - \boldsymbol{x}^*| < \varepsilon$（すべての $t \geq t_0$）が成り立つようにできることである．

(2) $\boldsymbol{x}^*$ が**不安定**とは，$\boldsymbol{x}^*$ が Lyapunov 安定でないことである．

(3) $\boldsymbol{x}^*$ が**漸近安定** (asymptotically stable) とは，$\boldsymbol{x}^*$ が安定でかつ $\delta_0 > 0$ を適当に選べば $|\boldsymbol{x}(t_0) - \boldsymbol{x}^*| < \delta_0$ を満たす (A.1.30) の任意の解 $\boldsymbol{x}(t)$ に対し，$\lim_{t \to \infty} \boldsymbol{x}(t) = \boldsymbol{x}^*$ が成り立つようにできることである．

本文中では断らない限り安定といえば Lyapunov 安定を意味する．定義に従って (A.1.26) における平衡点 $\boldsymbol{x}^* = \dfrac{1 \pm 4n}{2}\pi$ の安定性はつぎのように証明される．すなわち，$\boldsymbol{x}^* = \dfrac{1 \pm 4n}{2}\pi$ に対し，$\delta < \varepsilon < \pi$ と選べば $|\boldsymbol{x}(t_0) - \boldsymbol{x}^*| < \delta$ を満たす (A.1.26) の任意の解 $\boldsymbol{x}(t)$ に対し，すべての $t \geq t_0$ で $|\boldsymbol{x}(t) - \boldsymbol{x}^*| < |\boldsymbol{x}(t_0) - \boldsymbol{x}^*|$

とできる．したがって，$|x(t) - x^*| < \varepsilon$ となり安定性の定義 (1) を満たすことがわかる．しかも漸近安定であることも容易にわかる．もちろん，明示的な解の形 (A.1.29) を使えばこれらのことはいえるが，ベクトル場だけから所望の結論を出すことが重要なことである．

n 次元系

まず線形系の平衡点の特性について説明しよう．$x : \mathbb{R} \to \mathbb{R}^n$ とし，つぎの線形方程式

$$\dot{x} = Ax \tag{A.1.31}$$

を考える．A は $n \times n$ の定数行列である．解は初期値を $x(t_0) = x_0$ とすれば $x(t) = x_0 e^{(t-t_0)A}$ となる．したがって，行列 A の固有値 $\lambda_j, j = 1, 2, \ldots, n$ の実部の正負が解の時間発展のしかたを左右する部分空間を特徴付ける．固有値 λ_j に対応する一般固有ベクトルを $v_j = u_j + i w_j$ と表し，$E^s = \mathrm{span}\{u_j, w_j : \mathrm{Re}(\lambda_j) < 0\}$，$E^u = \mathrm{span}\{u_j, w_j : \mathrm{Re}(\lambda_j) > 0\}$，$E^c = \mathrm{span}\{u_j, w_j : \mathrm{Re}(\lambda_j) = 0\}$ をそれぞれ**安定部分集合**，**不安定部分集合**，および**中心部分集合**という．$\mathrm{span}(v_1, v_2, \ldots, v_k)$ はベクトル $v_1, v_2, \ldots, v_k$ で張られる線形空間を表す．それぞれの部分空間の間には $\mathbb{R}^n = E^s \oplus E^u \oplus E^c$ の関係がある．ここに $\oplus$ は部分空間どうしの直和を表す．議論を簡単にするためいま A はフルランク (rank $A = n$) をもつとすると，(A.1.31) の平衡点は原点だけになり，この原点周りの解の挙動の分類が部分空間の直和で可能となる．ここで，

- 双曲型の平衡点：$E^c = \{0\}$ のとき，すなわち A の固有値が複素平面の虚軸上にないとき**双曲型の平衡点**と呼ぶ．

と言葉の定義をすると，双曲型の平衡点はつぎの 3 通りに分けられる（沈点とか湧点という言葉は 1 次元方程式の項でも使ったがここで正確な定義を与えておく）．

- 沈点：$\mathbb{R}^n = E^s$ のとき，すなわち A の固有値の実部がすべて負のとき，その平衡点を**沈点**という．

- 湧点：$\mathbb{R}^n = E^u$ のとき，すなわち A の固有値の実部がすべて正のとき，その平衡点を**湧点**という．

- 鞍点：$\mathbb{R}^n = E^s \oplus E^u$ のとき，すなわち双曲型平衡点であるが，沈点でもなく湧点でもないとき，その平衡点を**鞍点**（サドル，saddle）という．

さらに双曲型以外の平衡点として

- 渦心点：$\mathbb{R}^n = E^c$ のとき，すなわち A の固有値が複素平面の虚軸上だけにあるとき，その平衡点を**渦心点**（センター，center）という．

がある．

以上の定義は対象とする方程式が非線形 $\dot{x} = f(x)$ の場合でも同様である．ただしこのときは線形の場合の係数行列 A の代わりに平衡点 x^* における Jacobi 行列 $Df(x^*)$ の固有値を使う．

一般に微分方程式系が領域 D の上で与えられているとき，領域 D をこの方程式系の**相空間** (phase space) といい，相空間に代表的な解軌道を描いたものを**相図**という．相図は与えられた系の平衡点を見つけ出し，その平衡点に対する Jacobi 行列の固有値と固有ベクトルがわかれば描くことができる．個々の問題の相図については第 1–4 章の具体的な問題でとりあげた．ここでは (A.1.31) において $n = 2$ とし 2 次元系とした簡単な例をみてみよう．

例題 A.1.22 $A = \begin{pmatrix} 1 & 0 \\ 0 & -1 \end{pmatrix}$ とすると (A.1.31) は具体的に書けば

$$\begin{cases} \dot{x} = x, \\ \dot{y} = -y, \end{cases} \quad (A.1.32)$$

となる．$x(t_0) = x_0, y(t_0) = y_0$ の初期値問題を考える．この場合，平衡点は原点となり，係数行列 A の固有値は 1 と -1 であるので，原点が鞍点とわかる．安定な固有値 -1 に対応する固有ベクトルは $(0, 1)$ と $(0, -1)$ になりこのベクトルで張られる方向に解は $t \to \infty$ で原点にいく．不安定な固有値 1 に対応する固有ベクトルは $(1, 0)$ と $(-1, 0)$ になりこのベクトルで張られる方向に解

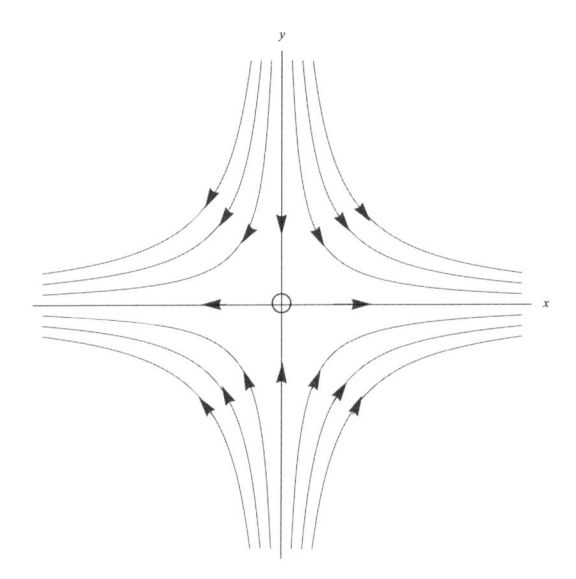

図 A.1.5 (A.1.32) の相図：原点は鞍点となる．y 軸が安定多様体，x 軸が不安定多様体となる [19]．

は $t \to \infty$ で無限遠点にいく．また，(A.1.32) より $\dfrac{dx}{dy} = -\dfrac{x}{y}$ を得，これより $x(t)y(t) = c, c = x_0 y_0$ となり，解はこの代数曲線の上に必ず存在する．相図を図 A.1.5 に示す．矢印は解が軌道上を動く向きを示している．□

例題 A.1.23 $A = \begin{pmatrix} 0 & 1 \\ -1 & 0 \end{pmatrix}$ とする．すなわち，

---

[19] (A.1.32) の初期値 $x_0 = \begin{pmatrix} x_0 \\ y_0 \end{pmatrix}$ に対する解を $x(t, x_0) = \begin{pmatrix} x(t, x_0) \\ y(t, y_0) \end{pmatrix}$ と表すことにする．このときの安定多様体とは，鞍点 $x^* = \begin{pmatrix} 0 \\ 0 \end{pmatrix}$ に対し，

$$x(t, x_0) \to x^*, \quad t \to \infty$$

となる初期値 x_0 の集合のことである．また，

$$x(t, x_0) \to x^*, \quad t \to -\infty$$

となる x_0 の集合が不安定多様体である．

$$\begin{cases} \dot{x} = y, \\ \dot{y} = -x \end{cases} \tag{A.1.33}$$

とする.係数行列 A の固有値は $\pm i$ になるので,平衡点である原点が渦心点とわかる.(A.1.33) より $\dfrac{dx}{dy} = -\dfrac{y}{x}$ を得,これより $x^2(t) + y^2(t) = c$ (c は初期条件により決まる定数)となり,解は原点を中心とした円軌道を描く.(A.1.33) の系を**調和振動子** (harmonic oscillator) という.相図を図 A.1.6 に示す[20]. □

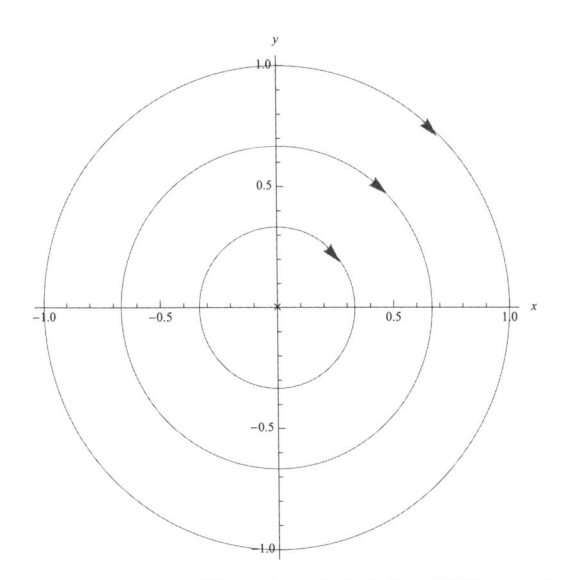

図 **A.1.6** (A.1.33) の相図:原点は渦心点(× で表示)となる.

非線形 $\dot{x} = f(x)$ の場合は平衡点における Jacobi 行列の固有値が双曲型のとき線形化方程式の相図でもって平衡点周りの解の挙動を把握できる.これを正当化するのが Hartman-Grobman 定理である.

---

20) 実際この解は周期解になるが,相図だけで周期解かどうかを見分けるには多少議論が必要になる.すなわち,相図から解は円上のどこかにあるのだがこの円上に平衡点はないので円上のどこかで停留することはない.また,$\sqrt{\dot{x}^2 + \dot{y}^2}$ =const. となり速度も一定であり,したがって,有限時間で初期位置に必ず戻ってくることがわかる.初期位置に戻って再び円上を動くが解の一意性により周期解となる.

定理 A.1.24 (Hartman-Grobman)　x^* を流れ $\varphi_t(x)$ をもつ C^1 ベクトル場 $f(x)$ の双曲型平衡点とする．このとき x^* の近傍 N があり，その N 上で φ_t はその線形化された流れに位相共役である．

証明は本書の範疇をこえるので該当する文献 [41][42][43][96] などを参照願いたい．流れ $\varphi_t(x)$ とは §3.3 定義 3.3.7 で定義したが，初期値 x_0 に時刻 t における値 $x(t)$ を対応させる写像のことである．この定理は双曲型平衡点のときには非線形系におけるこの流れが線形化された系における流れと平衡点周りでは**位相共役** (topological conjugate) であることを保証している．位相共役とは，2 つの流れを $\varphi_t : A \to A$ と $\psi_t : B \to B$ としたとき，φ_t と ψ_t においてはすべての $x \in A$ と $t \in \mathbb{R}$ に対し

$$h(\varphi_t(x)) = \psi_t(h(x)) \tag{A.1.34}$$

が成立する**同型写像**（homeomorphism, 連続写像が全単射で逆写像も連続な写像のこと）h が存在することである．すなわち，(A.1.34) をダイヤグラムに描くと

$$\begin{array}{ccc} x & \xrightarrow{\varphi_t} & \varphi_t(x) \\ h \downarrow & & \downarrow h \\ y & \xrightarrow{\psi_t} & \psi_t(y) \end{array}$$

のようになり，2 つの流れが位相共役ならば 2 つの経路：$x \xrightarrow{h} y \xrightarrow{\psi_t} \psi_t(y)$ ((A.1.34) 右辺) と $x \xrightarrow{\varphi_t} \varphi_t(x) \xrightarrow{h} \psi_t(y)$ ((A.1.34) 左辺) のどちらの経路を通っても同じ結果になることである．したがって，流れ $\varphi_t(x)$ は

$$\varphi_t(x) = h^{-1}\psi_t(h(x))$$

でも表すことができる．

流れ φ_t と ψ_t が位相共役ならば，各々の解軌跡は 1 対 1 に対応する．たとえば，x^* が φ の平衡点，すなわち，

$$\varphi_t(x^*) = x^* \tag{A.1.35}$$

がすべての t に対して成り立つとする．流れ φ_t と ψ_t は位相共役であるから

$$\psi_t(h(\boldsymbol{x}^*)) = h(\varphi_t(\boldsymbol{x}^*))$$

であり，この関係に (A.1.35) を適用すると

$$= h(\boldsymbol{x}^*)$$

となり，$h(\boldsymbol{x}^*)$ は ψ の平衡点となることがわかる．すなわち，平衡点を同型写像により写すと，写された先でも平衡点となる．また，ある点 $\boldsymbol{x}_0$ に対し $\varphi_t(\boldsymbol{x}_0)$ が周期 τ をもつ軌跡とする．すなわち，$\varphi_{t+\tau}(\boldsymbol{x}_0) = \varphi_t(\boldsymbol{x}_0)$ とする．このとき φ_t と位相共役関係にある ψ_t は

$$\psi_t(h(\boldsymbol{x}_0)) = h(\varphi_t(\boldsymbol{x}_0)) = h(\varphi_{t+\tau}(\boldsymbol{x}_0)) = \psi_{t+\tau}(h(\boldsymbol{x}_0))$$

となり，やはり $\boldsymbol{x}_0$ が写された先の ψ_t でも周期 τ をもつ軌跡であることがわかる．

したがって，Hartman-Grobman 定理は平衡点が双曲型 ($\mathrm{Re}(\lambda) \neq 0$) であれば線形化方程式の平衡点周りの解の挙動は非線形方程式のそれと比べ変化しないということを位相空間の言葉で述べている．Hartman-Grobman 定理の重要な帰結として線形系が漸近安定ならば非線形系も漸近安定であるということである．線形系が不安定ならば非線形系も当然不安定である．しかし，非双曲型平衡点の場合は何もいっていない．平衡点が非双曲型のときにはさらなる解析が必要であり，これについては個々の章で述べた．

本節の最後に例題 A.1.22 の変数 y に非線形項を付けたつぎの例をあげておこう．

例題 A.1.25

$$\begin{cases} \dot{x} = x, \\ \dot{y} = -y + x^2. \end{cases} \tag{A.1.36}$$

(A.1.36) および (A.1.32) で規定される流れをそれぞれ φ_t, ψ_t とすると

$$\varphi_t(x, y) = \begin{pmatrix} xe^t \\ ye^{-t} + \frac{x^2}{3}(e^{2t} - e^{-t}) \end{pmatrix}, \quad \psi_t(x, y) = \begin{pmatrix} xe^t \\ ye^{-t} \end{pmatrix} \tag{A.1.37}$$

である．容易にわかるように (A.1.36) の平衡点（原点）は双曲型であり，その線形化が (A.1.32) である．これらの間には同型写像 $H(x,y) = \left(x, y - \dfrac{x^2}{3}\right)$ が存在しダイヤグラムの ↓ + → の経路は

$$\psi_t(H(x,y)) = \psi_t\left(x, y - \frac{x^2}{3}\right) = \begin{pmatrix} xe^t \\ (y - \frac{x^2}{3})e^{-t} \end{pmatrix} \tag{A.1.38}$$

となり，片や → + ↓ の経路は

$$H(\varphi_t(x,y)) = H\left(xe^t, ye^{-t} + \frac{1}{3}(e^{2t} - e^{-t})x^2\right) = \begin{pmatrix} xe^t \\ ye^{-t} + \frac{1}{3}(e^{2t} - e^{-t})x^2 - \frac{1}{3}(e^t x)^2 \end{pmatrix}$$

$$= \begin{pmatrix} xe^t \\ (y - \frac{x^2}{3})e^{-t} \end{pmatrix} \tag{A.1.39}$$

となり，どちらの経路でも結果は変わらないので流れ φ_t と ψ_t は位相共役であることがわかる．(A.1.37) 第 1 式より流れ ψ_t における y 軸は φ_t でも y 軸

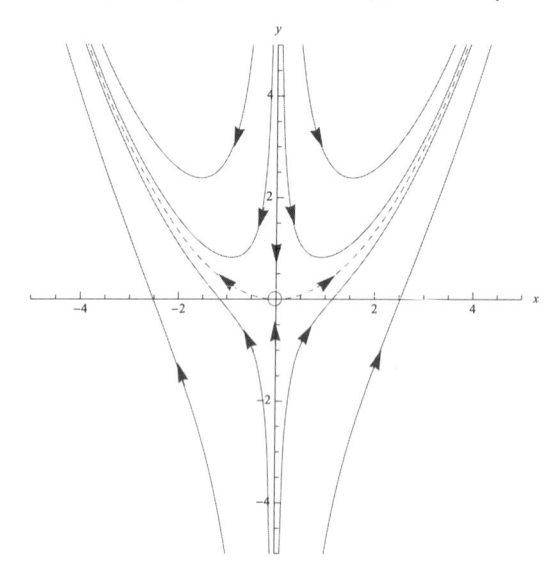

図 **A.1.7** (A.1.36) の相図．図 A.1.5 と位相的に等価である．y 軸が安定多様体となる．不安定多様体を破線で示す（線形では x 軸が不安定多様体であった）．

となることがわかり，また，ψ_t における x 軸は φ_t では $y = \dfrac{x^2}{3}$ となることがわかる．さらに，ψ_t での解軌跡は一般に $xy = c$ (c =const.) と書くことができるので，$c \neq 0$ ($x \neq 0$) を考えるとダイヤグラムはつぎのように書くことができる．

$$\begin{pmatrix} x \\ \frac{x^2}{3} + \frac{c}{x} \end{pmatrix} \xrightarrow{\varphi_t} \begin{pmatrix} xe^t \\ \frac{x^2}{3}e^{2t} + \frac{c}{x}e^{-t} \end{pmatrix}$$
$$H \downarrow \qquad\qquad\qquad \downarrow H$$
$$\begin{pmatrix} x \\ \frac{c}{x} \end{pmatrix} \xrightarrow{\psi_t} \begin{pmatrix} xe^t \\ \frac{c}{x}e^{-t} \end{pmatrix}$$

したがって，ψ_t の解軌跡 $xy = c$ は φ_t では $y = \dfrac{x^2}{3} + \dfrac{c}{x}$ ($x \neq 0$)[21] に 1 対 1 に対応することがわかる．

図 A.1.7 に (A.1.36) の相図の計算結果を示す．線形化方程式の相図は図 A.1.5 にすでに示した．原点の鞍点周りでは両者は位相的に変わりのないことがわかる． □

演習問題

問題 A.1.1 関数 $f(x) = |x|$ は $\mathbb{R}$ 上で連続で Lipschitz であることを示せ．

問題 A.1.2 (A.1.26) を求積法にて解を求め，その解の形からその挙動を考察せよ．

問題 A.1.3 1 次元のつぎの方程式の初期値問題
$$\begin{cases} \dot{x} = x^2, \\ x(0) = x_0 \end{cases}$$
に対してその解を求め，$x_0 = 0, x_0 > 0, x_0 < 0$ の場合の定義域を示せ．

問題 A.1.4 例題 A.1.6 において作用素を
$$T(f)(x) = \cos 2\pi x + \frac{1}{2} f(2x)$$
とし，また $f_0(x) = \sin 2\pi x$ として不動点を求め図示せよ．

---

21) $\varphi_t\left(x, \dfrac{x^2}{3} + \dfrac{c}{x}\right) = \begin{pmatrix} xe^t \\ \frac{x^2}{3}e^{2t} + \frac{c}{x}e^{-t} \end{pmatrix}$ において右辺を $\begin{pmatrix} \xi \\ \eta \end{pmatrix}$ とすると $\eta = \dfrac{\xi^2}{3} + \dfrac{c}{\xi}$ を得る．

問題 A.1.5 1次元方程式
$$\dot{x} = \sin x$$
についてベクトル場を用いて解の挙動を示せ．また，解析解を求めベクトル場を用いた解析と比較せよ．

問題 A.1.6 例題 A.1.23 の初期値 $\begin{pmatrix} x(0) \\ y(0) \end{pmatrix} = \begin{pmatrix} 1 \\ 0 \end{pmatrix}$ に対する解は，$\begin{pmatrix} x(t) \\ y(t) \end{pmatrix} = \begin{pmatrix} \cos t \\ -\sin t \end{pmatrix}$ である．第2の初期値 $\begin{pmatrix} x(s) \\ y(s) \end{pmatrix} = \begin{pmatrix} \cos s \\ -\sin s \end{pmatrix}$ に対する解を考え，解の一意性により三角関数 (sin, cos) の加法公式を導け．

問題 A.1.7 区間 $[0, \pi]$ で連続な関数列 $f_n(x) = \dfrac{\sin(nx)}{n}$ を考える．この関数列は sup ノルムについて Cauchy 列になることを示せ．

問題 A.1.8 関数空間のノルムには (A.1.11) 以外につぎで定義される L^p ノルムがある．
$$\|f\|_{p,D} = \left(\int_D |f(x)|^p dx \right)^{\frac{1}{p}}, \quad 1 \leq p < \infty \ (p \text{ は定数}). \tag{A.1.40}$$
区間 D $[-1, 1]$ で連続な関数列
$$f_n = \begin{cases} 1, & x \leq 0, \\ \dfrac{1}{1+nx}, & x > 0 \end{cases} \tag{A.1.41}$$
を考える ($f_n \in C[-1, 1]$)．L^2 ノルムで関数列 (A.1.41) は Cauchy 列をなすことを示せ．さらに，$C[-1, 1]$ は L^2 ノルムで完備でないことを示せ．

問題 A.1.9 $x(t) : \mathbb{R} \to \mathbb{R}$ とし，つぎの方程式の解の存在性を考察せよ．
$$\dot{x} = \begin{cases} 1, & x < 0 \\ -1, & x \geq 0 \end{cases}$$

問題 A.1.10 つぎの係数行列 A をもつ微分方程式 $\dot{x} = Ax$ のうち，位相共役の関係があるものはどれか．また，その同相写像を求めよ．

(1) $\begin{pmatrix} 2 & 0 \\ 0 & 2 \end{pmatrix}$, (2) $\begin{pmatrix} 7 & -10 \\ 5 & -8 \end{pmatrix}$, (3) $\begin{pmatrix} 3 & 1 \\ -1 & 1 \end{pmatrix}$.

A.2 楕円関数

この節では Jacobi の楕円関数 [52]，とくに実楕円関数に限って，その基本事項についてまとめておく[22]．

つぎの積分

$$\int \frac{dx}{\sqrt{(1-x^2)(1-k^2 x^2)}} \tag{A.2.1}$$

を **Legendre-Jacobi**（ルジャンドル–ヤコビ）の第 1 種楕円積分の標準形，k をその**母数** (modulus) という．一般に，$p(x)$ を「3」次式または「4」次式の多項式として x と $\sqrt{p(x)}$ との有理関数 $f(x, \sqrt{p(x)})$ の積分

$$\int f(x, \sqrt{p(x)}) dx \tag{A.2.2}$$

を**楕円積分**という．$p(x)$ が 1 次式か 2 次式ならば (A.2.2) は有理関数とその対数関数で表すことができるが，3 次以上であると初等関数で表すことは一般には不可能である．

標準形 (A.2.1) において 0 から 1 までの定積分をとったものを**第 1 種完全楕円積分**といい $K(k)$ で表す．すなわち，

$$K(k) = \int_0^1 \frac{dx}{\sqrt{(1-x^2)(1-k^2 x^2)}}. \tag{A.2.3}$$

母数 k は混同する恐れがないときには省略し，$K(k)$ を K で表すことが多い．

さて，母数は実数で $0 < k < 1$ として $-1 < x < 1$ のとき，(A.2.1) において

$$u = \int_0^x \frac{dx}{\sqrt{(1-x^2)(1-k^2 x^2)}} \tag{A.2.4}$$

とおき，その逆関数を

$$x = \operatorname{sn} u \tag{A.2.5}$$

---

[22] [106] は古典的な成書である．邦書の古典として [12] があり，最近のものでは [24] がある．邦書 [1] は初学者にとり平易に書かれており良書である．

と書き，これを Jacobi の **sn** 関数という．母数 k を陽に明示したいときには sn (u, k) と書くが，母数はしばしば省略される．(A.2.4) で u は x の連続な単調増加関数であり，$x = -1$ のとき $u = -K$，$x = 1$ のとき $u = K$ となるので，(A.2.5) は $-K \leq u \leq K$ の範囲で定義される．なお，$x = 0$ は $u = 0$ に対応する．sn の補助関数として **cn** 関数，**dn** 関数をそれぞれ

$$\operatorname{cn} u = \sqrt{1 - \operatorname{sn}^2 u}, \tag{A.2.6}$$

$$\operatorname{dn} u = \sqrt{1 - k^2 \operatorname{sn}^2 u} \tag{A.2.7}$$

で定義する．根号は $-K \leq u \leq K$ の範囲で正の平方根を表す．sn, cn, dn を総称して **Jacobi の楕円関数**という．

また，sn 関数の逆関数を sn^{-1} で表すことにする．一般には逆関数は多価関数になるが，本書では逆関数 $u = \operatorname{sn}^{-1}(x, k)$ の定義域は $-1 \leq x \leq 1$，値域は $-K(k) \leq u \leq K(k)$ とする．同様に，cn 関数，dn 関数の逆関数をそれぞれ cn^{-1}，dn^{-1} で表す．逆関数 $u = \operatorname{cn}^{-1}(x, k)$ の定義域は $-1 \leq x \leq 1$，値域は $0 \leq u \leq 2K(k)$ とし，逆関数 $u = \operatorname{dn}^{-1}(x, k)$ の定義域は $\sqrt{1 - k^2} \leq x \leq 1$，値域は $0 \leq u \leq K(k)$ とする．

さらに，第 1 種楕円積分 (A.2.4) を

$$u = \int_0^\varphi \frac{d\theta}{\sqrt{1 - k^2 \sin^2 \theta}} \tag{A.2.8}$$

と書き直し，この逆関数を**振幅関数 am** という．すなわち，

$$\varphi = \operatorname{am} u \tag{A.2.9}$$

であり，sn 関数および cn 関数との関係は

$$\operatorname{sn} u = \sin(\operatorname{am} u), \quad \operatorname{cn} u = \cos(\operatorname{am} u) \tag{A.2.10}$$

となる．

Glaisher（グレイシャー）の記号

Jacobi の楕円関数の逆数や商に対して表現を簡潔にするためにつぎのような Glaisher の記号をしばしば用いる．

$$\operatorname{ns} u = \frac{1}{\operatorname{sn} u}, \quad \operatorname{nc} u = \frac{1}{\operatorname{cn} u}, \quad \operatorname{nd} u = \frac{1}{\operatorname{dn} u}, \tag{A.2.11}$$

$$\operatorname{sc} u = \frac{\operatorname{sn} u}{\operatorname{cn} u}, \quad \operatorname{sd} u = \frac{\operatorname{sn} u}{\operatorname{dn} u}, \quad \operatorname{cd} u = \frac{\operatorname{cn} u}{\operatorname{dn} u}, \tag{A.2.12}$$

$$\operatorname{cs} u = \frac{\operatorname{cn} u}{\operatorname{sn} u}, \quad \operatorname{ds} u = \frac{\operatorname{dn} u}{\operatorname{sn} u}, \quad \operatorname{dc} u = \frac{\operatorname{dn} u}{\operatorname{cn} u}, \tag{A.2.13}$$

微分公式

Jacobi の楕円関数の微分公式が定義 (A.2.4), (A.2.6), (A.2.7) からつぎのように導かれる.

$$\frac{d}{du}\operatorname{sn} u = \operatorname{cn} u \operatorname{dn} u, \tag{A.2.14}$$

$$\frac{d}{du}\operatorname{cn} u = -\operatorname{sn} u \operatorname{dn} u, \tag{A.2.15}$$

$$\frac{d}{du}\operatorname{dn} u = -k^2 \operatorname{sn} u \operatorname{cn} u \tag{A.2.16}$$

加法公式

三角関数と同じようにつぎの加法公式が得られる.

$$\operatorname{sn}(u+v) = \frac{\operatorname{sn} u \operatorname{cn} v \operatorname{dn} v + \operatorname{sn} v \operatorname{cn} u \operatorname{dn} u}{1 - k^2 \operatorname{sn}^2 u \operatorname{sn}^2 v}, \tag{A.2.17}$$

$$\operatorname{cn}(u+v) = \frac{\operatorname{cn} u \operatorname{cn} v - \operatorname{sn} u \operatorname{sn} v \operatorname{dn} u \operatorname{dn} v}{1 - k^2 \operatorname{sn}^2 u \operatorname{sn}^2 v}, \tag{A.2.18}$$

$$\operatorname{dn}(u+v) = \frac{\operatorname{dn} u \operatorname{dn} v - k^2 \operatorname{sn} u \operatorname{sn} v \operatorname{cn} u \operatorname{cn} v}{1 - k^2 \operatorname{sn}^2 u \operatorname{sn}^2 v} \tag{A.2.19}$$

また, 特別な場合として**倍数公式**が得られる.

$$\operatorname{sn}(2u) = \frac{2 \operatorname{sn} u \operatorname{cn} u \operatorname{dn} u}{1 - k^2 \operatorname{sn}^4 u}, \tag{A.2.20}$$

$$\operatorname{cn}(2u) = \frac{1 - 2\operatorname{sn}^2 u + k^2 \operatorname{sn}^4 u}{1 - k^2 \operatorname{sn}^4 u}, \tag{A.2.21}$$

$$\operatorname{dn}(2u) = \frac{1 - 2k^2 \operatorname{sn}^2 u + k^2 \operatorname{sn}^4 u}{1 - k^2 \operatorname{sn}^4 u} \tag{A.2.22}$$

三角関数との関係

Jacobi の楕円関数は母数を特別な値とすると三角関数で表される.

$$\text{sn}\,(u,0) = \sin u, \quad \text{sn}\,(u,1) = \tanh u, \qquad (A.2.23)$$

$$\text{cn}\,(u,0) = \cos u, \quad \text{cn}\,(u,1) = \text{sech}\, u, \qquad (A.2.24)$$

$$\text{dn}\,(u,1) = \text{sech}\, u. \qquad (A.2.25)$$

また

$$\text{dn}\,(u,0) = 1 \qquad (A.2.26)$$

となる．

定義域の実数全体への拡張

Jacobi の楕円関数は $-K \le u \le K$ の範囲で定義されたが，この関数値を基礎として定義域を実数全体へ拡張することができる．実数全体の定義域に対して上で述べた微分公式や加法公式などの諸公式はすべて成立する．

このように実数全体を定義域とした Jacobi の楕円関数は

$$\text{sn}\,(u+4K) = \text{sn}\,u, \quad \text{cn}\,(u+4K) = \text{cn}\,u, \quad \text{dn}\,(u+2K) = \text{dn}\,u \quad (A.2.27)$$

となり，sn, cn, dn 関数はそれぞれ $4K, 4K, 2K$ の周期をもつ周期関数となる[23]．以下 §1.1 で使用した補題についてまとめておく[6]．

補題 A.2.1 $0 \le x \le \beta$ とするとき，つぎが成立する．

$$\int_x^\beta \frac{dx}{\sqrt{(\alpha^2+x^2)(\beta^2-x^2)}} = \frac{1}{\sqrt{\alpha^2+\beta^2}} \text{cn}^{-1}\left(\frac{x}{\beta}, \frac{\beta}{\sqrt{\alpha^2+\beta^2}}\right). \qquad (A.2.28)$$

証明 $x = \beta \text{cn}(u,k)$ とおく．ここで，$k = \dfrac{\beta}{\sqrt{\alpha^2+\beta^2}}$ である．また，$k'^2 = 1-k^2$ とすると以下の関係式が成立する．

---

[23] 同様にして定義域を複素数に拡張でき，複素変数の Jacobi の楕円関数を考えることができる．こうすることにより楕円関数は実数の周期と虚数の周期をもつようになり著しい特徴を備えることになる．一般にはそれらの整数倍の和の周期となる **2 重周期関数**となる．本書では楕円関数の定義域は実数である．

$$\beta^2 - x^2 = \beta^2 \mathrm{sn}^2(u, k),$$

$$dx = -\beta \mathrm{sn}(u, k) \mathrm{dn}(u, k) du,$$

$$\alpha^2 + x^2 = \alpha^2 + \beta^2 \mathrm{cn}^2(u, k) = (\alpha^2 + \beta^2)(k'^2 + k^2 \mathrm{cn}^2(u, k)) = (\alpha^2 + \beta^2) \mathrm{dn}^2(u, k)$$

これらより

$$\int_x^\beta \frac{dx}{\sqrt{(\alpha^2 + x^2)(\beta^2 - x^2)}} = -\frac{1}{\sqrt{\alpha^2 + \beta^2}} \int_u^0 du = \frac{1}{\sqrt{\alpha^2 + \beta^2}} u$$

となり，(A.2.28) が成立する．∎

以下，証明は同様にできるので補題のみ述べる．

補題 A.2.2 $0 < \beta \leq x \leq \alpha$ とするとき，つぎが成立する．

$$\int_x^\alpha \frac{dx}{\sqrt{(\alpha^2 - x^2)(x^2 - \beta^2)}} = \frac{1}{\alpha} \mathrm{dn}^{-1}\left(\frac{x}{\alpha}, \frac{\sqrt{\alpha^2 - \beta^2}}{\alpha}\right). \tag{A.2.29}$$

補題 A.2.3 $\beta \leq x$ とするとき，つぎが成立する．

$$\int_\beta^x \frac{dx}{\sqrt{(\alpha^2 + x^2)(x^2 - \beta^2)}} = \frac{1}{\sqrt{\alpha^2 + \beta^2}} \mathrm{cn}^{-1}\left(\frac{\beta}{x}, \frac{\alpha}{\sqrt{\alpha^2 + \beta^2}}\right). \tag{A.2.30}$$

補題 A.2.4 $0 < \beta < \alpha \leq x$ とするとき，つぎが成立する．

$$\int_x^\infty \frac{dx}{\sqrt{(x^2 - \alpha^2)(x^2 - \beta^2)}} = \frac{1}{\alpha} \mathrm{sn}^{-1}\left(\frac{\alpha}{x}, \frac{\beta}{\alpha}\right). \tag{A.2.31}$$

補題 A.2.5 $0 \leq |x| \leq \beta < \alpha$ とするとき，つぎが成立する．

$$\int_0^x \frac{dx}{\sqrt{(\alpha^2 - x^2)(\beta^2 - x^2)}} = \frac{1}{\alpha} \mathrm{sn}^{-1}\left(\frac{x}{\beta}, \frac{\beta}{\alpha}\right). \tag{A.2.32}$$

補題 A.2.6 $\beta \leq \alpha$ とするとき，つぎが成立する．

$$\int_0^x \frac{dx}{\sqrt{(x^2 + \alpha^2)(x^2 + \beta^2)}} = \frac{1}{\alpha} \mathrm{sn}^{-1}\left(\frac{x}{\beta}, \frac{\sqrt{\alpha^2 - \beta^2}}{\alpha}\right). \tag{A.2.33}$$

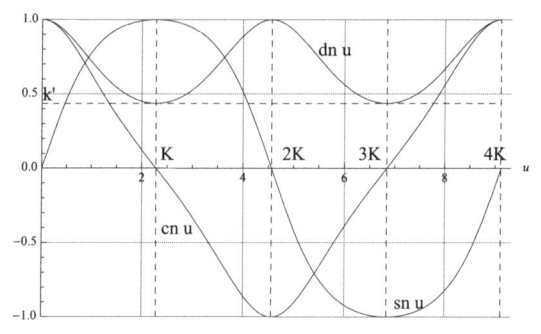

図 A.2.1 Jacobi の楕円関数のグラフ：$k = 0.9$ として $0 \leq u \leq 4K(k)$ の範囲で描いたグラフ.

最後に，sn, cn, dn 関数のグラフの 1 例を図 A.2.1 に示しておく．

演習問題

問題 A.2.1 sn 関数の微分公式 (A.2.14) はつぎのようにして導かれる．(A.2.4) を x で微分すると

$$\frac{du}{dx} = \frac{1}{\sqrt{(1-x^2)(1-k^2x^2)}}$$

となり，よって，

$$\frac{dx}{du} = \sqrt{(1-x^2)(1-k^2x^2)}$$

を得，x に sn u を代入し cn, dn の定義式 (A.2.6), (A.2.7) を用いれば

$$\frac{d}{du}\text{sn}\, u = \sqrt{(1-\text{sn}^2 u)(1-k^2\text{sn}^2 u)} = \text{cn}\, u\, \text{dn}\, u$$

を得る．同様にして，cn, dn 関数の微分公式 (A.2.15), (A.2.16) を導け．

問題 A.2.2 sn 関数の加法公式 (A.2.17)

$$\text{sn}\,(u+v) = \frac{\text{sn}\, u\, \text{cn}\, v\, \text{dn}\, v + \text{sn}\, v\, \text{cn}\, u\, \text{dn}\, u}{1 - k^2 \text{sn}^2 u\, \text{sn}^2 v}$$

をつぎのようにして導け．$u + v = c$ とおくと上式は

$$\text{sn}\, c = \frac{\text{sn}\, u\, \text{cn}\,(c-u)\, \text{dn}\,(c-u) + \text{sn}\,(c-u)\, \text{cn}\, u\, \text{dn}\, u}{1 - k^2 \text{sn}^2 u\, \text{sn}^2 (c-u)}$$

となる．ここで，c の値を 1 つ固定すると右辺は u の関数となり，これを $f(u)$ で表す．すなわち，

$$f(u) = \frac{\operatorname{sn} u \operatorname{cn}(c-u) \operatorname{dn}(c-u) + \operatorname{sn}(c-u) \operatorname{cn} u \operatorname{dn} u}{1 - k^2 \operatorname{sn}^2 u \operatorname{sn}^2 (c-u)}$$

であるが，この $f(u)$ が定数 sn c に等しいことを微分公式を使い証明すればよい．この証明を完結させよ．また，同様にして cn, dn 関数の加法公式 (A.2.18), (A.2.19) を証明せよ．

問題 A.2.3 Jacobi の楕円関数を扱う上でつぎの半数公式と 3 倍数公式はよく使用する．

半数公式

$$\operatorname{sn}^2 \frac{u}{2} = \frac{1 - \operatorname{cn} u}{1 + \operatorname{dn} u}, \quad \operatorname{cn}^2 \frac{u}{2} = \frac{\operatorname{dn} u + \operatorname{cn} u}{1 + \operatorname{dn} u}, \quad \operatorname{dn}^2 \frac{u}{2} = \frac{k'^2 + \operatorname{dn} u + k^2 \operatorname{cn} u}{1 + \operatorname{dn} u}.$$

ただし，$k'^2 = 1 - k^2$．

3 倍数公式

$$\operatorname{sn} 3u = \frac{A}{D}, \quad \operatorname{cn} 3u = \frac{B}{D}, \quad \operatorname{dn} 3u = \frac{C}{D}.$$

ただし，A, B, C, D は $s = \operatorname{sn} u, c = \operatorname{cn} u, d = \operatorname{dn} u$ とおいて

$$A = 3s - 4(1 + k^2)s^3 + 6k^2 s^5 - k^4 s^9,$$
$$B = c\{1 - 4s^2 + 6k^2 s^4 - 4k^4 s^6 + k^4 s^8\},$$
$$C = d\{1 - 4k^2 s^2 + 6k^2 s^4 - 4k^4 s^6 + k^4 s^8\},$$
$$D = 1 - 6k^2 s^4 + 4k^2(1 + k^2)s^6 - 3k^4 s^8. \tag{A.2.34}$$

これらの公式を導け（ヒント：半数公式は倍数公式を利用し，3 倍数公式は加法定理をそれぞれ利用する）．

おわりに

　本書は常微分方程式を中心にして機械工学，電気工学，生物・生態系の各分野から代表的なモデルを選び出し数理科学的視点からそれらの方程式を解析した．個別の箇所に対する参考文献はそのつど文中に記載したが，その他本書を執筆する上で一般的に参考にした成書は（参考文献と重複するが）以下である．

[11] 高橋陽一郎『力学と微分方程式』岩波書店，2004.
[5] 俣野博『常微分方程式入門——基礎から応用へ』岩波書店，2003.
[27] Braun, M., *Differential Equations and Their Applications*, Springer-Verlag, New York, 1975.
[69] Meiss, J. D., *Differential Dynamical Systems*, SIAM, Philadelphia, 2007.
[97] Strogatz, S. H., *Nonlinear Dynamics and Chaos*, Perseus Books Publishing, USA, 2000.

　数学は命題を掲げそれを証明することに力を注ぐが，応用面からは証明された事実をどのように受け止め理解し現実の問題に結び付けていくかが重要である．その意味で与えられた方程式に対してシミュレーションすることは新しい知見を生み出す可能性を秘めており，またその知見が応用につながり，さらに，新しい数学の創生へと発展していくと考える．もちろん，モデルの数理解析のみでそのモデルのもつ変数（生物の個体群総数など）の動態はあらかた把握できるがシミュレーションにより理解をさらに深めることもできる．幸いにも昨今はこれらを容易にシミュレーションするユーザ・インターフェースの長けたソフトウエア・ツールが存在する．代表的なものは Mathematica と Maple であろう．本書では方程式の数値解法に，第 1,3,4 章および補遺では Mathematica を，第 2 章では Maple を利用した．読者自らそれらを使いプログラムを作成し試すことが理解の助けになるであろう．なお，著者のホームページ http://www.drben.jp などでコードを公開する予定であるので利用していただければ幸いである．

独断的な点，誤謬の点が少なからずあることを恐れるが，この点読者の叱責を切望する次第である．本書がこれからこの分野を学ぼうとしている人たちの良きガイドとなり，また，基礎としての数学とその応用との架け橋となれば著者の望外の喜びである．

謝辞

　本書を執筆するに当たり多くの方々の協力を得ましたのでここに記載し謝意に変えさせていただきます．パンルヴェ方程式研究の第一人者である岡本和夫氏にはていねいに読んでいただきましたことをお礼申し上げます．本書の内容は実領域における微分方程式を扱っておりその意味でパンルヴェ方程式の複素領域における扱いとは対照的な感がありますが，岡本和夫氏には微分方程式論の高いところから有益なコメントやご批判をいただきました．稲葉寿氏には数理生態学，数理生物学の専門家として著者の足らないところを補っていただきました．

　本書は東京大学での平成 24 年の講義内容をもとに加筆したものですが，講義の機会を与えてくださった儀我美一氏には大変お世話になりましたことお礼申し上げます．また，有本彰雄氏には日頃より数学の歴史や哲学的な側面について議論を賜り，本書においても数学の厳密さを損なうことなく平易に執筆できたことは氏によるところが大きいと思います．東京大学出版会編集部の丹内利香氏には企画の段階から終始御世話になりましたこと感謝いたします．上に御名前をあげた以外にも多くの方々より有益な議論や示唆をいただき本書の内容にいかされています．一々御名前を引用できませんでしたがこの場を借りてお礼申し上げます．

　誤字脱字を含めて記載内容の間違いはすべて著者の責任にあることはいうまでもないことです．最後に個人的なことですが著者の生涯の恩師である今は亡き瀧山敬先生の墓前に本書を献呈する次第です．

平成 25 年陽春　東京駒場にて　著者しるす

参考文献

[1] 安藤四郎『楕円積分・楕円関数入門』(第 5 版), 日新出版, 1970.
[2] 福原満洲雄, 佐藤常三, 古谷茂『常微分方程式 III』岩波講座現代応用数学, 160/161, 1958.
[3] 儀我美一, 儀我美保『非線形偏微分方程式——解の漸近挙動と自己相似解』共立出版, 1999.
[4] 伊藤清三『ルベーグ積分入門』裳華房, 1963.
[5] 俣野博『常微分方程式入門——基礎から応用へ』岩波書店, 2003.
[6] 野原勉, 有本彰雄「一般化 Duffing 方程式の解の構成について」『東京都市大学共通教育センター紀要』, **3**, 47/62, 2010.
[7] 野原勉, 有本彰雄「楕円函数濫觴——非線形振り子の運動そして Poncelet の閉形定理へ」『東京都市大学共通教育センター紀要』, **4**, 49/69, 2011.
[8] 斎藤秀雄『工業基礎振動学』養賢堂, 1977.
[9] 斉海山「数理生物学におけるロトカ・ボルテラ競争モデルの経済統合分析への応用可能性」『人文社会科学研究』, **17**, 255/274, 2008.
[10] 清水辰次郎『非線型振動論』培風館, 1965.
[11] 高橋陽一郎『力学と微分方程式』岩波書店, 2004.
[12] 竹内端三『楕圓函數論』岩波書店, 1936.
[13] 戸田盛和『楕円関数入門』日本評論社, 2001.
[14] 谷島賢二『物理数学入門』東京大学出版会, 1994.
[15] 由井敏範「Goodwin-Medio モデルと恐慌論研究」『一橋研究』**6**(3), 161/173, 1981.
[16] Abraham, R. and Marsden, J. E., *Foundations of Mechanics*, second edition, Addison Wesley, Reading, MA, USA, 1978.
[17] Abraham, R. H. and Shaw, C. D., *Dynamics: The Geometry of Behavior. Part 4: Bifurcation Behavior*, Aerial Press, Santa Cruz, CA, USA, 1988.
[18] Allee, W. C., *Animal Aggregations. A Study in General Sociology*, University of Chicago Press, Chicago, 1931.
[19] Allen, S. and Cahn, J. W., 'A microscopic theory for antiphase boundary motion and its application to antiphase domain coarsening', *Acta. Metall.*, **27**, 1084/1095, 1979.
[20] Alligood, H. T., Sauer, T. D. and Yorke, J. A., *Chaos An Introduction to Dynamical Systems*, Springer-Verlag, New York, 1996. 津田一郎監訳『カオス——力学系入門』シュプリンガー・ジャパン, 2006.
[21] Ammerman, A. J. and Cavalli-Sforza, L. L., *The Neolithic Transition and the Genetics of Populations in Europe*, Princeton University Press, Princeton, New Jersey, USA, 1984.
[22] Andow, D. A., Kareiva, P. M., Levin, S. A. and Okubo, A., 'Spread of invading organisma', *Landscape Ecology*, **4**, 177/188, 1990.

[23] Arimoto, A., Lecture Note, Preprint, Tokyo City University, 2012.

[24] Armitage, J. V. and Eberlein, W. F., *Elliptic Functions*, Cambridge University Press, Cambridge, 2006.

[25] Aronson, D. G. and Weinberger, H. F., 'Nonlinear diffusion in population genetics, combustion, and nerve pulse propagation', *Partial Differential Equations and Related Topics*, Lecture Notes in Mathematics, Springer, New York, **446**, 5/49, 1975.

[26] Baker, G. L. and Blackburn, J. A., *The Pendulum*, Oxford University Press, Oxford, 2005.

[27] Braun, M., *Differential Equations and Their Applications*, Springer-Verlag, New York, 1975.

[28] Cartwright, M. L., 'Van der Pol's equation for relaxation oscillations', *Contributions to the Theory of Nonlinear Oscillations*, **2**, Princeton, 3, 1952.

[29] Chouikha, A. R., 'Periodic perturbation of non-conservative second order differential equations', *Electron. J. Qual. Theory Differ. Equ.*, **49**, 122/136, 2002.

[30] Coddington, E. A. and Levinson, N., *Theory of Ordinary Differential Equations*, McGraw-Hill, New York, 1955.

[31] Cuthbert, R., 'The role of introduced mammals and inverse dencity-dependent predation in the consevation of Hutton's shearwater', *Biological Conservation*, **108**, 69/78, 2002.

[32] Duffing, G., Erzwungene Schwingungen bei Veränderlicher Eigenfrequnz, F. Vieweg u. Sohn: Braunschweig, 1918.

[33] Edelstein-Keshet, L., *Mathematical Models in Biology*, Random House, New York, 1988.

[34] Evans, L. C., *Partial Differential Equations*, American Mathematical Society, Providence, Rhode Island, 1998.

[35] Farkas, M., *Periodic Motions*, Springer-Verlag, New York, 1994.

[36] Fisher, R. A., 'The wave of advance of advantageous genes', *Annals of Eugenics*, **7**, 355/369, 1937.

[37] FitzHugh, R., 'Impulses and physiological states in theoretical models of nerve membrane', *Biophysical J.*, **1**, 445/466, 1961.

[38] Gause, G. F.,'Experimental studies on the struggle for existence. I. Mixed population of two species of yeast', *Journal of Experimental Biology*, **9**, 389/402, 1932.

[39] Goodwin, R. M., 'A growth cycle', in Feinstein, C. H.(ed.), *Socialism, Capitalism and Economic Growth*, Cambridge University Press, Cambridge, 1967.

[40] Greenhill, A. G., *The Application of Elliptic Functions*, London Macmillan and Co., 1892., Merchant Books, 2007.

[41] Grobman, D. M., 'Homeomorphism of systems of differential equations,' *Dokl. Akad. Nauk SSSR*, **128**, 880/881, 1959 (in Russian).

[42] Hartman, P., 'A lemma in the theory of structural stability of differential equations', *Proc. Amer. Math. Soc.*, **11**, 610/620, 1960.

[43] Hartman, P., 'On local homeomorphisms of Euclidean spaces', *Bol. Soc. Mat. Mexicana*, **5**(2), 220/241, 1960.

[44] Hirsh, M. W., *Differential Topology*, Springer-Verlag, New York, Heidelberg, Berlin, 1976.

[45] Hirsh, M. W. and Smale, S., *Differential Equations, Dynamical Systems, and Linear Algebra*, Academic Press, New York, 1974. 田村一郎，水谷忠良，新井紀久子訳『力学系入門』岩波書店，1976.

[46] Hodgkin, A. L. and Huxley, A. F., 'A quantitative description of membrane current and its application to conduction and excitation in nerve,' *J. Physiol.(Lond.)*, **117**, 500/544, 1952.

[47] Holling, C. S., 'Some characteristics of simple types of predation and parasitism', *Canadian Entomologist*, **91**, 385/398, 1959.

[48] Hsu, C. S., 'On the application of elliptic functions in nonlinear forced oscillations', *Q. Appl. Math.*, **17**, 393/407, 1960.

[49] Hsu, S. B., *Ordinary Differential Equations with Applications*, World Scientific Publishing Co., Washington, D.C., 2006.

[50] Hsu, S. and Waltman, P., 'Competing predators', *SIAM J. Applied Mathematics*, **35**, 617/625, 1978.

[51] Israel, G. and Gasca, A. (eds.), *The Biology Numbers: The Correspondence of Vito Volterra on Mathematical Biology*, Birkhauser Verlag, Boston, Basel and Berlin, 2002.

[52] Jacobi, C. G. J., 'Uber die Anwendung der elliptischen Transcendentten auf ein bekanntes Problem der Elementargeometries,' *J. rein angew. Math.*, **3**, 376/387, 1823. Reprinted in *Gesammelte Werke*, **1**, Proddidence, RI: Amer. Math. Soc., 278/293, 1969.

[53] Johns, B., 'Whooping Crane recovery ⸻ A North American success story', *Biodiversity*, **6**, 2/6,2005.

[54] Keener, J. and Sneyd, J., *Mathematical Physiology*, Springer-Verlag, New York, 1998.

[55] Kermack, W. O. and McKendrick, A. G., 'A contribution to mathematical theory of epidemics', *P. Roy. Soc. Lond. A. Mat.*, **115**, 700/721, 1927.

[56] Kolmogorov, A., Petrovsky, I. and Piscounov, N., 'Étude de l'équation de la diffusion avec croissance de la quantité de matière et son application à une problème biologique', *Moscow University Mathematics Bulletin*, **1**, 1/25, 1937.

[57] Krebs, C. J., *Ecology: The Experimental Analysis of Distribution and Abundance*, Harper and Row, New York, 1972.

[58] Levinson, N. and Smith, O. K., 'A General equation for relaxation oscillations', *Duke Math. J.*, **9**, 382/403, 1942.

[59] Liénard, A., 'Étude des Oscillations Entretenues', *Rev. Gén. Electricité*, **23**, 901/912, 1928.

[60] Lotka, A. J., 'Undamped oscillations derived from the laws of mass action', *J. Amer. Chem. Soc.*, **42**, 1595/1599, 1920.

[61] Lotka, A. J., *Elements of Physical Biology*, Williams and Wilkins, Baltimore, Maryland, USA, 1925.

[62] Lotka, A. J., 'The growth of mixed populations: Two species competing for a common food supply', *Journal of the Washington Academy of Sciences*, **22**, 461/469, 1932.

[63] Ludwig, D., Jones, D. D. and Holling, C. S., 'Qualitative analysis of insect outbreak systems: the spruce budworm and forest', *J. Anim. Ecol.*, **47**, 315, 1978.

[64] Malthus, T., 'An Essay on the Principle of Population', London: J. Johnson, 1798 (1st ed.).

[65] Mathews, T. and Gardner, W., 'Field reversals of paleomagnetic type in coupled disk dynamos', *U.S. Naval Res. Lab. Rep.*, **5886**, 1/11, 1963.

[66] May, R. M., Limit cycles in predator-prey communities, *Science*, **177**, 900/902, 1972.

[67] McLachlan, N. W., *Theory and Application of Mathieu Functions*, Dover, New York, 1947.

[68] Medio, A., 'A classical model of business cycles', Nell, E. J. (ed.), in *Growth, Profit, and Property*, Cambridge University Press, Cambridge, 1980.

[69] Meiss, J. D., *Differential Dynamical Systems*, SIAM, Philadelphia, 2007.

[70] Mitropolskii, Y. A. and Nguyen, V. D., *Applied Asymptotic Methods in Nonlinear Oscillations*, Kluwer Academic Publishers, Dordrecht, The Netherlands, 1997.

[71] Moon, F. C. and Holmes, P. J., 'A magnetoelastic strange attractor', *J. Sound Vib.*, **65**(2), 285/296, 1979.

[72] Munakata, K., 'Some exact solutions in nonlinear oscillations', *J. Phys. Soc. Jpn.*, **7**, 383/391, 1952.

[73] Murray, J., *Mathematical Biology*, Springer, New York, 1989.

[74] Nagumo J., Arimoto S., and Yoshizawa S., 'An active pulse transmission line simulating nerve axon', *Proc. IRE*, **50**, 2061/2070, 1962

[75] Nohara, B. T., 'Governing equations of envelope surface created by nearly bichromatic waves propagating on an elastic plate and their stability', *Jpn. J. Ind. Appl. Math.*, **22**, 1, 89/111, 2005.

[76] Nohara, B. T. and Arimoto, A., 'The stability of the governing equation of envelope surface created by nearly bichromatic waves propagating on an elastic plate', *Nonlinear Analysis*, **63**, 2197/2208, 2005.

[77] Nohara, B. T., 'On the quintic nonlinear Schrödinger equation created by the vibration of a square plate on a weakly nonlinear elastic foundation and the stability of the uniform solution', *Jpn. J. Ind. Appl. Math.*, **24**, 2, 161/179, 2007.

[78] Nohara, B. T. and Arimoto, A., 'Non-existence theorem except the out-of-phase and in-phase solutions in the coupled van der Pol equation system', Український математичний журнал, **61**(8), 1106/1129, 2009. : *Ukrainian Mathematical Journal*, **61**(8), 1311/1337, 2009.

[79] Nohara, B. T. and Arimoto, A., 'Solution of the Duffing equation with a higher order nonlinear term,' *Theoretical and Applied Mechanics Japan*, **59**, 133/141, 2011, and Proc. Korea-Japan Joint Workshop on Dynamical Systems and Related Topics, 2010.

[80] Nohara, B. T. and Arimoto, A., 'Periodic solutions of the Duffing equation with the square wave external force', *Theoretical and Applied Mechanics JAPAN*, **60**, 359/379, 2011.

[81] Nohara, B. T. and Arimoto, A., 'Survey of periodic solutions of the nonlinear ordinary differential equations and study of periodic solutions of the Duffing type equation with the square wave external force', *RIMS Kokyuroku*, **1786**, 93/115, 2012.

[82] Nayfeh, A. H., *Perturbation Method*, John Wiley & Sons, Inc., 1973.

[83] Okubo, A., Maini, P. K., Williamson, M. H. and Murray, J. D., 'On the spatial spread of the grey squirrel in Britain', *Proc. Roy. Soc. Lon.*, **B 238**, 113/125, 1989.

[84] Pearl, R. and Reed, L., 'On the rate of growth of the population of the United States since 1790 and its mathematical representation', *Proc. National Academy of Sciences*, **6**(6), 275/288, 1920.

[85] Pearl, R., 'The growth of populations', *Quarterly Review of Biology*, **2**, 532/548, 1927.

[86] Rayleigh, L., *Theory of Sound*, Vol.1, London, 1894.

[87] Ridgway, M. S., Pollard, J. B. and Weseloh, D. V. C., 'Density-dependent growth of double-crested cormorant colonies on Lake Huron', *Canadian Journal of Zoology*, **84**, 1409/1420, 2006.

[88] Rikitake, T., 'Oscillations of a system of disk dynamos', *Proc. Cambr. Phil. Soc.*, **54**, 89/105, 1958.

[89] Rosenzweig, M. and MacArthur, R., 'Graphical representation and stability conditions of predator-prey interaction', *American Naturalist*, **97**, 209/223, 1963.

[90] Rosenzweig, M., 'Enriched predator-prey systems: theoretical stability', *Science*, **177**, 902/904, 1972.

[91] Royama, T., MacKinnon, W. E., Kettera, E. G., Carter, N. E. and Hartling, L. K., 'Analysis of spruce budworm outbreak cycles in New Brunswick, Canada, since 1952,' *Ecology*, **86**, 1212/1224, 2005.

[92] Sæther, B.-E., Engen, S., Filli, F., Aanes, R., Schröder, W. and Andersen, R., 'Stochastic population dynamics of an introduced Swiss population of the ibex', *Ecology*, **83**, 3457/3465, 2002.

[93] Scudo, F. M. and Ziegler, J. R.(eds.), *The Golden Age of Theoretical Ecology: 1923-1940*, Lecture Note in Biomathematics, **22**, Springer, Berlin, 1978.

[94] Shinbrot, T., Grebogi, C., Wisdom, J. and Yorke, J. A., 'Chaos in a double pendulum,' *American Journal of Physics*, **60**, 491/499, 1992.

[95] Smith, H. L., Lecture Note, Preprint, University of Arizona, 2006.

[96] Sternberg, S., 'On the structure of local homeomorphisms of Euclidean space, II.', *American Journal of Mathematics*, **81**, 623/631, 1958.

[97] Strogatz, S. H., *Nonlinear Dynamics and Chaos*, Perseus Books Publishing, USA, 2000.

[98] Taam, C. T., 'The solution of nonlinear differential equation III', *Duke Math. J.*, **24**, 511/519, 1957.

[99] Thieme, H. R., *Mathematics in Population Biology*, Princeton University Press, Princeton and Oxford, 2003. 斎藤保久監訳『生物集団の数学』日本評論社, 2006.

[100] Tobin, P. and Blackburm, L., 'Long-distance dispersal of the gypsy moth (Lepidoptera: Lymantriidae) facilitated its initial invasion of Wisconsin', *Environmental Entomology*, **37**(1), 87/93, 2008.

[101] van der Pol, B., 'On relaxation oscillations', *Philos. Mag.*, **2**, 978/992, 1926.

[102] Verhulst, P.-F., 'Notice sur la loi que la population poursuit dans son accroissement', *Correspondance mathématique et physique*, **10**, 113/121, 1838.

[103] Verhulst, F., *Nonlinear Differential Equations and Dynamical Systems*, Springer, Berlin, 1990.

[104] Volterra, V., *Lecons sur la theoriemathematique de la lutte pour la vie*, Paris, 1931.

[105] Wiggins, S., *Introduction to Applied Nonlinear Dynamical Systems and Chaos*, 2nd ed., Springer, NewYork, 2003.

[106] Whittaker, E. T. and Watson, G. N., *A Course of Modern Analysis*, Cambridge University Press, Cambridge, 1902.

索引

※主要頁は太字で示す.

ア 行

$\dot{y}$-ヌルクライン 141, 142
青空分岐 97
アノード電圧 74
Allee 効果 94
亜臨界型分岐 172
亜臨界型 Hopf 分岐 137
RLC 直列回路 39
RLC 電気回路 41
α-極限集合 128, 133
Allen-Cahn 方程式 168
安定 24, 91, 115, 142, 148–150, 153, 161, 171, **194**, 195, 197
　——渦状点 164
　——結節点 164
　——性 90, 91, 102, 125, 126, **195**
　——静止解 27
　——多様体 3, 12, 18, 26, **46**, 50, 58, 105, 109, 114, 133, 134, 142, 198, 202
　——多様体軌道 18
　——なリミットサイクル 76
　——部分集合 196
　——平衡点 95, 97, 98, **194**
鞍点 11, 12, 18, 25, 26, 33, 96, 100, 103, 104, 109, 114, 125, 129, 133, 134, 164, **197**, 198, 203
　——結合 17
閾水準 142
異常発生 97, 98
位相共役 200–202
位相空間 201
位相的 202, 203
1 次調波 171
一様収束 50, 162, 182, **183**
　——列 183
一様連続 162, **182**, 186
一般解 167

一般化 Lotka-Volterra モデル 123
一般固有ベクトル 196
遺伝子選択モデル 161, 163
ε^1 次方程式 170
ε^0 次方程式 170
インダクタンス 38, 74
Volterra, Vito 113
ウルトラ・サブ・ハーモニクス 65, 67
ウルトラ・ハーモニクス 70, 71
永年項 72, 171
sn 関数 **206**, 208, 210
$\dot{S}$-ヌルクライン 141
$\dot{x}$-ヌルクライン **78**, 105, 107, 115, 127, 129, 130, 134–137
n 次元 Euclid 空間 178
Elton 的手法 94
L^2 ノルム 204
L^p ノルム 204
延長不能解 191, 192
Euler-Lagrange 方程式 22
Ω 38
Ohm の法則 38
ω-極限集合 **127**, 130, 133
ω-周期解 **43**–47, 49, 50, 53, 55–57, 59, 60, 62, 64, 67, 69, 70
折り返し分岐 97

カ 行

解軌跡 **2**, 3, 8, 9, 12, 19, 35, 76, 78–82, 108, 109, 116, 129, 135–137, 148, 151, 153, 154, 164, 174, 200, 203
解軌道 76, 154, 197
開集合 **180**, 182, 185–187, 189, 191
解析解 7, **26**, 91, 193
回転運動解 27, 28
解の一意性 79, 81, 82, 106, 118, 190, 192, 199
解の存在性と一意性 178, **187**, 188, 190,

193
回復人口 140
回復率 140
回路方程式 38, 75
Gauss 核 162
Gauss 分布 163
カオス 18, 19, 35
可解条件 170, 171
拡散 160
——係数 161, 169
——方程式 161
——モデル 162
隠れ周期 64, 65
——解 64, 67, 70
渦状沈点 3
渦状湧点 78
渦心点 8, 9, 11, 25, 26, 29, 103, 114, 116, 120, 121, **197**, 199
仮想粒子 88, 193
カタストロフィー 98
加法公式 207, 208
Galileo Galilei 22
環境収容力 **87**, 89, 91, 102, 114, 158, 160, 168
感受性人口 140, 142
関数空間 180, 184, 188
感染・回復相対比数 143
感染人口 140, 142
感染率 140
完備 **180**, 183, 184, 288
——距離空間 181, 183, 188
疑似周期解 68
軌跡 32, 69, 133, 154, 201
危点 2
軌道 2, 26, 40, 57, 117, 119, **127**, 150, 198
Kirchhoff の電流則 74
Kirchhoff の法則 38
基本列 180
逆関数 205, 206
逆写像 106, 200
逆相解 86
吸引領域 **106**, 107, 109
求積法 177, 193
Q 不変 123
境界条件 166–168, 170
狭義の Lyapunov 関数 115

共振現象 40
強制振動 40
行列式 104
行列ノルム 179
極限 180, 182, 183
——集合 40, 127–129
——点 183
——閉軌道 40
局所安定 166, 167
局所解 191
局所不安定 167
——性 167
局所 Lipschitz 186, 187
——条件 186, 191
距離 179, 184
——関数 179
——空間 179–183
僅少発生 97, 98
Goodwin モデル 121, 122
Goodwin-Medio モデル 122
Green の定理 131
Greenhill 29, 33
Glaisher の記号 206
KBM 法 7
Kermack-McKendrick モデル 139
減衰係数 35
減衰項 174
コイル 38, 39, 74
硬性バネ **7**, 8, 11, 13
構造安定 103, 120
恒等写像 106
交番電圧 39
興奮性 150
——軌道 150
交流電圧 40
交流電源 42
Cauchy 列 180, 183, 184
個体群成長モデル 87
固定点 2, 194
固有関数展開法 171
固有値 164
——解 167
Kolmogorov, Andrey N. 165
コンデンサ 38, 39, 74
コンパクト 130, 181, 182, 186–188

索引 *221*

サ 行

サイクルグラフ 128
サイクロイド 36
最終規模方程式 144
最大ノルム 49
座屈 36
サドル・ノード分岐 97
サブ・ハーモニクス 65, 67
作用素 184, 188, 189
3 次調波 171
3 分割法定理 128
cn 関数 **206**, 208, 210
時間大域的挙動 170
時間大域的な安定性 167
時間定常解 163, 174
時間発展 178, 196
時系列 3, 91, 99, 151
弛張振動 85
自明な平衡解 166, 167
写像 179, 189, 200
周期 **43**, 82, 201, 208
　——解 3, 12, **43**, 79, 82, 116, 129, 130, 132, 133, 137, 146, 174, 199
　——関数 7, 118, 208
　——軌道 **49**, 119, 120, 128–131
　——性 42
自由振動 40
集積点 180
　——集合 49
収束部分列 181
収束列 180
自由粒子 **22**, 23, 26
縮小写像 **183**, 185, 188, 189
受動素子 38, 39
常微分方程式 178
初期再生産比（数） 143
初期条件 169, 187
初期値問題 187–192, 197
食物連鎖 94
初等解法 177
Jordan 曲線 130, 131, 133, 154
Jordan 標準形 44, 47, 50, 61
自励系 49, 51, 178, 187, 192
自励発振 73
進行波 165

　——解 163, 164, 168
　——前面 166
振動減衰 3
振幅関数 31, 206
スケール変換 102, 168
ストレンジ・アトラクタ 20
sup ノルム 182, 188
正軌道 118, **127**, 128, 154
制御格子電圧 74
成長率 **87**, 91, 158, 168, 169
正不変 130
絶対可積分 42
漸近安定 103, 106, 115, 137, 146, 148, **195**, 196, 201
漸近周期解 **44–46**, 50, 51, 56, 57, 59
漸近摂動法 7
線形 178, 201
　——結合 167
　——空間 196
尖点 98
前方軌道 106
前方不変集合 106, 107
双安定 98
双曲型 8, 102, 114, **196**, 199, 201
　——平衡点 196, 200
相空間 49, 197
相図 2, 3, 8, 9, 11, 18, 22, 23, 25, 29, 32, 33, 35, 103, 120, 164, 165, 174, 178, **197–199**, 203
相平面 76, 78, 107, 116
速度ベクトル 89, 95
　——場 83

タ 行

大域解 106
大域的な安定性 167, 168
大域的に不安定 168
第 1 種完全楕円積分 10, 31, **205**
第 1 種楕円積分 50, **205**, 206
対立劣性遺伝子群 163
対立劣性遺伝子種 161
楕円関数 9, 13, **205**–208
楕円積分 205
多重尺度法 7, 169, 170
Duffing 方程式 7, 174
$\dot{w}$-ヌルクライン 147, 153, 154

D'Ancona, Umberto 113
単純連結開集合 131
弾性変形 36
値域 179, 182, 206
中心部分集合 196
中立安定 120
長時間スケール変数 169
超臨界型ピッチフォーク分岐 172
超臨界型 Hopf 分岐 137
調和振動子 7, 76, 199
直列回路 39
沈点 3, 89, 103, 104, 108, 109, 125, 126, 133–135, 137, 147, 148, 150, 152, 155, 194, **196**
dn 関数 **206**, 208, 210
定義域 179, 182, 206, 208
抵抗 38, 39, 74
定常解 166, 167
テータロジスティックモデル **93**, 168, 173
Taylor 展開 75, 90
Dulac 関数 110, **131**–133
Dulac 判別式 132–134
Dulac 評価 109, 130, 131, 133
電圧 38–40
——則 38, 39
転換点分岐 97
電気容量 38, 39
電流 38, 40, 74
——則 38, 39
同型写像 200, 201
等時性 22, 36
同相解 86
特異解 29, 32
特異値 179
特異点 98
凸集合 186
トレース 104, 125

ナ 行

流れ **105–107**, 142, 200–202
——図 109, 110
南雲仁一 146
南雲モデル 146
なめらか 182
軟性バネ **7**, 8, 174
2 重周期関数 208

二重振り子 35
2 種間競合モデル 101, 111
2 分割法定理 128
ヌルクライン **78–81**, 105, 109, 115, 129, 142, 154
粘性減衰係数 2, 3
粘性減衰力 2
ノルム 44, 49, 179, **181**, 187
——空間 181

ハ 行

倍数公式 207
背理法 68
Huxley, Andrew F. 146
発散解 72
Hartman-Grobman 定理 8, 25, 148, **199**, 201
Banach 空間 181
バネ–マス系 1, 174
バネ–マス–ダンパ系 2, 18, 41
Hamiltonian **9**, 10, 13, 23, 26, 28, 77
——系 9
パラメトリック励振 41
半安定なリミットサイクル 76
反応拡散方程式 161, 168
反応拡散モデル 161
Picard の逐次近似法 190
非自明 166
——な平衡解 166, 167
非自励系 178, 190
非線形 177, **178**, 193, 200, 201
——項 201
——微分方程式 192
非双曲型 201
——平衡点 201
微分公式 207, 208
被捕食者 113, 123
非有界 82, 174, 186
——な解 12
秤動運動 25, 27, 29
——解 27, 28
Faraday の法則 39
F (ファラド) 38
不安定 24, 89, 91, 103, 142, 148, 149, 161, 168, 169, 171, **195**, 197, 201
——性 35
——静止解 27

索引 223

――多様体 12, 18, 26, **46**, 60, 62, 114, 125, 126, 129, 198, 202
――多様体軌道 18
――なリミットサイクル 76, 137
――部分集合 196
――平衡点 95, 96, 98, 195
van der Pol, Balthasar 40
van der Pol 方程式 40, **74**, 76–78, 82, 137, 146, 147, 151
Fisher, Ronald A. 161
Fisher-Kolmogorov 方程式 **160**, 173–176
Fisher のモデル 163
FitzHugh-Nagumo 方程式 **146**, 148, 150, 151, 153, 155
FitzHugh-Nagumo モデル 146
Phillips 曲線 121
Verhulst, Pierre F. 87, 88
負軌道 127
復元力 2
負性ダンパ 77
負性抵抗 40, 77
Hooke の法則 1
不動点 2, **183–185**, 189
――定理 **183**, 185, 188–190
Fubini の定理 55
部分列 182
不変性 124
Brown 運動 163
フロント進行波解 164
分岐 97, 99, **137**, 172
――曲線 97, 98
――図 172
――動物園 137
――パラメータ 126
閉軌道 9, 40
閉球体 182, 186, 188, 191
平衡解 166–168, 194
平衡点 3, 8, 9, 11, 19, 25, 78, 88, 90, 91, 94, 95, 102–104, 106, 108, 109, 114, 119, 120, 124–126, 129, 130, 132, 134–137, 141, 142, 147, 149–156, 164, 171, **194–197**, 199–201
閉集合 **180**, 188, 189, 191
閉部分集合 183, 188
閉包 130, 180
ベクトル空間 181
ベクトル図 171

ベクトル場 78, 89, 95, 103, 149, 158, **193**, 195, 200
ヘテロクリニック解 12, 27, 174
ヘテロクリニック軌道 **17**, 18, 25, 26, 128, 165
変数分離型 177
Bendixson 評価 130
偏微分方程式 161, 167, 178
H (ヘンリ) 38
Poincaré 写像 19
Poincaré 断面 19
Poincaré の意味での漸近周期解 46, 56
Poincaré-Bendixson の 3 分割法定理 118, **128**, 133, 154
Poincaré-Bendixson の定理 77, **127–130, 132, 133**, 151
Hodgkin, Alan L. 146
Hodgkin-Huxley 方程式 146
捕食者 113, 123
捕食者–被捕食者モデル 112, 121, 122
捕食率 123
母数 50, 205, 207
捕捉領域 106, 107, 109
保存量 8
補第 1 種完全楕円積分 50
Hopf 分岐 126, **137**, 155, 156
――点 133
ポテンシャル 23, 29
――図 9, 11, 22, 26
――場 22, 23
――面 12
ホモクリニック軌道 26, 128, 132–134
Holling の II 型応答 123
Bolzano-Weierstrass の定理 182

マ 行

Mathieu 方程式 41
Malthus, Thomas R. 87
Malthus 係数 87, 88, 114
Mersenne, Marin 22, 36

ヤ 行

Jacobi 行列 8, 102, 103, 125, 126, 134, 137, 141, 164, **179**, 187, 197, 199
Jacobi の楕円関数 206–208
有界 128, 130, 162, 181, **182**, 186, 187

――性　124
――閉集合　128, 179
――閉領域　118, 119, 154
優性遺伝子　161, 163
　――群　161
　――種　161
湧点　89, 103, 125, 126, 130, 135, 152–154, 156, 195, **197**
Euclid 空間　178, 179
U チューブ　26
$\dot{u}$-ヌルクライン　147, 149, 153, 154
陽極電圧　74
陽極電流　74

ラ・ワ行

Lagrangian　22
Laplace 変換　177
Landau 方程式　171
Liénard, Alfred-Marie　77
　――方程式　77, 150, 151
Lipschitz　186–190
　――条件　**185**, 186, 188, 190, 193
　――定数　**186**, 188, 190, 193
リミットサイクル　40, 46, 49, 51, 73, 76, 77, 82–84, **128**, 135, 137, 150, 151, 153, 154, 156
Lyapunov 安定　195
Lyapunov 関数　114, 115
Lyapunov 指数　35
流行動態曲線　142
流行動態式　142
Legendre-Jacobi の第 1 種楕円積分の標準形　205
劣性遺伝子　161
連続　183, 185–188
　――関数　183, 184, 188
　――性　186
　――な写像　106
ロジスティック　88, 91
　――曲線　88
　――成長　160
　――方程式　87, 91, 158, 161
　――モデル　87, 92, 102, 114, 123
Rosenzweig-MacArthur モデル　120, **122**, 137
Lotka, Alfred　113
Lotka-Volterra モデル　101, 112
$\dot{y}$-ヌルクライン　78, 105, 107, 115, 129, 134–137

著者紹介

野原 勉（のはら・べん）
現　在　東京都市大学知識工学部教授．
　　　　東京大学大学院数理科学研究科客員教授．
　　　　工学博士．
専　門　大域解析学．

応用微分方程式講義　振り子から生態系モデルまで

2013 年 8 月 26 日　初　版

[検印廃止]

　著　者　野原 勉
　発行所　一般財団法人 東京大学出版会
　　　　　代表者 渡辺 浩
　　　　　113-8654 東京都文京区本郷 7-3-1 東大構内
　　　　　電話 03-3811-8814　　Fax 03-3812-6958
　　　　　振替 00160-6-59964
　　　　　URL http://www.utp.or.jp/
　印　刷　三美印刷株式会社
　製本所　矢嶋製本株式会社

Ⓒ2013 Ben T. Nohara
ISBN 978-4-13-062917-1 Printed in Japan

[JCOPY]〈（社）出版者著作権管理機構 委託出版物〉
本書の無断複写は著作権法上での例外を除き禁じられています．複写される場合は，そのつど事前に，(社) 出版者著作権管理機構 (電話 03-3513-6969, FAX 03-3513-6979, e-mail: info@jcopy.or.jp) の許諾を得てください．

非線形・非平衡現象の数理 1 リズム現象の世界	蔵本由紀 編	A5/3400 円
非線形・非平衡現象の数理 2 生物にみられるパターンとその起源	松下 貢 編	A5/3200 円
非線形・非平衡現象の数理 3 爆発と凝集	柳田英二 編	A5/3200 円
非線形・非平衡現象の数理 4 パターン形成とダイナミクス	三村昌泰 編	A5/3200 円
微分方程式入門	髙橋陽一郎	A5/2600 円
偏微分方程式入門	金子 晃	A5/3400 円
微分方程式の解法と応用 たたみ込み積分とスペクトル分解を用いて	登坂宣好	A5/3200 円
形と動きの数理 工学の道具としての幾何学	杉原厚吉	A5/2800 円
エッシャー・マジック だまし絵の世界を数理で読み解く	杉原厚吉	A5/2800 円
数理人口学	稲葉 寿	A5/5600 円

ここに表示された価格は本体価格です．御購入の際には消費税が加算されますので御了承下さい．